RAKETENJÄGER Me 163

EIN TATSACHENBERICHT
VON EINEM DER ÜBERLEBTE

MANO ZIEGLER

RAKETENJÄGER Me 163

Erschienen in der FLUG-REVUE unter dem Titel:
DAS KRAFTEI UND ICH

MOTORBUCH VERLAG STUTTGART

Umschlagszeichnung: Carlo Demand
Einband und Umschlags-Konzeption: Siegfried Horn

Zeichnungen (Situations-Darstellungen): Alle Carlo Demand

ISBN 3-87943-018-7 (Auflagen 1–5)
ISBN 3-87943-372-0 (ab 6. Auflage)

11. Auflage 1992

Lizenzausgabe des Motorbuch Verlags, 7000 Stuttgart, Postfach 10 37 43.
Ein Unternehmen der Paul Pietsch-Verlage GmbH & Co.

Satz und Druck: Rung-Druck, Göppingen
Bindung: Verlagsbuchbinderei Karl Dieringer, Gerlingen
Printed in Germany

Unserem unvergessenen

HEINI DITTMAR

ZUM GELEIT

Das Jagdflugzeug, dessen Geschichte dieses Buch erzählt, bedeutete im Jahre 1943, als es zum erstenmal in unserer Heimatluftverteidigung zum Einsatz kam, eine technische Sensation im Luftkrieg. Die Me 163 war das erste Raketenflugzeug der Welt und ihrer Zeit um gute zehn Jahre voraus. Als es unter meiner Führung als General der Jagdflieger in die Einsatzerprobung ging, war es technisch noch nicht ausgereift und auch nicht in genügender Stückzahl verfügbar, um entscheidend eingreifen zu können. Dieses Flugzeug zu fliegen aber war noch ein Spiel um Leben und Tod. Zu seiner Erprobung hatten sich einige dreißig Männer freiwillig gemeldet. Nur sie, die genialen Konstrukteure Lippisch, Walter, Messerschmitt und wenige andere wußten damals um das Geheimnis dieser ersten bemannten Rakete. Es ist das Verdienst dieses Buches, jenes dramatische Geschehen um die Erprobung und die ersten Einsätze der Me 163 aufgezeichnet und der Vergessenheit entrissen zu haben.

Ich wünsche diesem Buch, dessen Autor selbst die Erprobung der Me 163 als Pilot mitgemacht hat, in erster Linie um des historischen Interesses und um des Andenkens an jene tapferen Männer willen, die für diese revolutionäre Entwicklung ihr Leben gaben, einen guten Weg.

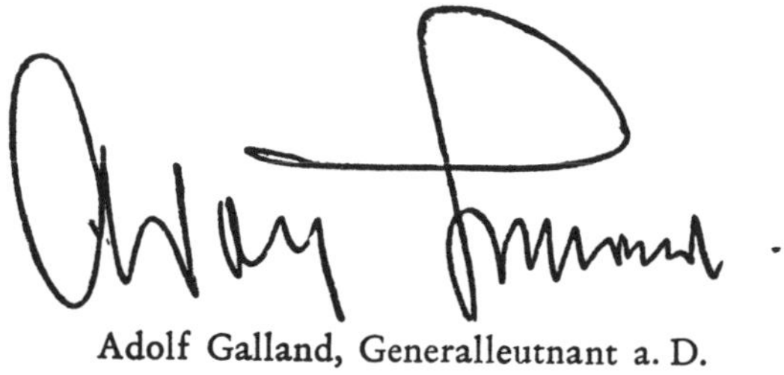

Adolf Galland, Generalleutnant a. D.

VORWORT

Dies ist keine Kriegsgeschichte, obwohl sie im Kriege und bei der Luftwaffe spielt. Es ist nichts anderes, als die Geschichte eines Flugzeuges und seiner Piloten.

Die von Alexander Lippisch konstruierte Me 163 war das erste vollflugtaugliche raketengetriebene Flugzeug der Welt, seine Flugzeugführer die ersten Raketenpiloten. Diese Me 163 erreichte und überschritt auch als erstes Flugzeug der Welt die 1000-km/h-Grenze und stieß an die diesseitige Wand der Schallmauer.

In Konstruktion, Flugeigenschaften und Leistungen war die Me 163 bahnbrechend und das bisher vielleicht markanteste Flugzeug in der Geschichte der Luftfahrt überhaupt. Seiner Zeit war dieses Flugzeug um mehr als zehn Jahre voraus. Aber es war darum vielleicht auch das gefährlichste Flugzeug, das je in Serie gebaut wurde.

Als die Me 163 entstand und flog, wußten nur wenige Menschen um ihre Existenz. Auf ihren Akten standen die Worte „streng geheim", und wer mit ihr zu tun hatte, war zum Schweigen verpflichtet. Dieses Schweigen dauerte bis zum letzten Tage des Krieges ...

Nach Kriegsende wurden die Männer, die den Weg der Me 163 als Konstrukteure, Techniker und Piloten begleitet und überlebt hatten, in alle Welt verstreut. Ebenso die Aufzeichnungen, Tagebücher und Bilder. Nur Weniges blieb erhalten.

So entstand dieses Buch aus der Erinnerung, aus schlichten Notizen und aus vielen Gesprächen. Aber es wurde in den Ereignissen, den Namen und den Orten ein dem wirklichen Geschehen entsprechender Bericht, dem lediglich das persönliche Empfinden und Erleben des Schreibenden vielleicht eine besondere Note gab.

Es erschien mir nicht so wesentlich, lückenlos eine Reihe von Daten und Geschehnissen aufzuzählen, als das menschliche und fliegerische Erleben zu zeichnen. Wert erschien mir vor allem, der Nachwelt die Geschichte einer Gruppe von Fliegern zu erhalten, die aus völlig freien Stücken sich einer fliegerischen Erprobungsaufgabe ergaben, bei der sie zwanzig Monate lang allein um der Erprobung willen buchstäblich zwischen Leben und Tod schwebten und die meisten das Leben verloren.

Nicht sinnlos!

Alle mit so großen Opfern erkauften Erfahrungen kamen letztlich jenen Piloten zugute, die nach dem Krieg in ihren Ländern die dort weitergeführten Entwicklungen der Deltaflügler und Raketentriebwerke fliegerisch weiter erproben mußten und mancher Gefahr mit einem Wissen begegnen konnten, das ihnen die Arbeit des Erprobungskommandos 16 vermittelt hatte.

Mano Ziegler

Es hieß mit seinem gutbürgerlichen Namen „Me 163 B“ und war sozusagen ein angenommenes Kind, denn sein Vater hieß nicht Messerschmitt, was aus dem „Me“ eigentlich zu schließen wäre, sondern Lippisch, dessen genialem Kopf das Kraft-Ei entstammte. Bei Messerschmitt ging es aber in Bau und Betreuung und daher wohl das „Me“. Wie dem auch sei, es sei egal. Es gibt wohl eine ganze Menge Kinder auf dieser Welt, die nicht den Namen ihres Vaters, sondern ihres Betreuers tragen ...

Das Kraft-Ei war ein Flugzeug, und denen, die es einst fliegen durften, wird heute noch in der Erinnerung warm um die Brust und kalt im Rücken. Es hatte alle Eigenschaften einer ebenso schönen wie leichtsinnigen Frau, es konnte einen innerhalb weniger Minuten in den Himmel heben und zur Hölle schicken — ganz nach Laune. Und nicht zuletzt darum liebten wir es.

Es war an einem lammfrommen Julitag des Jahres 1943, als ich in Bad Zwischenahn in Oldenburg einem Züglein entstieg, das in rührender Schlichtheit seine alten Räder noch immer für den Sieg rollen ließ. Mein erster Blick galt dem Himmel, denn ich war Flugzeugführer. Und dieser wolkenlos blaue Himmel barg das Geheimnis, das in den letzten Wochen flüsternd die Runde unter den Jägern gemacht hatte: Rakete — wahnsinnig schnell — steigt wie ein Geschoß — gibt's ja gar nicht — Blödsinn ...

So stand ich da und sah keine Fliege. Der Himmel war blau, sonst nichts. Und doch — ja dort — ein schwarzer Punkt — kann eine Halluzination sein — nein, er kurvt — stürzt — fängt ab — gleitet und kommt tiefer. Ein fliegendes dreieckiges Ding schwebt am Himmel entlang, komisch, daß so etwas überhaupt fliegt, aber es kommt näher, lautlos wie ein Schemen, und dann — verwünscht — dreht es ab und verschwindet weit hinten am Horizont hinter einem Waldstück.

Der Posten am Eingang zum Flugplatz hätte mich kaum mißtrauischer beäugen können, wenn ich in Kopfputz und Badehose vor ihn getreten wäre. Erst mein Marschbefehl, auf dem fein säuberlich zu lesen stand, daß der Leutnant Ziegler zum Erprobungskommando 16 nach Bad Zwischenahn versetzt war, und das Soldbuch, das beschwor, daß ich besagter Leutnant auch war, veranlaßten ihn, mich passieren zu lassen. So passierte ich hinein in eine Welt, die es offiziell überhaupt noch nicht gab, ins Nirwana des GeKados ...

Da brüllte es plötzlich los, fauchte wie Siegfrieds Drachen, zischte wie glühendes Eisen in der Badewanne, und meine herumgerissenen Augen sahen eine violett-schwarze Wolke, die ein hüpfendes Etwas vor sich hertrieb, immer schneller und immer schneller, bis sich das Ding vom Boden löste, ein paar Räder fallen ließ, sich aufbäumte und wie ein Pfeil zum Himmel schoß ... Als mir endlich einfiel, meinen Mund wieder zuzumachen, war das Ding verschwunden, und in der Luft stand nichts als eine grauviolette Rauchspur, mählich sich auflösend. Wenig später erschien das fliegende Ding wieder wie vordem am Bahnhof, lautlos gleitend aus dem Äther heraus, Kreise ziehend, ausholend, um zu landen ..., und ich konnte nicht anders, ich lief dorthin, wo es nun still wie ein müder Schmetterling am Boden kauerte.

So lernten wir uns kennen, das Kraft-Ei und ich, und nach und nach auch die andern und ich, jene knappen dreißig Piloten der deutschen Jagdfliegerei, die freiwillig oder versetzt nach Zwischenahn gekommen waren, um als Erprobungskommando eine neue Wunderwaffe ihren ersten Luftkämpfen entgegenzuführen.

*

Noch am Nachmittag dieses ersten Tages erfuhr ich, daß das rauchende und fauchende Flugzeug, mit dem ich flüchtig Bekanntschaft gemacht hatte, gar nicht das eigentliche Kraft-Ei war, sondern nur dessen Vorläufer, die „Me 163 A“. Davon gäbe es überhaupt nur ein paar Stück, die lediglich dazu dienten, uns mit dem Raketenflug vertraut zu machen. ‚Vertrauen ehrt‘, dachte ich und ging mit Herbert Langer und Otto Oertzen zur großen Halle, um mir die „A“ in Ruhe zeigen und erklären zu lassen. Otto war einer unserer Ingenieure, Herbert ein blutjunger Oberleutnant und Adjutant des gerade abwesenden Chefs.

Im Dämmerlicht der Halle lag sie da, die „163 A“, zierlich wie eine junge Fledermaus mit schlankem Leib und dreieckigen kleinen Flächen, denen man ansah, daß sie allerlei Tempo brauchten, um tragfähig zu sein. Von einem Motor, geschweige denn einer Luftschraube war nichts zu sehen, und ich versuchte zunächst vergeblich, mir vorzustellen, wo das Ding seine unbändige Kraft hernahm. Otto und Herbert öffneten am Rumpf eine Klappe, und ich sah ein System von Röhren wie in einem Kühlschrank. Das wäre der Motor, sagten sie; durch die einen Röhren käme der

Z-Stoff und durch die anderen der T-Stoff. Hinten vor der „Brennkammer“ sei ein Düsensystem, vermittels dessen die beiden Stoffe in die Brennkammer eingeführt und dort durch Selbstzündung zur Explosion gebracht würden. Der Druck betrüge um die 20 atü und die erzeugte PS-Zahl um die zweitausend. Sie redeten wie zwei Zoologie-Professoren über das Knochengerüst eines Ichtosaurus und ich — der ich eh nicht der Typ eines Ingenieurs bin — verstand weniger denn nichts. Lediglich die 2000 PS imponierten mir, denn das war eine handfeste und doch wiederum unbegreifliche Zahl. Zweitausend PS zur Beförderung eines schlichten homo sapiens — jawohl doch, das war imponierend.

Die nächste seltsame Feststellung machte ich beim Essen. Es gab da Dinge, die längst den Dienstgrad köstlicher Feiertagsmenus erklommen hatten, mit alltäglicher Selbstverständlichkeit. Milchreis mit eingemachten Früchten, Omeletten mit feinen Nieren, blütenweiße Makkaroni mit Gulasch, zum Frühstück fast regelmäßig ein Spiegel- oder Rührei auf Toast. Jawohl auf Toast und auf weißem sogar. Schwarzbrot war überhaupt nicht zu haben. Ich kam mir vor wie bei einem Dauerempfang in der amerikanischen Botschaft Brasiliens, denn es gab auch köstlichen Kaffe und echten Tee.

Als ich nach dem Grund dieser unentwegten Kaisers-Geburtstags-Feiern fragte, fiel das ominöse Wort „Höhendiät“ zum erstenmal. Dr. Dunker, ein eigens zu uns kommandierter Stabsarzt und Experte für Höhenflug, erklärte mir, daß die Me 163 in Höhen operiere, deren Gutmütigkeit oder Arglist dem menschlichen Organismus gegenüber noch ein Buch mit einigen Siegeln sei, ganz abgesehen von den Steig- und Sturzgeschwindigkeiten, deren Einfluß bis dato im Allgemeinfall ein weiteres solches Buch wäre. Die „Höhendiät“ wäre im Grunde genommen nichts anderes als ein Verhüten von schwer verdaulichen und Blähungen verursachenden Speisen, die uns in großen Höhen schwer zu schaffen machen würden. Darum seien besonders Schwarzbrot und Hülsenfrüchte Gift für uns (ade, du liebes Leibgericht Erbsensuppe mit Speck!) und daher auch die leichte tägliche Kost. Im übrigen erwarte er mich gleich am nächsten Morgen in der Unterdruckkammer zur Untersuchung auf Höhentauglichkeit.

Nun hatte ich mich noch beim Chef zu melden, der gegen Abend mit einer Taifun von Überland kam. Vor dieser Meldung graute mir ein wenig, denn mein Wunsch, zur Rakete versetzt zu werden, war zweimal wegen „zu hohen Alters“ abgewiesen worden. Ich war mit meinen 35 Jahren bereits für Jagdfliegerbegriffe ein Greis und für Raketensachverständige wohl ein Methusalem. Aber auch das ging vorüber, denn Wolfgang Späte, seines Zeichens Hauptmann und Kommandeur mit annähernd 100 Abschüssen und Eichenlaub am Ritterkreuz, war trotz seiner schwarzen Augen und noch schwärzeren Brauen recht freundlich mit mir „altem Knaben“ und ernannte mich sofort zum Kasino-Offizier. Daß er meiner Altertümlichkeit zunächst nicht allzuviel zutraute, verzieh ich ihm, denn er gefiel mir in seiner dokumentierten Hartgesottenheit, die kein Prozent unter den hundert erlaubte, solang man im Dienst war, der aber auf fröhlicher gemeinsamer Rutschbahn mit uns in die Flegeljahre traversieren konnte, wenn's um einen Spaß ging.

Unser „Haufen“ konnte zu Zeiten an die Besatzung eines Piratenschiffes aus dem tiefsten Mittelalter erinnern. Zusammengewürfelt aus fast allen Jagdgeschwadern in Rußland, Frankreich, Afrika, Italien und Finnland waren die Köpfe trotz gemeinsamer Muttersprache so verschieden geprägt, daß die Funken aus den heißen Schädeln nur so sprühten. Es gab ein „Preisend mit viel schönen Reden“ um das andere, jedoch ohne das versöhnende „Graf im Bart, Ihr seid der Reichste“. Es ging oft hart her, aber die Härte spaltete nicht, sie schweißte zusammen. Und dort, wo es ums Ganze ging, am Start der heißen Triebwerke und in der Rasanz der feuerspeienden Strahler, waren diese Kerle ein einziger Guß von Kameradschaft, Pflicht und Einsatz.

*

Es begann am nächsten Morgen in der Unterdruckkammer. Es war eine in Rußland erbeutete, ein Stahlkoloß von der Größe eines halben Eisenbahnwagens, eine sozusagen fleischgewordene Transportfrage. Durch eine schwere Tresortüre gelangte man, von Dr. Dunker freundlich aufgefordert, hinein. Das Innere sah so ungefähr aus wie der Mannschaftsraum eines U-Bootes. Durch das

Bullauge in der Tür glotzten die vergrößerten Augen Dr. Dunkers. Man saß auf einer Längsbank, und vor einem auf einem Längspult lagen Papier und Bleistifte zum Schreiben. Ich hockte zwischen Herbert Langer und Fritz Kelb, die ein paar Tage vor mir gekommen waren und den Spaß wohl schon kannten. Fritz meinte trocken: Hier drin sei schon mancher gestorben. „Oder erfroren", fügte Herbert hinzu. Dann ging's los.

Ich hatte noch nie die Ehre, in einem U-Boot gefahren zu sein, aber das was jetzt in unserer Unterdruckkammer passierte, muß wohl in etwa das gleiche sein, wie wenn im U-Boot das Kommando „Fluuuten" ertönt. Ich lasse mich aber gern belehren. Jedenfalls fing es an zu zischen und zu gurgeln wie ein Regiment zähneputzender Rekruten, und ein Zeiger vor meiner Nase kletterte langsam auf tausend — zweitausend — dreitausend — viertausend Meter. Und gleichzeitig wurde es kalt und kälter. Wir hatten Bleistifte in der Hand und schrieben Zahlen auf vor uns liegendes Papier. Immer hübsch wie in der zweiten Klasse: 1 - 2 - 3 - 4 - 5 - 6 - 7 - 8. Als der Zeiger sich den siebentausend Metern näherte, bemerkte ich, daß meine rechte Hand anfing zu zucken. Ganz kurz und schmerzlos, so als zupfe einer hinten im Kreuz an den Nerven, aber ich schrieb weiter. Fritz neben mir fing an, eine Melodie zu summen, und ich stimmte ein. Herbert schwätzte irgend etwas Unverständliches vor sich hin. Meine Hand zuckte öfter, und der Bleistift zwischen meinen Fingern benahm sich wie eine ihrer Sonntagsruhe beraubte Blindschleiche. Das merkte ich noch und glaubte auch noch zu sehen, wie mein Zeiger so um die achttausend sich herumbewegte — dann wurde es still — bis es wieder laut wurde. Es zischte erneut und lauter als zuvor, der Zeiger kurbelte plötzlich wieder so um die viertausend herum, Fritz wurde lebendig, und Herbert knetete seine Finger, indes ich mir vorkam wie ein aus dem Winterschlaf erwachter Maulwurf. Da war etwas mit mir passiert, von dem ich bis dato keine Ahnung gehabt hatte. Mein beschriebener Zettel machte mich lachen. Die ersten Zahlenreihen standen fein und sauber da, weiter unten wurden sie ungelenk und greisenhaft. Ich entsann mich der Schrift eines achtzigjährigen Großonkels. Die meinige „über sechstausend

Meter" war genau so plissiert, um ab siebentausend in das Gekritzel eines Hieroglyphen-ABC-Schützen aus dem sechsten vorchristlichen Jahrtausend überzugehen.

Als der Luftdruck zwischen unserem Stahlkasten und der Außenwelt wieder ausgeglichen war, öffnete Dr. Dunker die Tür, und ich erfuhr einige recht interessante Dinge. Erstens, daß ich soeben tot gewesen sei, jedenfalls so gut wie tot, indem ich es nicht mehr gemerkt noch empfunden hätte, wenn der Zeiger auf achttausend stehengeblieben und ich mich vollends hinübergesummt hätte. Ein paar Minuten noch hätte es gedauert, und Fritz, Herbert und ich wären Arm in Arm als fröhlich schreibende drei Musketiere in Walhall eingezogen. Ein schlichtes kleines Lenkrad von Dr. Dunkers Hand hatte uns den Unsern noch einmal erhalten. Ich nahm mir jedenfalls vor, es mit unserem Doktor nie zu verderben, und erfuhr nun weiter, daß wir jeden Tag so quasi zum zweiten Frühstück in der U-Kammer zu erscheinen hätten, um höhenfest zu werden und vor allem die Symptome der beginnenden Höhenkrankheit rechtzeitig zu erkennen. Dies sei nötig, falls uns in grosser Höhe mal der Sauerstoffapparat streike oder zerschossen werde. Wir müßten dann auch ohne ärztliche Aufsicht unbedingt bemerken, daß die Höhenkrankheit im Verzuge sei; merkten wir das aber nicht, dann könnten wir gleich ganz oben bleiben, denn unten kämen wir lebendig sowieso nicht mehr an. Bemerkten wir aber rechtzeitig die Höhenkrankheit, dann sei es erste Raketenbürgerpflicht, die Rakete hastewaskannste auf den Kopf zu stellen, um im Sturzflug die sichere 4000-Meter-Grenze zu erreichen.

Das alles galt natürlich für jedes andere Flugzeug, das über 4000 Meter operierte, auch, aber ein Steigflug, zu dem ein normales Jagdflugzeug eine runde halbe Stunde benötigte, war für die Rakete die Affaire von knapp einer Minute. Man flog also nicht mehr, sondern man schoß geradezu in die ewigen Jagdgründe hinein, wenn Manitou es wollte.

Mit dem Gefühl im kalten Bauch, einiges Wesentliche gelernt zu haben, machte ich den nächsten drei U-Kammerkandidaten Platz, um, von Fritz und Herbert begleitet, meine Kraft-Ei-Garderobe zu empfangen. Es gab zunächst das Übliche wie Pelzstiefel, Kopfhaube mit FT-Anschluß und eingebauten Hörern, Fallschirm und Handschuhe und dann noch etwas Unübliches: eine Kombination aus angeblich säurefestem Stoff. „Von wegen dem Fleisch im eigenen Saft“, meinte Fritz trocken. „Wenn der T-Stoff sich nämlich statt in die Brennkammer in deine Hosen verflüchtigt, dann brennst du wie ein chinesisches Neujahrsfeuerwerk!“

„Wieso?“

„Ja, es kommt manchmal vor, daß eine Leitung undicht wird oder ein Tank so ein bißchen explodiert, dann brennt's halt!“

Das war Fritz Kelb.

Noch an diesem ersten Tag begann meine praktische Ausbildung zum Kraft-Ei-Piloten, und wie alle gefährlichen Ausbildungen begann sie harmlos mit der Schulung in einer Art spezialisiertem Segelflug. Zunächst auf normalen Modellen wie Kranich und Baby, dann übergehend auf eine Serie von Habichten, deren einer immer kürzere Tragflächen hatte als der andere, das heißt, die Landegeschwindigkeit wurde mit den kürzeren Tragflächen entsprechend schneller. So brachte es unser sogenannter Stummelhabicht auf die für ein Segeflugzeug immerhin stattliche Zahl von einhundert Lande-„Sachen". Die 163 A schwebte mit etwa 160 km/h an, die 163 B voll bestückt mit deren 220. Und das alles nicht auf normalem Fahrgestell, denn dieses wurde ja beim Raketenflug kurz nach dem Start abgeworfen, sondern auf einer Kufe, die aussah wie ein kurzer breiter Ski. Dazu konnte man mit einer 163 auch keine Landung zweimal ansetzen wie mit normalen Flugzeugen. Man mußte, ganz gleich, aus welcher Höhe oder Richtung man kam, den Platz im Gleitflug so anschweben, daß man in angemessener Nähe des Landekreuzes aufsetzte und genug Auslauf hatte, um die 220 Sachen zum Stillstand zu bringen. Das war fliegerisch ein absolutes Novum, denn mit jeder anderen Maschine konnte man im Notfall noch einmal Gas geben, den Platz ein zweites Mal umfliegen und dann mit korrigiertem Anflug sicher landen. Das ging also mit der Rakete nicht, und so mußte man zum Spezialisten in Ziellandungen ausgebildet werden. Und dies geschah zunächst mit den harmlosen Segelflugzeugen.

Jeder Flieger weiß, daß Fliegenlernen eigentlich nichts anderes heißt, als landen zu lernen; während man das Landen vom Fluglehrer in einer zweisitzigen Maschine beigebracht bekommt, lernt man alles andere so mehr oder weniger nebenher. Ein schlichtes Flugzeug bei schönem Wetter in der Luft zu halten ist leichter, als seiner Großmutter beim Aufwickeln der Strickwolle zu helfen. Aber beim Landen, da muß man schon selber stricken können.

Bei der 163 konnte einem kein Fluglehrer das Landen beibringen, denn ein Fluglehrer hatte ja keinen Platz in der einsitzigen Maschine. Ich ließ mir also erzählen (das heißt militärisch: instruieren), daß es bei der 163 zunächst einmal darauf ankäme, vor der Landung die gefederte Kufe auszufahren, alldieweilen eine Landung mit eingefahrener Kufe erstens dem Flugzeug schade und zweitens die Wirbelsäule (die des Drinsitzenden, also meine in meinem Falle) gefährde. Ich erfuhr, daß die Erprobung in Peenemünde bereits einige Wirbel und Dornfortsätze gekostet hätte und sogar sehr viel prominentere, als die meinen es waren. Ich erfuhr ferner, daß eine unsaubere Landung oder eine Landung über den Platz hinaus, die bei normalen Flugzeugen vielleicht einen Propeller angeknaxt oder eine Fläche zum Erliegen gebracht hätte, bei der 163 sehr leicht einen Überschlag und eine Explosion der Treibstoff-Restmengen verursachte, und dies nicht nur sehr leicht, sondern höchstwahrscheinlich.

O, ich kannte dieses Bangemachen von jungen Knüppelkandidaten zur Genüge, aber hier half keine Überheblichkeit des „alten Hasen". Ich hatte irgendwo das Empfinden, als begegnete ich im Nachthemd einem bis an die Zähne bewaffneten Marsmenschen. Vor allem am Nachmittag dieses ersten Tages, als man mich mit Eli und Otto in der Giftküche unserer Triebwerkhalle bekannt machte. Eli hieß eigentlich Elias und war ein Ingenieur. Otto hieß mit Zunamen Oertzen und war auch Ingenieur. Beide hatten dazu noch die Eigenschaft, so gut wie nichts sagen zu dürfen, und da ich mir in der Nähe eines Ingenieurs sowieso immer vorkomme wie ein Bänkelsänger vor Schaljapin, war ich bereits vorbestraft.

Das erste, was mir die beiden vorführten, war die Explosionskraft des 163-Treibstoffes. Otto stellte eine Untertasse auf den Boden und goß zwei oder drei Fingerhüte voll einer weißen Flüssigkeit hinein. Dann ließ er von oben ein paar Tropfen einer anderen Flüssigkeit darauftropfen. Die Folge dieser Untat war ein

Gezisch, ein Knall und eine Stichflamme — alles in einem. Ich bin ein Mensch, der sich ungern wundert, aber dieses Mal tat ich es. Eli meinte trocken: „Das waren ein paar Gramm. In den Tanks der 163 sind runde 2 Tonnen von diesem Zeug. Das Zeug hieß T- und Z-Stoff für die 163 A und T- und C-Stoff für die 163 B. Was es in Wirklichkeit war, erfuhr ich erst viel später. Eigentlich erst nach dem Krieg. So geheim waren wir. Wie die Babies, die auch nicht wissen, was man ihnen in den Mund stopft.

Otto steckte nach diesem ersten Versuch seinen Zeigefinger bis zum ersten Gelenk in die Flüssigkeit in einem Eimer und forderte mich auf, das gleiche zu tun. Ich tat es. In wenigen Sekunden war mein vorderer Zeigefinger weiß und fing an zu brennen. Otto hatte den seinen längst im Mund und riet mir lachend, dasselbe zu tun, wenn mir mein Finger lieb wäre. Ich tat auch dies und rettete meinen Finger. So hob schlichte menschliche Spucke die Wirkung dieses Teufelszeuges auf, und da sage mir noch einer, es gäbe keine Wunder.

Am Abend war ich allein. Fritz und Herbert hatten Minnedienst, der Chef war nicht da und für mich nichts zu tun. Ich schlenderte ins nahe Städtchen Bad Zwischenahn. Ein würdiger Herr so zwischen Bismarck und Wilhelm II. teilte meinen Tisch in einem Restaurant. Er fragte mich, ob ich auch da draußen wäre bei der Vau Eins. Ich machte ein dummes Gesicht. Er beugte sich ganz nah zu mir und lächelte väterlich. „Naja, mir können Sie's ruhig sagen. Fliegt Ihr morgen wieder rüber?" — Ich guckte noch dümmer. Der Herr beugte sich noch näher an mein Ohr: „Wir wissens doch alle. Ihr fliegt doch die V 1 bis zur englischen Küste!?"

Ich zuckte die Schultern. Der ältere Herr winkte den Ober herbei und flüsterte auch diesem was ins Ohr. Dann wandte er sich schmunzelnd mir wieder zu. „Sie brauchen nichts zu sagen, aber wir sehen es ja doch jeden Tag. Die Dinger fliegen weg und kommen nicht wieder. Und einen Krach machen sie, daß es einen morgens aus den Betten haut . . ."

Nach der zweiten Flasche Wein, einer der köstlichsten, die ich je getrunken habe, wußte ich ganz genau, daß ich einer von denen war, die die V 1 nach England flogen. Nein, nicht ganz bis nach

England. Nur bis kurz vor die englische Küste. Dort mußten wir mit dem Fallschirm abspringen, nachdem wir die V 1 auf den richtigen Kurs gebracht hatten, wurden von einem Schnellboot aus dem Wasser gefischt und nach Bad Zwischenahn zurückgebracht.

Herrgott, war ich froh, daß ich schwimmen konnte. Und im übrigen kam ich mir vor wie die personifizierte Wunderwaffe. — Aber der Wein war gut . . .

*

Die vorbereitende Segelfliegerei füllte noch einige Tage aus und war dann auf einmal vorbei wie die Ouverture einer Oper. Der Vorhang hob sich, die Handlung begann. Wir betraten die Bühne zunächst als Statisten neben unseren Hauptdarstellern Wolfgang Späte, dem Hauptmann und Kommandeur, Joschi Pöhs, seinem immer fröhlichen Schatten, Toni Thaler, seiner linken Hand, und unserem kleinen tapferen Rudolf Opitz, „Pitz" genannt. Pitz und Wolfgang waren die weitaus ältesten 163er, nicht an Jahren, sondern an Flugerfahrung, denn sie hatten beide in Peenemünde bereits aus erster Quelle die Raketenflugerziehung erhalten, dann Toni Thaler und Joschi Pöhs, und alle vier sollten nun uns rund dreißig „Lehrlingen" das Raketenfliegen beibringen. In Peenemünde war Schulter an Schulter mit der V 1 und V 2 reine Triebwerk- und Zellenerprobung betrieben worden, während wir als Erprobungskommando 16 nun die Aufgabe hatten, die Luftwaffenerprobung durchzuführen, um danach den Einsatz der 163 als Gruppen- und Staffelführer, Lehrer und Einflieger für die später anlaufende Großproduktion durchzuführen. Das war immerhin eine Aufgabe.

Gesprächsweise und zum Teil auch im theoretischen Unterricht erfuhren wir Jüngeren so nach und nach, was bereits alles mit der 163 passiert war und vor allem — was noch passieren konnte. Es wurde so deutlich nicht gesagt, aber unsere geschärften Fliegerohren verstanden es gut, daß kein Mensch z. B. dafür garantieren konnte, daß die 163 am Start oder kurz nach dem Abheben, während des Fluges oder bei der Landung nicht explodierte. Man war zwar bemüht, sie nicht explodieren zu lassen, aber man konnte dies anscheinend genau so wenig verhüten wie einen möglichen Wespenstich beim Ausräuchern eines Nestes. Dies also erfuhren wir durch die Blume. Ganz ohne dieselben wurden wir aber davon unterrichtet, daß eine Art Tränengasbildung in der Kabine oder das Entwickeln weißen Dampfes daselbst, der jede Sicht nach außen unmöglich macht, so gut wie an der Tagesordnung sei, und daß die Maschine unter Umständen auch in Brand geraten könne, wozu man dann einen Fallschirm habe, sofern die erreichte Höhe einen Absprung zulasse. Wir sollten dabei aber aufpassen, daß wir beim Herausspringen nicht mit dem Kopf gegen das Seitenruder schlügen, denn dann könnten wir geradesogut drinbleiben. Wir erfuhren ferner, daß unsere PC-Kombination zwar so hieße, weil sie Verbrennungen durch ausgelaufenen Treibstoff bei Rohrbrüchen et cetera verhüten solle, aber sie täte es nicht unbedingt. Es wäre also ungut, sich darauf zu verlassen. Wir wurden weiter dahingehend unterrichtet, daß, wenn wir vergäßen, das Fahrwerk nach dem Start abzuwerfen oder dieses tückischerweise infolge eines technischen Fehlers diese Absicht durchkreuze und eigensinnig hängenbliebe, dann eine Landung mit lebendigem Ausgang fast ebenso unwahrscheinlich sei wie das Finden eines verlorenen Kragenknopfes. Und wir erfuhren schließlich, daß, wenn wir nach dem Flug den Flugplatz nicht mehr erreichen könnten, wir lieber gar nicht mehr landen sollten, denn dann sei's sowieso aus. Aus diesen Ermahnungen und der Erklärung aller Hebel, Knöpfe, Handgriffe und Instrumente bestand vorerst praktisch die ganze theoretische Unterweisung. Sie ging an uns vorüber wie der Vortrag eines Zeugen Jehovas über den Weltuntergang — und das war gut so. Jedenfalls — obwohl freigestellt — verlangten, glaube ich, nur zwei ihren Marschbefehl in weniger kitzlige Jagdreviere. Der Haufen blieb.

Verzeiht, wenn ich nicht alle dreißig Namen des Erprobungskommandos nenne, aber sie wären mit entsprechendem Kommentar allein ein Roman. Von diesen ersten Dreißig sind heute noch sieben oder acht, in aller Welt verstreut, morgens beim Rasieren wie ich, aber die anderen stehen daneben, fast Tag für Tag und ich hör' sie feixen: „Hab' ich nicht mehr nötig!" — Solche Kerle waren das! An Berufen, soweit es keine Aktiven waren, fehlte kaum einer, vom Hofmusikanten Jupp bis zum Saatzuchtlandwirt Otto. Jupp und Fritz Kelb waren unsere Typen, Spaßmacher von Format und vor der Gefahr ebenso respektlos wie vor den Speisekarten. Zwei Frauen — außer den recht hübschen Töchtern Bad Zwischenahns und unseren braven Funkhelferinnen — gehörten noch zu uns, und beide in ihrer Art unerreicht originell und gut: Hilda Dyckerhoff und Hanna Reitsch. Sie begleiteten unser Tun in Episoden, aber sie gehörten dazu wie auch Hildas Mann Helmut ... aber davon später.

*

Auch ohne fliegerische Reifeprüfung wird man bis hierher begriffen haben, daß zum sicheren Gelingen eines Fluges mit der 163 drei Faktoren gehörten. Man mußte erstens starten und zweitens landen können, und drittens durfte der Vogel weder explodieren noch brennen. Da wir auf letztere beide Bedingungen keinen direkten Einfluß hatten, übten wir naturgemäß zunächst die beiden ersten. Und dies unter gänzlicher Ausschaltung des fragwürdigen „drittens", indem wir ohne Treibstoff übten, indem uns eine zweimotorige Messerschmitt 110 nach oben schleppte. Dies war ein Vorgang, den jeder Segelflieger kennt und den sich jeder Nichtflieger vorstellen kann. An einem etwa 100 Meter langen Drahtseil wurde die 163 A hinter der Me 110 befestigt, auf Kommando ging's los, die leichte 163 hob zuerst ab; war dann die 110 auch in der Luft, zog man einen Hebel, warf so das Fahrwerk der 163 ab und stieg dann vergnügt und ohne Schwierigkeit hinter der 110 auf einige tausend Meter Höhe, klinkte das Seil aus und flog.

Eines Tages war auch ich an der Reihe, saß drin in dem winzigen Kabinchen der 163 A, sah das Seil sich spannen, hatte Herzklopfen wie ein Bad Nauheimer Patient, hielt den Knüppel wie weiland Hermann das Schwert (ich meine Hermann, den Cherusker) und schielte nach dem Fahrwerksabwurfhebel, als könnte der mir davonlaufen. Und dann hing ich mit der gleichen schlafwandlerischen Sicherheit plötzlich in der Luft, mit der ich einst auch mein erstes lateinisches Extemporale geschrieben habe. Wie — weiß ich von beiden nicht mehr.

Aber ich weiß noch — als wäre es heute früh gewesen —, wie es war, als ich in 3000 Meter Höhe das Seil ausklinkte und zum erstenmal die 163 ganz allein flog. Und nun habe ich Angst vor der Beschreibung, die mich noch einige Male bei diesem Bericht befallen wird. Stellen Sie sich vor — Quatsch — das können Sie sich ja gar nicht vorstellen. Also denken Sie oder träumen Sie oder fantasieren Sie — ach — tun Sie, was Sie wollen ...

Ganz vielleicht ist einer jungen Schwalbe so zumute, wenn sie zum erstenmal selbständig aus dem Nest kippt ...

Vielleicht auch hat Ikarus, als er seinem vorsichtigen Vater davonflog, dieses innere Jauchzen verspürt, das ihn zur erlösenden Sonne hob, und Lilienthal mag es sicher erlebt haben, dieses göttliche Schweben, diese einzigartige Melodie der Freiheit, dieses souveräne Erleben und demütige Danken: Ich fliege ...

Es ist ein Unterschied, ob man fliegt oder fliegt. Richtig fliegen werden wir Menschen ja nie können. Das ist ein Gottesgeschenk, und wir bekamen es nicht. Ihm am nächsten kommt aber der Flug ohne Motor, ohne künstlichen Antrieb überhaupt, und dann muß das Flugzeug wenigstens so ähnlich sein, wie es wäre, wenn wir eigene Flügel hätten, so wendig, so flink, so übermütig, so hurtig und so brav ... und das alles — ja, das kann man sich vorstellen, das alles war die 163, Natürlich benahm ich mich wie die aus dem Nest gekippte Schwalbe. Ich probierte und — jubilierte. Das gab's nur einmal — das war ein Walzer seligsten Glücks — ja, das war Ikarus, wie er je die Sonne erflog — gefährlich? — pah! — ein Kinderspiel — ein Ringelreih'n in der Luft — einmal hin, einmal her, ringsherum, das ist nicht schwer ...

Ich kam überhaupt erst wieder zu mir, als ich nun doch merkte, daß ich keinen Motor hatte und landen mußte. Da kam sie näher, die häßliche Erde, und ich war plötzlich wieder ein Mensch, der um sein bißchen Leben bangte, der einen Höhenmesser, dieses unglaublich unbestechliche Ding, anbeten mußte, dem die Landeklappen die eigene Klappe verschlossen und der jetzt vorsichtig einkurven mußte, um das dämliche Landekreuz zu erreichen — so in sechshundert Meter Höhe etwa auf der Gegenseite — dann hübsch am Platzrand entlang — wieder kurven — ja, so könnte es reichen — hoffentlich macht der Alte keinen Krach — aha, Platzgrenze — Sauerei, ein bißchen zu viel Fahrt — nein, geht noch, der Schlitten fällt ja plötzlich wie ein Stein — Knüppel langsam ran, ja, schwebt noch — prima, knapp hinter dem Landekreuz — aufsetzen — holterdipolter — Mensch, das geht ins Kreuz wie ein Treppenrutsch auf dem Hintern. Aber schön war's . . .

Fast zärtlich neigt sich die 163 nach dem Ausrutschen auf die eine Fläche und liegt nun mit mir in der Kabine da, so wie ich ihr zum erstenmal begegnete. Mit den Kameraden kommt die Welt wieder zu mir. Kabine auf, raus, zurück zum Start. Ein paar veräppeln mich, Toni am Start sagt mir, die Landung sei gut gewesen. Das ist mir alles egal. Ich sitze noch immer da oben und jubiliere, rede, was ich nicht höre, und höre, was ich nicht verstehe. Bis schließlich Fritz mir mit Wucht auf die Schulter haut und eine seiner ureigensten Abkürzungen mir ins verträumte Gesicht schleudert:

„Na, Mano, i. t. n.?" Das heißt bei Fritz soviel wie: „Ist das nichts?"

„U. o. t. v. i.!" antwortete ich lachend, was wiederum soviel heißt wie: „Und ob das was ist!"

So blöd sind wir Flieger! — Manchmal . . .

Plötzlich unterbricht Toni den Startbetrieb. Für Pitz wird gerade auf der anderen Seite des riesigen Platzes eine „scharfe A" an den Start gezogen. Eine „scharfe A" ist eine 163 A mit Triebwerk und vollen Tanks. Natürlich laufen wir hinüber. Pitz steigt ein, Otto Oertzen und Eli hängen an seinen Ohren wie zwei Sekundanten an ihrem Boxer. Kabine zu. Rauch — Krach — Start. Pitz stiebt davon. — Ich sehe das zum erstenmal ganz aus der Nähe, denn noch wird nicht jeden Tag scharf gestartet. Jetzt hebt er ab, das Fahrwerk fällt, tanzt in wilden Sprüngen über den Platz und rollt wie betrunken in einer Ecke aus. Pitz schießt hoch, mag zwei- oder dreihundert Meter erreicht haben, als plötzlich das Triebwerk aussetzt, der Qualm am Heck dichter wird und die Maschine, die eben noch wie ein Pfeil in die Höhe schoß, an Fahrt verliert und zu sinken beginnt. Mensch, Pitz, mach's gut — die Tanks sind noch so gut wie voll ... Pitz — wahnsinnig — nicht kurven ... aber Pitz kurvt mit vollen Tanks in Bodennähe — Pitz, Du schmierst ab — nein, Pitz schmiert nicht ab — Pitz kriegt die kostbare Mühle auf den Platz zurück, setzt mit den hochexplosiven Tanks die Maschine mit fast doppelter D-Zug-geschwindigkeit so sanft aufs Gras, als lande er auf Eiern — und das alles mit Rückenwind — rutscht bis fast zum Start zurück, wo wir atemlos das Schauspiel verfolgen — rutscht aus — steht — reißt die Kabine auf — und dann sind wir schon da und heben Pitz aus dem Sitz, während die Platzfeuerwehr bereits mit dickem Wasserstrahl die aus allen Fugen rauchende Maschine bespritzt. Pitz ist ein wenig blaß, streift die Haube vom Kopf und lacht: „Ging nochmal!“ Dann geht er mit Otto und Eli hinter der nassen Maschine her zur Werft, um den Grund der Panne zu suchen.

Wir werden von Toni belehrt, daß wir uns ja nicht unterstehen sollen, Pitzens Gegenkurve im gleichen Fall nachzumachen. Das könne außer Pitz keiner. Falls uns das gleiche mal passiere, dann sofort Schnellablaß ziehen und geradeaus eine Landung versuchen.

„Möglichst Richtung Friedhof, der Unkosten wegen“, ergänzte Fritz.

Dann hängten wir uns jeder ein zweites Mal mit der leeren A an die 110.

Am Abend im Kasino erfuhren wir, daß Pitzens Triebwerk wahrscheinlich wegen negativer Beschleunigung stehen geblieben wäre. Das konnte eine Ausrede sein, denn selbst vor uns waren solche Dinge hypergeheim. Aber soviel wußten wir bereits, daß das A-Triebwerk bei negativer Beschleunigung, d. h. wenn man die Maschine andrückte, gern stehenblieb, indem die Kraftstoffzufuhr aussetzte. Das war natürlich eine krumme Sache, denn man konnte kaum dafür garantieren, daß man niemals negativ beschleunigte. Das wäre etwa so, wie wenn man von einem Autofahrer verlange, er dürfe bei Todesstrafe keine Kurve mehr schneiden. Einmal tut er's dann doch wieder, und dann ist's passiert.

Bevor ich an diesem Abend einschlief, spielten meine Gedanken trotz Pitzens reichlicher „Geburtstags"-Schnäpse noch lange mit mir Katz und Maus. Niemals negativ — keine Angstkurve — immer Richtung Friedhof — der Unkosten wegen — bestimmt nicht negativ — blöder Hund, schlaf endlich! —

Es dauerte nach diesem ersten eigenen Schleppdebut und Pitzens Fehlstart nicht mehr lange, bis auch für uns unmündige Raketenknaben die erste scharfe 163 A zum Start gezogen wurde. Pitz, Späte und Thaler hatten inzwischen einige scharfe Starts vorgeführt, die ohne Ausnahme reibungslos verlaufen waren, so daß auch wir Erstklässler nicht mehr ganz so skeptisch waren.

Immerhin griff Fritz Kelb, bevor er zu seinem ersten scharfen Start in die A kletterte, sehr tief in seine Hosentasche, holte ein sehr zerknülltes Päckchen Zigaretten hervor und gab es mir mit den feierlichen Worten: „Hier, Mano, drei Stück sind noch drin, die rauchst du zur Erinnerung, wenn's mich zerreißt!" —

Aber es „zerriß" ihn nicht. Ich hörte ihn förmlich jubeln, während er hinter dem dichten violett-schwarzen Kometenschweif aus Rauch in die Höhe schoß, sah das letzte Auspuffen seines großartig funktionierenden Triebwerks und sein erstes übermütiges Kurbeln im hohen Gleitflug.

„Dem verpaß ich eine Zigarre, daß er zwei Jahre daran zu rauchen hat", schrie Toni Thaler, als er Fritzens wilde Kurven sah, aber seine Augen waren dabei nicht ungut. Bei der Landeeinteilung und dem Aufsetzen machte Fritz alles wieder gut, und das „Zigarillo" hinterher war mehr autoritätswegen als ernst gemeint. Fritz aber, als er seinen Fallschirm abgeschnallt hatte, sagte zu mir: „Du, Mano, das war schöner als das schönste Mädchen!", und das wollte bei Fritz viel heißen.

Dann war ich an der Reihe.

Ich habe noch nie in meinem Leben ein wildes Pferd zugeritten, aber ich kann mir vorstellen, daß mir dabei genauso zumute wäre, wie mir vor diesem ersten scharfen Start ums Herz war. Man hat da also erstens mal Angst. Nackte, unverblümte Angst, die man natürlich nicht zeigen darf, weil man ein „Mann“ ist und weil noch andere „Männer“ herumstehen. Und diese Angst behandelt einen wie eine arrogante Bardame, wenn man zu wenig Geld in der Tasche hat. Mitleidslos mixt sie den schönsten Cocktail vor deiner Nase, beugt sich mitsamt dem verlockenden Ausschnitt zu dir herab und schürzt im nächsten Augenblick schnippisch die Lippen. Dann bläht sie die Nasenflügel und lacht Hohn. Du greifst mit der Rechten nach dem Schnaps und fühlst mit der Linken in der Hosentasche, daß diese leer ist, rennst raus ins Freie und nach einer Sekunde hinein wieder in die Bar. — Vielleicht hast du in einer anderen Tasche noch ein paar Mark ...

Und nun ist die Angst plötzlich weg, und du hörst ruhig die letzten Ermahnungen deines Lehrers: Knüppel stillhalten im Start, auch nach dem Abheben nicht nachdrücken wie bei normalen Flugzeugen, dann auf 5 bis 10 Meter Höhe gehen und Fahrwerk abwerfen. Nicht vergessen!!! Nun Geschwindigkeit aufholen lassen und etwa am Platzrand ein wenig ziehen, wieder nachgeben und steigen lassen ... bis das Triebwerk aufhört. In die Waagrechte gehen, zuerst geradeaus, dann in weiten Kurven gleiten, ein paar engere Kurven einlegen und so weiter genau wie nach den Schleppflügen bis zur Landung. — So, und jetzt Trimmung leicht schwanzlastig und nochmals: Fahrwerk nicht vergessen und Instrumente gut beobachten. — Kabine zu — Start frei.

Jetzt ist alles weg. Die Angst samt der Bardame. Der Knüppel ruht wie die Hand eines Freundes in der meinen, die Linke schiebt nach dem Anlassen und dem ersten Beobachten der Instrumente den Schubhebel auf Vollschub — ja — die Instrumente sind brav —der außen ohrenbetäubende Krach wird im Innern der Kabine nur als mittleres Rauschen vernommen, aber nun schieben — nein, jagen mich die zweitausend Pferde in das Weit des Platzes hinein wie eine Quadriga in eine römische Arena. Nein, das ist ein ganz schlechter Vergleich, denn da fehlen ja doch die Rösser, und da ist auch kein Motor wie sonst und auch nicht der Silberkranz der Luftschraube ... Da ist vor mir nichts als ein winziges Stück Rumpfnase und der vor mir immer schneller wegrollende Boden

— und die Instrumente — ja, sie zeigten noch richtig — und das wird immer schneller, immer schneller — hoppla — ich hänge in der Luft, das Holpern des Fahrwerks hat aufgehört, und hinter mir ist nur noch das brummige Zischen der Brennkammer.

Fahrwerk ab.

Hei! Jetzt gibt's einen Stoß in den Rücken, wie ein Pfeil schießt meine kleine A über den Platz, an dessen Grenze ich den Knüppel ein wenig anziehe, und hoch geht's. — Mein Gott, ist das einfach. Das geht wie im Fahrstuhl: Zweiter Stock: Haushaltwaren, Möbel, Gardinen, Installation ...

Die Erde ist weg. Ich stehe so senkrecht im Raum, daß ich nichts anderes mehr sehe als des Himmels unendliches Blau in dem hoch oben ein paar Cirren ihre silbernen Schleier schwingen. Herrgott, ist das schön! Die Gefahr hat die Gedanken verlassen, die Schönheit ist wieder da — des Lebens und des Fliegens wie eh und jeh. Dieses immer wieder ergreifende Spiel mit den Elementen — jene Grenze, an denen die Sprache einfach versagt und vom Gefühl übermannt wird wie ein Herz von der Liebe ...

Aber ich muß nachher einen Bericht schreiben, ich muß aufpassen, ganz nüchtern beobachten. Es gibt da Drehzahlen und einundzwanzig atü, die verhext nochmal im Augenblick viel wichtiger sind als die ganze gesammelte Lyrik der Renaissance. Und es gibt einen Staudruck und ein Variometer und wieder diesen vermaledeiten Höhenmesser, der aufpaßt wie der Schutzmann an der Ecke und mich nervös macht wie weiland mein Mathematikprofessor. Von all diesen lächerlichen Zeigern muß ich nachher berichten. Ganz genau wollen die da unten — wo sind sie überhaupt — das alles von mir wissen. Auf meine Gefühle pfeifen sie, und mit Träumern kann man keinen Krieg gewinnen — einen solchen schon gar nicht!

Rums! macht's da plötzlich und fühlt sich an wie eine festgehaltene Schaukel. Ich falle in die Gurte, das Zischen hinter mir hat aufgehört, der Treibstoff ist verbraucht. Es wird ganz still um mich. Ein paar hundert Meter schieße ich noch in den Raum, dann lege ich — der Schutzmann zeigt so an die 4000 Meter — meinen Vogel leicht über die Fläche in die Waagrechte und schaue mir die

Gegend an. Links unten glitzert das Zwischenahner Meer, auf dem wir so oft segeln und um dessenwillen wir eine halbe Stunde lang Unterricht „im Verhalten bei Landungen auf dem Wasser“ hatten. Notlandungen natürlich. Die beruhigende Quintessenz dieses Unterrichtes war die, daß die 163 bei Notlandungen auf dem Wasser sich sofort unter dasselbe begäbe und man mal wieder hastewaskannste vor dem Wassern die Kabine abzuwerfen und sich möglichst schnell aus dem Sitz zu entfernen habe, sofern man gut schwimmen könne.

Am Kopfende des Zwischenahner Meers (es ist übrigens ein zwar hübscher, aber ansonsten ganz normaler Binnensee) kuschen sich die reichen Häuslein der Bremer Wochenendlustigen, dann kommt das eigentliche Städtchen. Drumherum, so weit das Auge reicht, dehnt sich das kraftstrotzende friesische Bauernland mit seinen behäbigen Gehöften und gemütlichen alten Schenken. In einer solchen haben wir kürzlich abends frisch geräucherte Aale gegessen und einen markigen Schnaps dazu getrunken — ohne Marken! Aber mit Kater! Wir waren qbi und das Wetter am nächsten Tag Gottseidank auch. Für Nichteingeweihte: qbi heißt „absolut zum Fliegen unfähige Wetterlage“, „Fliegerwetter“ also im Gegensatz zum „Flugwetter“, bei dem man fliegen muß — auch bei seelischem qbi.

Jawohl, zu solchen Betrachtungen hat man Zeit, wenn man in einem lebensgefährlichen Raketenflugzeug zur Erde schwebt. Ich weiß, daß es jetzt viel spannender wäre, wenn mein Höhenruder plötzlich klemmte oder ein Flächenanschluß sich lockerte, die Landeklappen versagten oder ich den Platz nicht mehr fände ... Nichts von alledem, aber keine Angst, das kommt noch alles — leider! — Dies aber, mein erster Start mit der 163 A war — ein Lustflug. Und das ist mehr als alle Sensationen dieser Welt auf einem Haufen.

Ich landete und brachte meine Maschine so behutsam auf die Erde wie meine junge Frau dereinst nach der Hochzeitsreise ins eigene Zuhause. Wir waren glücklich — meine A und ich. Und Toni auch, der jedesmal froh war, wenn eines seiner Schäflein wieder zum Pferch zurückkehrte, heil und ungeschoren.

Der Mensch gewöhnt sich an alles. An das tägliche Büro und den schlechtgelaunten Chef ebenso wie ans lästige Unterdruckkammer-Sitzen und ans Raketenfliegen. Nach kurzer Zeit stiegen wir fast täglich in unsere A, wie wir uns vordem aufs Fahrrad oder ins Auto gesetzt hatten, um ins Geschäft zu fahren. Und wir betraten jeden Morgen die Unterdruckkammer, wie unsere Lieben daheim das ungeheizte Badezimmer betraten. Es mußte eben sein. Indes, unsere Unterdruckkammer wurde langsam ungemütlich, und der gute Dr. Dunker bekam manches harte Wort zu hören; später waren wir ihm ob seiner gründlichen Vorsorge umso dankbarer. Wir übten längst nicht mehr das gemütliche Hinaufpumpen in 8000 Meter oder Hinabsaugen auf Bodenhöhe. Wir rauschten jetzt druckmäßig genommen in knapp einer Minute auf 8000 Meter und in weniger als einer halben Minute wieder hinunter, nachdem wir „oben" ein paar Minuten gezappelt hatten. Da wurde — ich bitte um Entschuldigung — das winzigste Fürzlein im Eingeweide zu einem Luftballon und tat in dieser Dimension natürlich so weh, daß wir schrien. Von leichtem Schnupfen abgeriegelte Stirnhöhlen trieben den Angstschweiß auf die Nase und schmerzten, als platze der Schädel. Dr. Dunker paßte zwar auf und regulierte sofort entsprechend an seinem Steuerrad, aber wir hatten weit nettere Vorstellungen von einem geruhsamen Dasein. Immerhin, je wilder es in der Unterdruckkammer zuging, um so näher rückte der ersehnte Tag des Eintreffens der ersten Me 163 B, des eigentlichen Krafteies — unserer Einsatzrakete.

In diese Zeit fiel eine Episode, die eigentlich mit dem Kraft-Ei und mir nichts zu tun hat, denn das Kraft-Ei war ja noch gar nicht da und ich war — verheiratet. Sehr glücklich sogar, aber doch wiederum nicht so, daß ich mir nicht auch einmal wenigstens den Anblick einer anderen Schönen schmunzelnd gegönnt hätte. Eine solche Schöne gab es natürlich auch in Bad Zwischenahn, und sie wäre heute gar am Ende die „Miss Oldenburg" — wer weiß. Damals war sie nur ein auffallend hübsches und gar artiges Mädchen namens Susanne und der Traum des Erprobungskommandos. Jeder von uns sah sie an und ihr nach, wenn sie vorbeischritt, und jeder hatte wohl auch jenen geheimen, in solchen Fällen üblichen Wunsch. Und Susanne ihrerseits genoß offensichtlich das Gefühl des Begehrtwerdens von handfesten und erprobten Männern und trug den Kopf hoch und stolz. So konnte sie dastehen wie eine Orchidee in der Sonne oder dahinschreiten wie ein Tier, um dessenwillen zwei Hirsche ihre Geweihe verklemmt hatten. Dann aber packte das Schicksal auch bei Susanne zu und so grausam, daß es selbst unsere hartgewordenen Raketenherzen erschütterte.

Susannes Schicksal war Joschi.

Joschi war ein Mann, wie es heute in der ganzen Filmwelt keinen gibt. Die Herren Filmstars mögen verzeihen, aber es stimmt. Joschi war etwa 185 groß, schwarz, untadelig gewachsen, von guten, ein wenig saloppen Manieren, ansonsten ein großartiger Soldat und Flieger und zu allem hin noch ein Ritterkreuzträger.

Und als Susanne zum erstenmal nicht allein auf der Straße gesehen wurde, war es Joschi, der als strahlender Apoll sie begleitete. Damit waren die Würfel gefallen, und wir anderen zogen uns nun auf Beobachtung zurück. Joschi und Susanne wurden zum Romeo und Julia des Flugplatzes, leider im wahrsten Sinne des Wortes.

Späte, unser Kommandeur, war damals noch ein äußerst hartgesottener Junggeselle, von dessen Gnaden wir auf keine Kommandeuse zu hoffen hatten. So war uns Susanne auch in dieser Richtung sehr willkommen, und es war ja damals üblich, daß Adjutantenfrauen first lady spielen mußten. Warum also nicht Susanne, die unserer nicht kleinen Eitelkeit in solchen Dingen durchaus entsprach. So fingen wir an, sehr seriös auf eine Verlobung zu drängen, denn „wir wollten es nun wissen!" Joschi und Susanne trafen sich Tag für Tag. Wir sahen sie im Segelboot, am

Dieser erste schwanzlose Gleiter entstand während des harten Winters 1921/22 in den Weltensegler-Baracken auf der Wasserkuppe. Schlechteste Zeiten, weniger als wenig zu essen, 20 bis 25 Grad minus in der Werkstatt, kein Geld und nur zusammengebetteltes Material, aber die Idee, schon vorher geboren, war zum erstenmal verwirklicht. Espenlaub (r.) und Lippisch am Hang auf der Wasserkuppe vor dem ersten und letzten Start im Frühjahr 1922. Der Vogel ging nach einem kurzen Luftsprung zu Bruch.

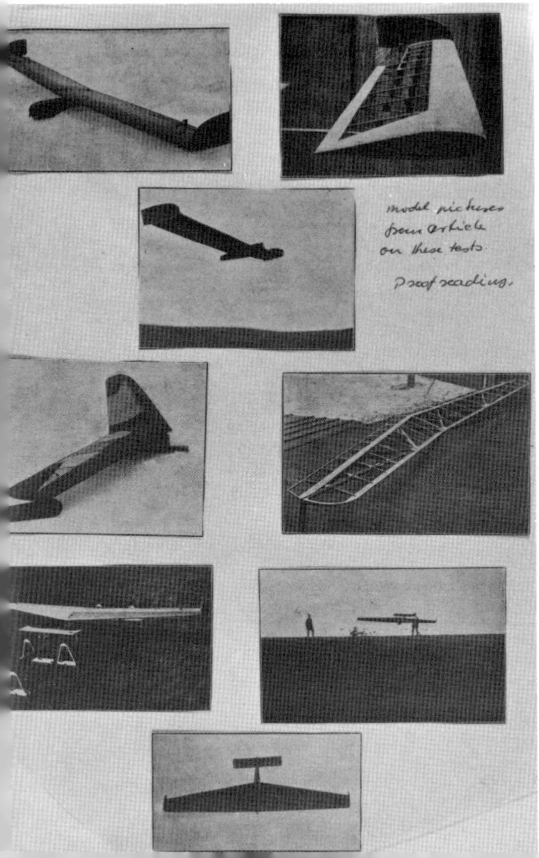

Versuchsmodelle von schwanzlosen Flugzeugen, die Alexander Lippisch bis 1926 auf der Wasserkuppe entwickelt und gebaut hatte.

Eines der Raketenmodelle von Alexander Lippisch machte erste Versuchstarts, angetrieben von einer Opel-Sander-Rakete im Jahre 1928 auf der Wasserkuppe.

Lippischs 1928 entstandene „Ente“ wurde nach guten motorlosen Flugleistungen mit eingebautem Raketenantrieb das eigentlich erste Raketenflugzeug.

Einen entscheidenden Punkt seiner Arbeit erreichte Lippisch in den Jahren 1928 und 1929 mit dem hervorragend fliegenden schwanzlosen Segelflugzeug „Storch IV“ (oben), aus dem der mit 8 PS DKW-Motor motorisierte „Storch V“ hervorging, mit dem Günther Groenhoff 1929 die erste Vorführung vor Regierungsvertretern in Berlin-Tempelhof flog.

Strand, auf den Wegen um den weiten Platz, abends im Oldenburger Theater, und wir sahen es gern ...

Da bestieg eines Morgens Joschi eine 163, schnallte sich fest, lachte sich noch eins mit Pitz und Toni und startete. Seit Pitzens gefährlicher Kurvenlandung war nichts mehr passiert, hatte kein Triebwerk mehr gestreikt und waren alle Flüge glatt und reibungslos verlaufen. Auch Joschis Maschine rollte mit wachsender Geschwindigkeit fauchend über den Rasen, hob ab und raste knapp über dem Boden dem Steigflug entgegen. Da klinkte das Fahrwerk aus, und entweder war die Maschine noch nicht hoch genug oder aber eine Bodenwelle war schuld, jedenfalls sprang das schwere stählerne Fahrwerk mit seiner starren Achse noch einmal gegen die fliegende Maschine, und im gleichen Augenblick setzte das Triebwerk aus. Das Fahrwerk hatte die T-Stoffleitung zerstört...

Joschi mußte es sofort gemerkt haben, denn die Maschine bäumte sich plötzlich auf, gewann mit der vorhandenen Fahrt etwa 100 Meter Höhe, und Joschi kurvte nun — genau wie Pitz — steil ein und wendete zurück zum Platz. Alles schien gut zu gehen und wir wollten schon aufatmen, als Joschis Maschine sich bedenklich einem am Platzrand stehenden Flakturm näherte, den Joschi wegen der hochgestellten Fläche wohl nicht sah und in der nächsten Sekunde leicht streifte. Und nun war in wenigen Sekunden alles geschehen. Die Maschine sackte nach dem Berühren des Turms schnell ab, schlug schräg auf den Platz auf und glitt noch einige 50 Meter, um dann liegen zu bleiben. Das alles war gute zwei Kilometer von unserem Standort entfernt passiert, und wir rannten so schnell uns unsere Beine trugen hinter dem Feuerwehr- und Krankenauto her. Joschi konnte höchstens ein paar Knochen gebrochen haben, vielleicht war ihm auch gar nichts geschehen - hoffentlich...

Kaum eine Minute nach dem Aufschlag waren Feuerlösch- und Saniwagen bei der Maschine — aber Joschi war nicht mehr. Der ausgelaufene T-Stoff hatte den wahrscheinlich Bewußtlosen buchstäblich zersetzt...

Es hatte nichts mehr geholfen, auch nicht die Tausende von Litern Wasser, die der Feuerlöschwagen über die gestrandete Maschine ergoß, um den T-Stoff zu neutralisieren. — Arme Susanne...

Joschis Tod war uns hart an die Nieren gegangen, sehr viel härter, als es die an Kameradenverlusten weiß Gott nicht armen vier Kriegsjahre erlaubten. Aber er war das erste 163-Opfer aus unseren Reihen, und er war eben — Joschi.

Viele Wochen später rollte eines Nachmittags von einer kleinen brummigen Lok gezogen ein versiegelter Güterwagen über das Anschlußgleis vor der großen Halle. Und wie ein Lauffeuer ging es über Platz und Unterkünfte: Die erste 163 B ist da.

Das Aufschieben der Waggontüren geschah so erwartungs- und geheimnisvoll wie das Öffnen eines eben gefundenen ägyptischen Königsgrabes, und die Männer, die damals Nofretetes schönen Kopf erblickten, waren sicher nicht sprachloser als wir, die wir nun zum erstenmal das eigentliche Kraft-Ei sahen.

Beim bärtigen Zeus — das war eine Maschine. Das war eine verschworene Gemeinschaft von Kraft und Schnelligkeit, ein Ausdruck des Unbändigen, ein Ebenbild ungedrosselten Ungetüms. Und sie war knallrot angestrichen. Ich weiß warum, aber in diesem Rot erschien sie mir plötzlich als Wiedergeburt des roten Jagdfliegers, jener siegreichen Maschine Manfred von Richthofens, die dereinst den Ruhm der deutschen Jagdfliegerei begründete.

Dabei war diese 163 B lange nicht so schön und elegant wie ihre jüngere Schwester, die A. — Der Rumpf nicht mehr schlank wie eine Forelle, sondern kräftig und fast plump, wie der eines Karpfen. Die Flächen nicht mehr zierlich wie die einer Schwalbe, sondern dick und kräftig wie die eines Drachens. Die Plexiglaskuppel hockte wie ein böses Auge auf dem dicken Rumpf, und die dicke Panzerscheibe vor dem Pilotensitz atmete Kampf und Gefahr. Und trotzdem — schön in dieser unbedingten Kraft und Überlegenheit.

Der spitz zulaufende Bug des Rumpfes barg eine schwere Panzerkuppel gegen Beschuß von vorn. Darin eingebaut lagen die unentbehrlichen Funkgeräte geschützt wie ein Herz hinter den starken Muskeln der Brust. Die Pilotenkabine war gegenüber derjenigen der 163 A ein geräumiges Wohnzimmer. Aber sie enthielt dafür auch — o welche Lust Soldat zu sein — direkt rechts und links vom Sitz zwei T-Stoff-Tanks.

„Wenn die explodieren, fliegst du dem Petrus als Sand in die Augen", sagte einer, und er übertrieb nicht.

Der Bodenraum der Kabine nahm die Kufen-Aggregate auf, deren Hauptteil, ein Zylinder, die beiden Funktionen hatte, die Kufe aus- und einzufahren und abzufedern. Hinter dem Pilotensitz lagen Kopfpanzer und Brandschott und direkt dahinter der T-Stoff-Haupttank. Man saß also in einem T-Stoffrahmen von oben bis unten.

Ein zweites Brandschott trennte den vorderen vom hinteren Rumpfteil, der das eigentliche Triebwerk mit der Brennkammer beherbergte.

Während der Rumpf hauptsächlich aus Aluminium bestand, waren die Tragflächen aus Sperrholz. Sie hatten eingebaute Vorflügel und nahmen im Flächenansatz die C-Stoff-Tanks auf. An der inneren Flügelhinterkante waren die Landeklappen, außen die Querruder, die — da ja kein Leitwerk vorhanden war — gleichzeitig als Höhenruder dienten. Unter der im Stand ausgefahrenen Kufe war das abwerfbare Fahrwerk befestigt.

Grau, edler Freund, ist alle Theorie, aber sie muß sein, und nun, da wir unser erstes Anschauungsobjekt endlich hatten, wurden wir zunächst am Boden mit ihm vertraut gemacht. Es war sozusagen der Trockenskikurs für Raketenpiloten.

Wir erfuhren nun manches, was man uns bis dahin — vielleicht in weiser Voraussicht — vorenthalten hatte, vielleicht sogar selbst nicht wußte oder bisher nicht hatte sagen dürfen. „Man", das heißt, unsere Ingenieure, über deren Beziehungen zu mir ich mich bereits äußerte. Otto und Eli waren zwar gute Freunde von mir geworden, und waren bei Bier und Skat prächtige Kerle, aber von Amts wegen kamen sie mir noch immer vor wie die Leibköche eines Kannibalenhäuptlings.

Ich muß jetzt etwas sagen, was ich ungern sage, aber es gehört hierher wie das Komma hinter einen Nebensatz. Ich habe in meinem an sich nicht bedeutenden Fliegerleben weit mehr als zweitausend Stunden zwischen Himmel und Erde verbracht. Viele davon ganz dicht beim Himmel im wahrsten Sinne des Wortes, aber ich habe nie viel davon gehalten, zu wissen, warum eine Zündkerze nicht mehr tut, wenn man an der falschen Schraube am Verteiler dreht. Ich habe auch noch nie davon gehört, daß einer, der Skifahren lernt, daraufhin geprüft wird, ob er die verschiedenen Leimverfahren der Edelhölzer mit Kunststoff kennt, und ich kenne nur ganz wenige Radfahrer, die die Funktion einer Freilaufnabe einwandfrei erklären können. Dabei sind Skilaufen und Radfahren beweisbar viel gefährlicher als Fliegen. Einer aber, der — heute noch — fliegen lernt, muß geradezu ein Miniaturstudium in Motorenkunde und Viertaktgeschichte durcharbeiten, obwohl ich auf Ehrenwort keinen einzigen Flieger kenne (und ich kenne viele), der zwischen dem Aussetzen seines Motors und der darauf meist folgenden Notlandung Zeit gehabt hätte, zu tanken, die Zündung zu verstellen oder gar die Ventile einzuschleifen. Aber darüber unterhalten wir uns vielleicht ein andermal.

Kurz und klein, Otto, Eli, Pitz und Späte und einige andere gaben uns nun raketentheoretischen Unterricht in geballter Form. So geballt, daß mir die Vorarbeit zum Abitur dereinst geradezu als musischer Spaziergang in die Erinnerung kam ...

Verzeiht, wenn ich nun trocken werde, aber bei technischen Dingen werde ich immer trocken. Wir lernten also, daß der Treibstoff, mit dem wir, beziehungsweise die 163 B, flogen, aus 84prozentigem Wasserstoffsuperoxyd und einem Gemisch von Kohlewasserstoffverbindungen mit einem Kohlenstoffträger als Katalysator bestand, der erstere T- und der letztere C-Stoff genannt, und daß bei der Zersetzung des T-Stoffes durch den C-Stoff eine ungeheuere Expansionskraft entstehe, die — in unserem Triebwerk erzeugt — uns in die Lüfte hebe. Das Triebwerk selbst bestand aus der Förderanlage, dem Regler und der Brennkammer. Zum Start setzte man durch einen Schaltknopf einen Elektromotor in Gang, der eine kleine Turbine antrieb und eine kleine Menge T-Stoff in den Dampferzeuger leitete. Nach Abschalten des Elektromotors wurde die Turbine durch den Dampferzeuger angetrieben und pumpte nun noch T- und C-Stoff aus den Tanks in die Regler-Anlage. Dies im Verhältnis 3 : 1. In einer Druckwaage wurden die Mengen aufeinander abgestimmt und durch zwölf Röhren zur Brennkammer am Ende des Rumpfes geleitet, in die sie durch Düsen mit Rückschlagventil eintraten. Beim Vereinigen der nunmehr zerstäubten Flüssigkeiten entstand eine explosionsartige kontinuierliche Verbrennung in einer Stichflamme, deren Druck bis etwa 24 atü betrug. Die Verbrennung wurde über eine Regleranlage durch Betätigung des Schubhebels am Führersitz reguliert, wobei durch Vorrücken des Schubhebels zunächst dem Dampferzeuger mehr T-Stoff zugeführt, und der Regler so weit geöffnet wurde, daß auch C-Stoff durchfließen konnte. Dieser C-Stoff, der über den Kühlmantel der Brennkammer vorgewärmt wurde, regulierte dann in der Druckwaage die T-Stoffmenge. Bei Vollschub wurde der gesamte Kraftstoffvorrat von etwa 2 Tonnen in 4 bis 5 Minuten verbraucht. Die Leistung des Triebwerkes betrug am Boden etwa 4500 PS, die sich in Höhen von 10 000 bis 14 000 Meter auf über das Doppelte steigerten. Dabei wog das ganze Triebwerk nicht mehr als 150 kg, die Turbine war kleiner als ein Margarine-Karton, und den Regler konnte man bequem in die Hosentasche stecken. Die Brennkammer bestand aus einfachem Schmiedeeisen, die Düsenplatte jedoch aus edelstem Stahl. Das ganze Triebwerk hing an vier Schrauben und war binnen 2 Stunden auszuwechseln.

Die Funktionsprobe mit neuen Triebwerken wurde mit Wasser gemacht. Das heißt, die C- und T-Stoff-Tanks wurden mit Wasser gefüllt, das über den Dampferzeuger durch die Rohre gedrückt wurde. Waren alle Rohre dicht und das Wasser nach 4 bis 5 Minuten aus den Tanks gepreßt, dann war das Triebwerk nach menschlichem Ermessen in Ordnung.

T- und C-Stoff waren wasserlöslich, und da besonders der T-Stoff alle organischen Stoffe bei Berührung in Brand setzte, stand unentwegt ein Feuerwehrmann mit gezücktem, wasserspeiendem Schlauch neben der betreffenden Maschine, um etwa auslaufenden T-Stoff sofort zu neutralisieren.

Man kann sich nun ungefähr vorstellen, wie es in einer Halle aussah, in der ausgebaute und eingebaute Triebwerke ihre kalten und heißen Probeläufe machten. Das war eine einzige brodelnde, dampfende, fauchende und feierspeiende Waschküche, in der man einen Major knapp von einem Kaminfeger unterscheiden und das eigene Wort nicht verstehen konnte. Kein Wunder, daß unser Respekt scheinbar ins Wanken geriet und unsere Umgangssprache geradezu herausfordernde Phonzahlen erreichte. Dabei war das alles so neu und interessant wie ein Spaziergang über den Mars, und wir erwarteten sehnsüchtig den Tag, an dem wir diesen Teufelsschlitten fliegen durften. Aber der ließ lange auf sich warten.

So trieben wir uns studierenderweise zwischen den Übungsstarts mit der 163 A hauptsächlich in der Waschküche und im Funkraum herum. Da ein heißes Triebwerk natürlich in einem geschlossenen Raum nicht laufen konnte, waren in der Mauer der hinteren Hallenseite Löcher, in die genau die Öffnung der Brennkammer hineinpaßte. Aus diesen Löchern kam der Feuerstrahl, wenn die Triebwerke ihre Probeläufe machten. Stellte man sich zehn bis zwanzig Meter hinter diesen Löchern auf, war man garantiert tot und tat es daher nicht. Aber es machte uns anfangs einen Heidenspaß, uns in noch 100 Meter Entfernung die Wellen der Stichflamme gegen den Bauch flattern zu lassen und solange auf das feuerspeiende Loch zuzugehen, bis wir es nicht mehr aushielten.

Der Krach, den ein laufendes Triebwerk machte, war ebenso unvorstellbar wie unerträglich. Darum hatte jeder Monteur, Ingenieur oder Flugzeugführer zwei Gummipfröpfchen, die er sich in die Ohren stopfte, wenn ein Triebwerk angelassen wurde. Die Trommelfelle wären sonst unweigerlich in die Binsen gegangen.

Die Behandlung von C- und T-Stoff erforderte ganz besondere Maßnahmen. Beide Flüssigkeiten waren farblos, so daß zu ihrer Unterscheidung die Kannen und Eimer mit verschiedenen Farben gekennzeichnet waren. In Peenemünde hatte ein Monteur aus Versehen ein paar Liter C-Stoff in einen Eimer mit einer Restmenge T-Stoff gegossen, welche Stichflamme der arme Kerl nicht überlebte. Aber er hat mit seiner Unvorsichtigkeit wahrscheinlich manchem anderen das Leben gerettet, denn dieses Versehen kam nie wieder vor. T-Stoff durfte außerdem nur in Aluminium-Behältern gehalten werden, da er Eisen sofort verrosten ließ und Gummi oder andere organische Gewebe in kürzester Zeit verbrannte. Für T-Stoff-Schläuche und -Verbindungen gebrauchte man den Kunststoff Mipolam. Die T-Stoff-Tanks mußten unter sorgfältigstem Verschluß gehalten werden, da jede Verunreinigung durch beispielsweise Staub oder Insekten einen chemischen Prozeß hervorrufen und den Tank zur Explosion bringen konnte.

C-Stoff dagegen durfte nur in glasierten, emaillierten oder eloxierten Behältern gehalten werden, da der C-Stoff wiederum Aluminium zerfraß. Daß in dieser Hexenküche nicht mehr passierte, erscheint mir heute noch als wahres Wunder, aber es liegt wohl daran, daß jeder sich höllisch in Acht nimmt, wenn es um den Himmel geht ...

*

In jener Zeit bekamen wir eines Tages einen ebenso seltenen, wie willkomenen Besuch: Hanna Reitsch. Und sie kam nicht, um uns Guten Tag zu sagen, sondern um mit uns zu fliegen. Die wenigsten von uns kannten Hanna persönlich, aber wir wußten alle, daß dieses schneidige Mädchen ein Jahr zuvor bei einem Schleppstart mit der 163 in Regensburg so schwer verunglückt war, daß es aller Kunst der Ärzte und Hannas eiserner Energie bedurft hatte, diesen Absturz zu überstehen.

Nun stand diese gleiche Hanna Tag für Tag mit uns am Start, ließ sich wie wir alle mit der 163 an der 110 hochschleppen, ging mit uns in die Unterdruckkammer und in die Hexenküche und lebte mit uns fast wie ein Soldat unter Soldaten. Dabei war sie alles andere, denn ein Soldat, und erst recht alles andere, denn ein mannhaftes Weib. Nein, ein fast zierliches Persönchen, das lachen konnte wie ein Backfisch und aussah, wie ein höheres Töchterlein auf Urlaub. Nur ihren Augen sah man hin und wieder die eiserne Energie entblitzen, die in diesem zarten Körper stecken mußte, und wenn wir ihr über die Leiter in die 163 halfen und sie anschnallten, hatten wir jedesmal den gleichen Respekt vor soviel Schneid. Und Angst hatten wir auch um sie. Wir bildeten uns weiß Gott nicht ein, die 163 männlicher und daher besser zu beherrschen, aber wir waren Männer, und das da war ein Mädchen, und kein Mann mag ein Mädchen in Gefahr wissen. Und dazu war Hanna ja nicht irgendwer, sondern eben Hanna Reitsch, eine Art Medizinfrau der deutschen Fliegerei, die man nicht einfach dem Teufel auf die Schippe setzen durfte ...

Aber das begriff selbst Hanna nicht. Ebensowenig wie sie bemerkte, daß keiner mehr unrasiert zum Dienst kam — auch beim dichtesten Nebel nicht. Sie war so mit Leib und Seele Fliegerin, daß es für sie eben weder Männer noch Frauen gab, sondern nur Flieger und Nichtflieger. Und dagegen kann man nichts machen!

In jene Zeit fielen die ersten scharfen Starts mit dem heißen Triebwerk. Wolfgang Späte machte den Anfang an einem strahlenden Wintermorgen. Der Platz lag vom neuen Schnee wie mit Zucker bestreut zwischen den dunklen Wäldern und der Eisfläche des Sees unter einem strahlend blauen Himmel. Aus den Zwischenahner Kaminen stiegen die kleinen Rauchwolken des frühen Herdfeuers, und das greise Züglein nach Oldenburg rollte weißen Dampf von sich paffend erst recht für den Sieg.

„Mano, T. A. V.“, sagte Fritz Kelb. „Der Alte fliegt!“

Es war in jener ersten Zeit noch eine Prozedur, sich für einen Raketenstart fertig zu machen. Über eine kleine Leiter kletterte man auf den Rumpf und in den Führerraum mit seinem verhältnismäßig breiten Sitz, rückte den Fallschirm unter dem Sitzfleisch zurecht, ließ sich vom Wart die straffen Anschnallgurte um die dicke Kombi quälen, guckte mit zunächst noch unbebrillten Augen und freier Nase auf die Instrumente, steckte das Kabel der FT-Haube in den Stecker für die Funksprechanlage, schaltete die nötigen elektrischen Instrumente ein (Generator, Reflexvisier, Staurohrheizung usw.), prüfte Ruder und Klappen auf Gängigkeit, stellte Trimmung auf 3—4 Grad schwanzlastig und stülpte schließlich die Sauerstoffmaske auf Mund und Nase, indes der erste Wart die Kabine schloß, die man selbst von innen verriegeln mußte.

Diese ganze Startvorbereitung erlebten wir nun zuschauenderweise zum erstenmal und sparten nicht mit Glossen. Dann war der Chef fertig, der erste Wart schloß den Anlaßwagen an und die Turbine begann zu heulen wie ein alleingelassener Foxterrier.

Anlaßwagen weg! — Start frei! — Mit einem Knall zischte der Treibstoff in die Brennkammer, der bis dahin weiße Dampf verschwand und machte der zuerst dumpf gurgelnden und dann wild brüllenden Stichflamme Platz. Die Maschine schob sich ein wenig schwerfällig über die vor die Räder gelegten, kaum drei Zentimeter hohen Bremsklötzchen weg, wackelte noch paar Meter wie eine Ente an Land und schoß dann mit ohrenbetäubendem Krach über die Bahn davon.

Wir fraßen diese Erstmaligkeit mit gierigen Augen, starrten atemlos der noch immer über die Bahn rasenden Maschine nach wie einem Phantom und warteten bang auf den Augenblick des Abhebens. Jetzt war es soweit. Wie mit einem Sprung war sie frei, ging auf zehn Meter Höhe, jetzt fiel das Fahrwerk ab, sprang von einer Seite auf die andere, hüpfte meterhoch weit über den Rasen, während die Maschine von diesem zentnerschweren Gewicht befreit wie ein Pfeil davon schoß und — nun am Platzrand — sich aufwärts bäumte und wild jauchzend in den blauen Äther stach.

Herrgott, war das ein Schauspiel! — Wir folgten dem immer kleiner werdenden Punkt mit dem silbernen Flammenschwanz, bis er unseren Augen entschwand, und suchten und suchten dann weiter, bis wir ihn in zehn-, elf- oder zwölftausend Meter Höhe vor der Spur eines Kondensstreifens wieder fanden. Dort jagte er dahin, den Sternen näher als der Erde, wie es schien, und zeichnete mit weißem Gischt seinen stolzen Weg an den blauen unberührten Winterhimmel. Lautlos wie ein Schemen, denn zu hören war längst nichts mehr.

Minuten vergingen, bis ein Brausen wie tiefer Orgelton die Stille durchfurchte, einer die Richtung fand und schrie „dort!“ und ein winziger Punkt größer und größer wurde, auf uns zuschoß im Sturzflog, abfing und den Platz überfegte wie ein Meteor und ohne Triebwerk, allein mit dem Schwung des Sturzes sich wieder hob und fast den Augen entkam. Aber nun hielten wir ihn fest, verfolgten die weiten Schleifen zur Landung, sahen das Schweben und Einkurven zur Landung, das sanfte Aufsetzen aufs Gras und das knirschende Rutschen über das Feld, bis sie stand mit wenig dampfender Brennkammer und sanft zur Seite geneigter Fläche.

Wolfgang Späte saß fröhlichen Gesichts, aber unfähig, sich zu rühren, hinter dem Knüppel. In den unzulänglichen Kunststoffhandschuhen waren seine Finger bocksteif gefroren, so daß er weder den Anschnallgurt öffnen, noch sich aus dem Sitz heben konnte. Wir halfen ihm wie einem in seine Windeln verstrickten Baby aus der Kabine und über die Leiter, rieben ihm die Finger mit Schnee, während er so trocken über seine Stipvisite in der Stratosphäre berichtete, als habe er dort seine Haare schneiden lassen. Aber seine Augen leuchteten, und das bedeutete viel bei Wolfgang Späte.

*

Natürlich waren wir begeistert und der Drang, es dem Chef gleichzutun, wuchs von Tag zu Tag, zumal das prächtige Wetter unverändert anhielt. Einige weitere scharfe Einsatz-Maschinen waren inzwischen gekommen, und die feuerspeienden Löcher an der Probelaufhalle kannten keine Pause.

Wir aber schulten Tag für Tag, um die Pflichtstarts im Schleppflug hinter der 110 so schnell wie möglich zu absolvieren. Dabei war einer unter uns, ein stiller, prächtiger Kamerad, der Feldwebel Alois Wörndl aus Aschau im Chiemgau. Er war so still und so zuverlässig wie das Land, aus dem er kam, wie seine Berge und das schlichte Haus dort, in dem seine Eltern wohnten. Und so flog er auch. Mit der Präzision eines Meßinstrumentes steuerte er seine Maschine in den Start, hob sie in die Luft und neigte sie zur Landung, um mit der Kufe dort den Boden zu berühren, wo zehn Meter seitab das Landekreuz lag. So war er ohne Ernennung zu einer Art Vorarbeiter unter uns Raketenkumpels geworden und keiner machte ihm diesen Rang streitig. Und so stieg er wenige Tage nach Spätes Start auch in die erste, von einem Schüler gesteuerte, scharfe B.

„Mach's gut, Alois!", dann dampfte die Turbine, heulte los, knallten die Düsen, hoben sich die Räder über die Klötzchen und rollte Alois' Maschine dem Tempo entgegen. Und wieder flog er wie nach der Uhr, hob ab, ließ das Fahrwerk purzeln und schoß in das Blau, und wir glaubten ihn jodeln zu hören ...

Die Tanks für die ersten Schülerflüge wurden nicht ganz voll gemacht, um die ersten Starts ungefährlicher zu halten und die Flughöhen niedriger. So hörte Alois' Triebwerk in sechs- oder siebentausend Meter Höhe auf, und in genau der Vorschrift gemäßem Gleitflug kam er zur Erde zurück, setzte zur Landung an und schwebte auf uns zu.

„Slippen", schrie einer, denn wir sahen plötzlich, daß Alois noch zu hoch war, um das sichere Landekreuz zu erreichen, „slippen!" schrien wir alle, als ob er es hören könnte, dann jagte er vorbei an uns und am Landekreuz, zu hoch und zu schnell, mit viel zu viel Fahrt in die Weite des Platzes, schwebte und schwebte und wollte nicht zum sicheren Boden gelangen. Bangen Blickes folgten unsere Augen der Maschine, die jetzt weit hinten am Platz den Boden berührte, sich noch einmal aufbäumte zu einem weiten Luftsprung, als wehre sie sich gegen die Rückkehr ins Irdidsche und nun — wir sahen es in ohnmächtiger Angst — in das unebene, mit leichtem Unterholz bewachsene Gelände hineinschwebte, auf den welligen Boden aufprallte, sich wenig später überschlug — und dann schossen fast gleichzeitig eine weiße Stichflamme und ein Wolkenpilz zwischen den kleinen Büschen hoch ...

Ich sah noch den Feuerwehr- und den Saniwagen von der vermutlichen Landestelle Alois' in Richtung Unfallort rasen und sprang mit einigen anderen auf den bereits fahrenden Startwagen auf; so jagten wir auf den langsam steigenden Rauchpilz zu. Ich dachte plötzlich an Joschi, sah Wörndls glückliches Gesicht vor mir, als er wenige Minuten zuvor in seine Maschine gestiegen war, hörte das Fauchen des Triebwerkes ... es war doch alles in Ordnung, Alois, du hast doch gar keinen Fehler gemacht ...

„Festhalten!" schrie der Fahrer des Startwagens und katschte mit Vollgas über eine Bodenwelle, daß es uns beinahe vom Trittbrett schmiß, aber wir waren noch gut einen Kilometer von der Unfallstelle entfernt, konnten im Fahren undeutlich erkennen, wie die Feuerwehr fast im gleichen Augenblick des Abprotzens ihre Wasserfontänen gegen den Rauchpilz schleuderte, und ein Werkstattwagen von der anderen Platzseite her über die Rollbahn jagte.

Wir passierten den Platzrand, und hart rissen die Stöße des welligen Bodens an den verkrampften kalten Fingern.

„Paß uff, die Achsen!“ schrie einer. „Scheiß auf die Achsen!“ ein anderer, und noch immer fehlten fünfhundert Meter bis dorthin, wo Dampf und Rauch sich jetzt lösten, ein paar Trümmer sichtbar werden ließen und ein paar Männer, die zwanzig oder dreißig Meter daneben am Boden kauerten ...

Mensch, Alois, beiß auf die Zähne ...

Wir sprangen ab und rannten hin.

Stumm standen wir vor Alois' brennendem Grab, starrten hilflos in die weißen Flammen, die unter den armdicken Wasserstrahlen der Feuerwehr kleiner und rot wurden, hörten das Zischen der glühenden Metallteile und sahen die weißen Schwaden des Dampfes im blauen Himmel verfliegen. Drüben, jenseits des verglimmenden Feuers, hoben zwei Sanitäter den toten Kameraden auf eine Bahre, nachdem der Arzt seine letzte Pflicht getan hatte. Alois mußte beim Überschlag aus dem Sitz herausgeschleudert worden sein. Beine und Genick waren gebrochen, und wir waren froh, daß ihm wenigstens der Tod so schnell und schmerzlos geworden war.

Am späten Nachmittag ließ der Chef mich rufen. „Ziegler, die Angehörigen Wörndls wünschen die Überführung. Begleiten Sie den Sarg nach Aschau, nehmen Sie Unteroffizier Glogner mit. Grüßen Sie die Eltern und Geschwister Wörndls von mir und überbringen Sie das Beileid des Kommandos.“ Spätes Befehl war knapp, fast hart, aber seine Stimme hatte einen fremden Klang, als begreife er nicht, was er sage. Jetzt kniff er die Lippen zu einem schmalen Spalt zusammen und sah mich an.

„Noch eine Frage?“

„Ja, Herr Major. — Warum ist Wörndl so weit geschwebt. Er hat doch sonst immer so gute Landungen gezeigt?“

Späte zuckte die Schultern. „Wahrscheinlich große Restmengen in den Tanks dem Feuerwerk nach zu urteilen und aus Angst zuviel Fahrt bei der Landung.“ Er schwieg einige Sekunden und fuhr dann fast verbissen fort: „Der Schnellablaß muß her! Der Schnellablaß muß her!“

„Warum baut man ihn nicht einfach ein?"

„Geht nicht so einfach. Die Öffnung muß groß genug sein, um in wenigen Sekunden die Tanks zu entleeren. Bei den nächsten Maschinen soll sie in Ordnung sein . — Noch was?"

„Nein, Herr Major!"

„Dann machen Sie's gut!"

„Jawohl, Herr Major!"

*

Im Dämmern des frühen Morgens schoben wir den Sarg in den Güterwagen und legten die Kränze darüber. Die Kompanie präsentierte. Rolf Glogner und ich hockten stumm im Abteil. Der sonst so fröhliche Berliner mit dem hellen Jungengesicht knabberte mißmutig an einer Zigarette. Über uns im Gepäcknetz lagen unsere zwei Taschen und zwei Koffer mit Wörndls Sachen. Da kroch mir kalt der Gedanke in den Kopf, wann wohl meine Koffer so im Gepäcknetz lägen, und zwei andere Kameraden mißgestimmt darunter säßen? Und als errate Glogner meine Gedanken, sagte er plötzlich: „Bringen Sie mich auch mal nach Hause, Herr Leutnant?"

Da wachte ich auf. „Oder Sie mich?"

„Aber das ist doch sinnlos, hier so einfach auf die Schnauze zu fallen! — Erst Pöhs und jetzt Wörndl! — Und alles ohne Feind, ohne Kampf, ohne jeden Einsatz! — Wenn das so weiter geht, dann sind wir alle hin, bevor die erste 163 überhaupt auf Feindflug geht."

„Möglich, Glogner, aber es ist doch schließlich wurscht, ob man von einem Engländer abgeknallt wird oder allein das Zeitliche segnet. Tot ist tot! So oder so."

„Nein, Herr Leutnant, das ist nicht wurscht. Ich will wissen, warum ich abhaue. Es ist schon ein Unterschied, ob man sich da oben mit einer Spitfire rumbalgt und — Gottbehüte — eins vor den Latz kriegt, oder ob man bei einer so lächerlichen Landung aus den Latschen kippt, wie der Wörndl."

„Gar kein Unterschied, Glogner. Der liebe Gott hat noch keinen nach dem Grund seiner Reise ins Jenseits gefragt."

„Aber mir stinkt's, so ohne Grund ins Gras zu beißen."

„Sie wollen den Heldentod sterben, Glogner, nicht?"

„Nennen Sie's wie Sie wollen, aber ich bin nicht Soldat geworden, um im Bett zu sterben."

„Pöhs und Wörndl sind auch nicht im Bett gestorben."

„Aber so ähnlich, jedenfalls sinnlos. Wegen eines Fahrwerkes oder wegen eines Schnellablasses vielleicht, sinnlos und blödsinnig jedenfalls." Der kleine Berliner, der fast mein Sohn sein konnte, hatte sich in Wut geredet, schmiß die Zigarette auf den Boden und trat mit dem Absatz heftig darauf. Ich holte meine mit Kognac gefüllte Thermosflasche heraus und goß Glogner einen ein. Er lächelte ein wenig verlegen.

„Schauen Sie, Glogner, wenn das sinnlos wäre, dann würden wir überhaupt nicht fliegen, denn jeder, der um des Fortschritts willen je geflogen ist, hat seinen Kopf hingehalten und nicht selten verloren. Wir fliegen die 163 ja nicht, um unbedingt damit Engländer oder Amerikaner abzuschießen, sondern um das erste Raketenflugzeug der Welt zu erproben."

„Aber wir tun's doch auch, um den Bombenangriffen ein Ende zu machen!"

„Ja, aber dazu muß die 163 noch einiges dazulernen, und wir sind dazu da, es ihr beizubringen. Mensch, Glogner, überlegen Sie sich doch mal, wir sind die ersten, die ohne Luftschraube fliegen, die ein Fahrwerk abwerfen, die senkrecht in die Höhe jagen, die die Schallgeschwindigkeit am Bauch kitzeln! I. t. n? Ist das nichts? — Wäre kein Krieg, stünden wir in allen Zeitungen und könnten uns vor Autogrammjägern nicht schützen."

Er sah eine Weile vor sich hin und meinte dann: „Ja, vielleicht haben Sie recht. Wenn man's so nimmt . . .?"

Zwei Tage darauf senkte sich der Sarg mit Alois Wörndls sterblichen Überresten langsam in die felsige Erde des kleinen Friedhofes in Aschau. Unten in der Ebene zwischen den Bergen lag in silbernem Blau der Chiemsee, und über dem Turm der kleinen Dorfkirche standen steil und wuchtig die Felsen der Kampenwand.

Für die nächste Zeit in Zwischenahn war der Schnellablaß das Problem Nummer eins, und Wolfgang Späte war der erste, der in eine neu vom Werk gekommene Maschine stieg und flog. Gespannt wie immer verfolgten wir seinen Weg entlang den Silberfäden der Kondens und warteten ungeduldig auf die Landung. Das Landekreuz lag an der gleichen Bahn, die Wörndls letzten Weg erlebt hatte. Späte überflog in tausend Meter Höhe und schwebte zur Landung an. Und wieder schrien wir „slippen" und als ob er es gehört hätte, legte der Chef seine Maschine auf die linke Fläche, fiel wie ein Stein herab, richtete die Maschine hoch, setzte richtig auf, schoß aber wie ein Pfeil an uns vorbei. Sicher hatten sich die Tanks nicht annähernd ganz entleert und das feuchte Gras tat das seine dazu. Fast genau wie Wörndl vor knapp zwei Wochen fegte er über den Platz ... viel zu schnell ... viel zu weit.

Das Blut erstarrte in unseren Adern, denn jetzt konnte nichts anderes mehr passieren, als genau das gleiche wie bei Wörndl. Und dahinten irgendwo war der Boden noch schwarz von Explosion und Feuer. Jetzt tat Spätes Maschine einen Sprung, setzte wieder auf, sprang nochmals hoch und rutschte nun Staub aufwirbelnd in den trockenen kalten Ackerboden. Und nun hob sich der Schwanz zum Überschlag, nun mußte es in der nächsten Sekunde knallen ... aber es knallte nicht. Wie durch ein Wunder blieb die Maschine ein paar Sekunden auf der Bugspitze mit steil nach oben ragendem Heck stehen und senkte sich langsam wieder nach hinten in die Normallage zurück. Wir saßen und hingen längst wieder am Startwagen und sahen im Fahren unseren Chef aus der Maschine springen und von der Maschine weglaufen.

Das Gleitflugzeug DELTA I machte seine ersten Flüge im Jahre 1930 auf der Wasserkuppe (oben). Es darf als der eigentliche Vorläufer der Me 163 gelten. Mit einem 30 PS Bristol-Motor wurde es motorisiert (unten) von Günther Groenhoff in der Erprobung geflogen.

Die DELTA I während ihrer erfolgreichen Vorführung in Berlin-Tempelhof vor Regierung und Presse im September 1931 (oben und Mitte).

Der Pilot Günther Groenhoff mit dem Atlantikbezwinger Hauptmann Hermann Köhl vor der DELTA I in Tempelhof nach der Vorführung.

Weißer Dampf kam aus dem schwarzen Loch der Brennkammer und nun war die Feuerwehr da und setzte die Maschine unter Wasser. Die Gefahr war vorbei.

Späte sagte kein Wort, als wir zu ihm kamen. Er starrte nur auf die spritzende Feuerwehr und auf den abgerissenen Schnellablaßgriff in seiner Rechten.

Der Griff war Attrappe, die Maschine gar nicht für Schnellablaß eingerichtet. Man hatte nur vergessen, es Späte vor dem Start zu sagen. Aber keiner tobte, wir waren an Überraschungen gewöhnt und bereits darin geübt, mit ihnen zu rechnen. Keine Überraschung aber war nun mehr das Verbleiben so großer Restmengen in den Tanks, nachdem die Triebwerke ausgelaufen waren. Diese Restmengen an C- und T-Stoff ergaben die lebensgefährlichen Explosionen bei sonst ganz ungefährlichen Außenlandungen und würden besonders im späteren Einsatz sicher zu an sich nicht nötigen Fallschirmsprüngen verleiten.

Wir fuhren zur Halle, wo Oertzen und Otto Böhner, der nach Joschis Tod die technische Leitung übernommen hatte, die verunglückte Maschine untersuchten. Das Triebwerk hatte bereits in 8000 Meter Höhe abgestellt, in den Tanks befanden sich noch erhebliche Restmengen. Das Problem war nicht einfach zu lösen. Der T-Stoffbehälter nahm praktisch das ganze Rumpfinnere vor dem Triebwerk ein und die Förderturbine konnte nicht am untersten Punkt des Tanks angesetzt werden. So versuchte man durch Rohrkrümmer die Tanks leer zu saugen, was auch z. B. bei Standläufen unschwer gelang, wenn das Triebwerk auf einmal den ganzen Treibstoff verbrauchen konnte. Das war aber im Flug so gut wie unmöglich. Ließ man die 163 B mit vollen Tanks und höchstem Flammdruck von 23 atü steigen, erreichte man Höhen über 15 000 Meter, die ohne Unterdruckkabine, die wir ja nicht hatten, nicht mehr zu ertragen waren. Nahm man die Maschine bei voller Schubstärke in den Horizontalflug, stieß man sofort an die Schallmauer, der die Profile nicht gewachsen waren. Nahm man aber notwendigerweise den Schub im Steigflug zurück, um mit weniger Geschwindigkeit in die Horizontale zu kommen, kam infolge der dabei meist auftretenden negativen

Beschleunigungen Luft in die Treibstoffleitungen, sodaß die Turbine versagte. Das war ungefähr so, als wenn einer Auto fahren will und zunächst kein Benzin im Tank hat, nach dem Tanken merkt, daß die Kerzen verrußt sind, nach dem Kerzenwechsel verstopfte Benzinleitung feststellt und dann sowieso nicht mehr pünktlich ins Kino kommt. Dann gibt er der Karre einen Tritt.

Wir konnten der unsrigen aber keinen Tritt geben, sondern mußten erproben, denn wir waren ein Erprobungskommando. Es war daher auch sinnlos, sich aufzuregen. Es halfen nur stoische Ruhe und mohammedanischer Fatalismus bei uns, die wir flogen, und verbissenes Wühlen, bei denen in der Werft, die uns fehlerfreie Triebwerke unter die Fallschirme einbauen sollten und — wollten. Otto und Eli krempelten wütend die Ärmel auf, Böhner kaute am sowieso recht struppigen Bart, und bereits am Nachmittag des gleichen Tages stand eine zweite 163 B für Späte am Start, der es nun unbedingt wissen wollte. Diesmal wußte er, daß sie keine Schnellablaßvorrichtung hatte, aber er wollte die negativen Beschleunigungen und deren Verhütung unter die Lupe nehmen, denn wir Schüler kamen ja nun einer nach dem anderen in die scharfe B.

Ich könnte jetzt die beiden Flüge von Wörndl und Späte im Start und Steigen noch einmal genau so beschreiben, denn es geschah durchaus nichts absonderliches. Spätes neues Triebwerk sprühte und fauchte wie das alte, er jagte über den Platz, warf das Fahrwerk ab und bäumte sich steil in den Himmel, verschwand eine Weile bis zur Kondensbildung, die nun, so schien es uns von unten, sich weit höher hinaufwölbte, als beim Flug am Vormittag. Dann schoß er herab und es sah aus wie ein Triumph, als er in weiten Kurven um den Platz jagte und einschwebte. Und da geschah es ein drittes Mal, daß uns der Atem stockte, denn wieder ließ der an diesem Morgen halbgefrorene Boden die glatte Stahlkufe viel zu schnell über den Boden gleiten. Wieder raste sie unaufhaltsam dem anderen Platzende zu. Aber da sahen wir wie die Haube abflog, und Spätes Körper aus der Kabine sprang, auf die Fläche stürzte und zu Boden schlug. Und das alles bei noch weit über 100 Kilometer-Tempo. Ich sah einen Monteur neben mir das Kreuz schlagen und dachte das gleiche. In diesem Augenblick verschwand die sich überschlagende Maschine mit hartem Knall im Explosionsdampf. Bauschig stieg ein schwarzer Pilz zum Himmel ...

Wir fanden unseren Chef bewußtlos im Gras, dessen Halme starr vor Kälte sich vom Boden sträubten. Der Boden war hart wie Stein, und vom Hinterkopf Spätes lief ein dünnes Rinnsal Blut ...

„M. l. v. h.", sagte Fritz Kelb, als der Saniwagen mit dem bewußtlosen Kommandeur über die Startbahn Richtung Krankenhaus verschwand. „Mir langt's für heut!"

„Hätt' er mir gefolgt, wär' er nicht nochmal gestartet und nicht nochmal auf den Pinsel gerutscht", meinte Herbert Langer. „Muß alles übers Knie brechen! Hätte morgen auch noch Zeit gehabt."

„Laß mal den Alten, der weiß schon, was er will. Könnten auch einen haben, der gar nicht fliegt. So einen Hosenscheißer, der alles besser weiß, aber nichts kann."

Während wir beim Abendessen im Casino saßen, rief Hilda Dyckerhoff, die Frau unseres Oberstabsarztes an. „Ich wollte Ihnen nur sagen, daß es Herrn Späte verhältnismäßig gut geht. Mein Mann hat eben von Oldenburg aus angerufen. — Nein, kein Schädelbruch, nur schwere Gehirnerschütterung und Prellungen. Gottseidank! — Wenn Sie heute Abend nichts anderes vorhaben, kommen Sie doch ein bißchen zu uns. Ja, bringen Sie Herrn Langer und Herrn Kelb mit. Die Hanna kommt auch."

Hilda Dyckerhoff war eine Wienerin, wie man sie sich waschechter nicht vorstellen konnte. Und ihr Mann, Dr. Helmut Dyckerhoff, ein ebensolcher Rheinländer, und beide zusammen ein Paar, in dem sich alle Fröhlichkeit, aller Witz und Geist, den je Rhein und Donau über die Ufer gespült haben, vereinigten. Ihr Haus stand in Bad Zwischenahn als Tempel einer Gastlichkeit, die keiner vergaß, der sie je genießen durfte. Es war weniger Helmuts Weinkeller und lag auch nicht so sehr an Hildas leckerer Küche, als vielmehr an jener Atmosphäre, mit der sich Menschen zu umgeben vermögen, in deren Herzen Humor und Ernst,

Geist und Witz friedlich nebeneinander wohnen, und die imstande sind, auch mit schwerem Gepäck leicht bergan zu schreiten.

Ich war nicht das erste Mal bei Hilda und Helmut, und auch Herbert und Fritz fühlten sich fast wie zu Hause dort. Die Dykkerhoffs hatten uns, obwohl sie fast unsere Eltern sein konnten, als ihresgleichen aufgenommen, und wir sagten das „Frau Doktor" und „Herr Oberstabsarzt" beinahe so vertraulich wie Tante und Onkel. In Freude und Leid ließ Hilda ihrem wienerischen Charme alle Zügel und brachte es ohne mit der Wimper zu zucken fertig, aus einem Stück Zucker eine Buttercremetorte zu machen.

„Ja, was sagt ihr zum Späte?" empfing sie uns. „Ist das nicht schrecklich. Der arme Kerl tut mir so leid. Das hat er jetzt davon. Aber Gottseidank, es ist nicht schlimm. Ein Glück muß der ja g'habt haben! Ein Glück! Daß er überhaupt rausg'sprungen ist! Bei dem Tempo! Ich wär' sitzen blieben und hätt' einfach d'Augen zu g'macht!"

„V. i. — Für immer!" sagte Fritz trocken, aber Hilda ließ sich nicht irre machen. „Geh sagen's sowas nicht, Fritz, ich komm aus einem zähen Geschlecht. — Kommen'S, Hanna, setzen Sie sich zu mir aufs Sofa. Ich versteh's ja nicht, daß Sie das Teufelsding auch unbedingt fliegen wollen. Muß das denn sein?"

Hanna wurde ein wenig verlegen. „Ich weiß nicht, ob es sein muß, aber ich meine, es gehört halt zu mir, wie ich zu ihm. Kann sein, daß es eine Besessenheit ist, aber ich kann nichts dafür."

Die Damen tranken Tee, wir Männer bekamen einen guten trockenen Wermouth. „Helmut muß was Besseres holen, wenn er kommt", tröstete uns Hilda, obwohl uns der Wermouth genau das Richtige dünkte.

Helmut kam nach einer Viertelstunde. „n schönen Gruß von euerm Chef. Ihr sollt eine anständige Flasche auf sein Wohl trinken."

Er holte diese hochanständige Flasche persönlich aus dem Keller, und wir erfuhren nun, daß Späte bereits auf dem Weg ins Krankenhaus das Bewußtsein wieder erlangt und sofort erheblich geschimpft habe, weil ihm gar nichts fehle, er kerngesund sei und sofort wieder zum Horst gebracht zu werden wünschte. Das bißchen Gehirnerschütterung könne er auch im eigenen Bett auskurieren.

„Ich habe ihn gefragt, ob er sich nicht lieber gleich wieder in die 163 setzen wolle, denn auf eine kleine Gehirnblutung mehr oder weniger käme es jetzt wohl auch nicht mehr an. Falls er aber doch Wert darauf lege, seinem Haufen auch weiterhin ein guter Vater zu sein, wären jetzt so zirka vier Wochen Bettruhe die einzige Garantie dafür. Sein Gegenangebot war daraufhin vierzehn Tage, und wir haben uns nach blutigem Roßhandel schließlich auf drei Wochen geeinigt. Anschließend schicke ich ihn noch vierzehn Tage auf Urlaub und dann kann er von mir aus wieder fliegen.“ Helmut hob sein Glas. „Na denn, prost!“

*

Pitz übernahm während Spätes unfreiwilligem Urlaub das Kommando und setzte einen nach dem anderen von uns auf die scharfe B. Fast drei Wochen lang ging alles gut, und bis auf einen mißglückten Start, bei dem eine Maschine ausbrach, in weiter Kurve mit wieder abgestelltem Triebwerk über den Platz rollte und, nachdem der Pilot in letzter Sekunde bei mäßiger Geschwindigkeit unverletzt herausgesprungen war, explodierte, war nichts Absonderliches passiert. Späte kam pünktlich nach drei Wochen zurück, und wir feierten seine Wiedergenesung mit einem würdigen Casino-Abend. Aus dem von Helmut angedrohten Nachurlaub wurde nichts. Am Tag darauf — Späte war mit der Bahn nach Berlin zum General der Jagdflieger gefahren, geschah etwas Unheimliches.

Eine scharfe B wurde kurz vor dem Mittagessen zum Start gebracht und von den Monteuren in die Endvorbereitung genommen. Wir gingen unterdessen ins Casino und Walter, der die Maschine fliegen sollte, stand gleich nach dem Essen auf und ging zum Platz hinaus. Pitz rief ihm noch zu, er komme gleich nach. Keine zehn Minuten später schlenderte ich neben Pitz und den andern quer über den Platz der Maschine zu, während drüben von der Werft der Startwagen mit dem Starter-Aggregat herübergefahren wurde. Pitz war eben am Berichten von einem neuen Druckanzug, der demnächst ausprobiert werden solle und der uns, wenn er funktioniere, das Aufsuchen größerer Höhen gestatte, als ein grelles Zischen die Stille durchfuhr und ein peitschenartiger Knall die Luft zerriß. Wir standen wie angewurzelt. Die am Start stehende Maschine war explodiert.

„Walter!“ schrie einer, und dann liefen wir über den weiten Platz, rannten, so schnell es Kombinationen und Pelzstiefel erlaubten, einem Bild vollendeter Zerstörung zu. Dort, wo die Maschine gestanden hatte, war nur noch ein dunkler Fleck, und das, was vorher eine Me 163 gewesen war, lag in kleineren und größeren unförmigen Stücken über Hunderte von Metern verstreut umher. Das Blut gerann uns fast in den Adern, als wir in einem Rumpfstück, das zur Kabine gehört haben mochte, ein paar Nervenstränge und einen schlohweißen Backenknochen fanden. Ein wenig später rief uns ein Monteur zu einer etwa 80 Meter weit entfernten Stelle. Dort lag ein unterhalb des Knies abgerissenes, nacktes Bein. Das war alles, was von Walter gefunden wurde ...

Kein Mensch konnte sagen, wie das alles zugegangen war. Eine Erklärung, einen Grund zu finden, war unmöglich. Irgendwo mußte eine Leitung undicht geworden sein, ein winziges Loch vielleicht nur, durch das der Tod seinen Finger gebohrt hatte. Zum erstenmal bekamen wir in solcher Fürchterlichkeit einen Begriff von dieser absoluten Zerstörungswut der vier- oder fünf- oder noch mehr tausend PS, die in den Treibstoffen lauerten, um den Weg der Gewalt dem des Nutzens vorzuziehen. Vielleicht sagten wir etwas dazu — vielleicht schwiegen wir in jenen Minuten, ich weiß es nicht mehr. Aber wir waren alle bleich und schluckten immer wieder Wut und Zorn und Ekel und Angst in uns hinein. Sanitäter kamen und legten das Bein auf eine Bahre und das Stück Backenknochen dazu. Sie suchten noch eine Viertelstunde die Umgebung ab, aber es kam nichts mehr dazu. So hoben sie die Bahre mit dem Bein und dem Knochen, und das sah zum Lachen komisch aus, aber das Lachen blieb stecken in der zugeschnürten Kehle, und die Bahre verschwand im Auto. Ein Lastwagen kam, und wir sammelten, nur um etwas zu tun — die

Trümmer zusammen, zeigten uns das oder jenes Stück und hievten die paar schwereren Teile gemeinsam auf die Pritsche.

Am späten Nachmittag registrierte ich mit unserem Feldwebel Walters Sachen. Das Bild eines hübschen Mädchens war dabei und ein Päckchen sauberer Briefe. Die Fotografie seines Bruders in silbernem Rahmen mit schwarzem Flor. Am Rock das Deutsche Kreuz in Gold. Und noch ein Bild von den Eltern. Und laut sagte ich die Sachen dem schreibenden Feldwebel an: „Acht Taschentücher — vier Paar eigene Socken — drei Unterhosen kurz — zwei Unterhosen lang — vier Unterhemden — vier Oberhemden — eine Zivilhose braun mit weißen Streifen — ein Zivilrock braun mit hellen Streifen . . . Schreiben Sie „helle" nicht weiße Streifen. Ach das ist ja alles so wurscht!"

Als der kleine Koffer fertig gepackt war, ging ich rüber zum Revier. Dort lagen Walters Überreste auf einem Tisch. Sie hätten noch leicht in dem Koffer Platz gehabt, dachte ich und gab mir eine Ohrfeige. Dann sagte ich einem Sanitäter: „Füllen Sie den Sarg mit einem Zentner Sand, darüber geben Sie Sägemehl und Tannenzweige und dann das da. Ich fand keine andere Bezeichnung und es war das letzte, was ich für Walter tun konnte.

Am nächsten Tag meldete ich dem Kommandeur diese Erledigungen. Als ich auf sein Zimmer zuging, begegnete mir Hanna von dort kommend. Hatte sie Tränen in den Augen oder hatte ich mich getäuscht? Fast grußlos ging sie an mir vorbei, was sonst nicht ihre Art war. Auch Späte machte einen erregten, beinahe verstörten Eindruck, als ich sein Zimmer betrat. Auch ihn sah ich zum erstenmal in solcher Verfassung. Es lag irgendetwas Ungutes in der Luft oder war auch ihm und Hanna das Ereignis von gestern so in die Nieren gefahren? — Ich meldete kurz.

„Ist gut", antwortete Späte. „Den Transport muß aber ein anderer begleiten, Sie machen morgen Ihren ersten scharfen B-Start. Gleich als erster je nach Wetter um neun oder zehn."

„Jawohl, Herr Major!"

„Die Maschine, die Sie morgen fliegen, wird noch heute Nacht fertig. Hauptmann Opitz fliegt zuerst, dann Sie."

„Jawohl, Herr Major!"

„Übrigens, wenn Sie Lust haben, können Sie heute Abend ins Konzert nach Oldenburg. Beethoven dritte, glaube ich. Zwei Karten liegen auf meinen Namen an der Kasse. Ich habe keine Zeit."

„Danke, Herr Major!"

Ich war entlassen. Der Alte war ein Malefizkerl. Le roi est mort... Und Beethoven dazu! Aber wen mitnehmen? — Ja, Hanna oder Hilda. Ich suchte Hanna und erfuhr nach längerem Suchen, sie sei auf ihr Zimmer gegangen. Ich klopfte, bekam aber erst beim dritten Klopfen Antwort, trat ein und sah Hanna weinend auf dem Bett sitzen.

„Ja um Gottes willen Hanna, was ist denn los?"

Sie machte keinen Hehl aus ihrem Schmerz und ließ zornigen Tränen freien Lauf. „Späte hat mir meinen für morgen angesetzten Start verboten. O, das ist ja so gemein!"

Das war also der Grund. Ich atmete auf. Hanna fuhr fort: „Er weiß ganz genau, daß ich mich seit meinem Unfall auf diesen Start vorbereitet habe und nun schlägt er mir kurz davor die Tür vor der Nase zu. Ach, das ist ja so gemein!"

„Ja warum denn?"

„Es wäre zu gefährlich, und er könne nicht verantworten, daß mir dabei etwas zustoße. Das ist eine Gemeinheit! Als ob ich je gefragt hätte, ob etwas gefährlich wäre. Er will nur nicht, daß ich — eine Frau — die 163 fliegt."

„Aber Sie haben sie doch geflogen, Hanna", versuchte ich zu trösten, denn mit einemmal war mir alles klar.

„Ach was, Schleppstarts habe ich gemacht, als ob das etwas wäre."

„Aber die A haben Sie doch scharf geflogen!"

„Die A ist nicht die B, und ich will und werde die B fliegen. Ich fahre noch heute zu Göring."

„Soll ich noch einmal mit Späte sprechen?"

„Das ist sinnlos. Nein, ich bettle nicht, ich fahre noch heute ab."

Sie fuhr fort in Hast ihren Koffer zu packen, der halb gefüllt neben dem Bett stand. Die Tränen waren versiegt und einer festen Entschlossenheit gewichen. Da waren zwei aneinander geraten, die keine Kompromisse kannten. Späte durch die letzten schweren Unfälle entschlossen, das Leben dieser einmaligen Frau, deren Name in der Luftfahrt einen schon fast mythischen Klang hatte, nicht unnötig aufs Spiel zu setzen. Hanna Reitsch aber von ihrem Willen und Ziel bestärkt, auch bei dieser schweren Aufgabe mitzuhelfen. Da gab es kein Wenn und Aber, da standen ein hartes Nein gegen ein ebensolches Ja.

„Grüßen Sie alle Kameraden recht herzlich, Mano, und ich danke Euch allen für die schönen Tage hier bei Euch. Ich werde sie nie vergessen."

So ging Hanna Reitsch von uns, anderen Aufgaben entgegen, die nicht weniger wichtig waren, als unsere 163. Aber sie war bei uns gewesen und eine der unsern geworden und geblieben.

Da saß ich nun mit meinen Konzertkarten. Hanna war weg, und Hilda hatte keine Zeit. Herbert hatte Befehl, die Beisetzung Walters vorzubereiten und war außerdem OvD. Allein zu gehen hatte ich kein Verlangen. Heulen muß man allein, aber sich freuen mindestens zu zweit. Das ist ein alter Standpunkt von mir, und darum mußte jemand mit in das Konzert. Fritz Kelb tauchte auf, meinte aber trocken, Beethoven sei ihm zu musikalisch, der komponiere zu viele Töne auf einmal. Herbert schlug schließlich vor, er wolle Helga anrufen, die sich sicher freuen würde, wenn ich nichts dagegen hätte.

Helga war seit einigen Wochen Herberts gute Freundin. Sie arbeitete in Oldenburg, und Herbert hatte sie bei einem Tanzabend der Oldenburger Jäger kennengelernt. Herbert wartete nur auf seinen nächsten Urlaub, um Helga mit in die schlesische Heimat zu nehmen und sich dort mit ihr zu verloben. Die beiden waren eines jener Pärchen, denen man von Herzen Glück wünscht, und so jung und verliebt, daß sich der strengste Wintertag zu einem Frühlingsfest verklärte, wenn sie erschienen. Es war noch gar nicht lange her, seit Herbert seine Helga der neugierig besorgten Hilda Dyckerhoff hatte vorstellen müssen. „A herzig's Madl, viel zu schad für einen Flieger", war Hildas Urteil und in ihrer Sprache ein ehrliches Summa cum laude, das Herbert noch glücklicher machte, denn was Hilda genehmigte, konnte auch vor seinen Eltern daheim bestehen. Als ich Helga zu Hause abholte und sie strahlend in silbrigem Brokat mit blauem Samtcape vor mir stand, war ich froh, seit langer Zeit mal wieder meine erste Garnitur angezogen zu haben, und begleitete Helga zufrieden den nicht sehr weiten Weg zu dem festlichen Haus. Ich freute mich über meine schmucke Begleitung und auf das schöne Konzert...

Wie ein wogendes Kornfeld umfing uns der erste Satz der Eroica, überflutete das Herz mit dem Rauschen seiner Akkorde, ergriff mit stürmischem Drängen die Seele, liebkoste mit zarten Händen und zerschlug mit harten Fäusten den Traum. Es dröhnte, als höben Giganten die Welt aus den Angeln, und es sang ein Chor von Elfen und Feen. Gewaltige Heere marschierten über endlose Weiten, eine stürmische See zerbarst an felsigen Klippen, und stille Frauenhände glätteten behutsam die Wogen. Und da war wieder das weite Land mit gefrorenen Furchen und starren laublosen Wäldern, bis die Sonne sich hob, die Erde taute, die Keime hervorbrechen ließ in leuchtendem Grün und das Leben weckte im Schoß der Erde. Ein Wachsen hub an und ein Blühen der Farben unter dem unendlichen Blau des Himmels, bis die Sonne sich hob, die Blüten verbrannte und die Früchte trieb in purpurnem Gold. Dann kam das Wetter mit Hagel und Blitz, mit grollendem Donner und schmerzendem Brausen, die Erde stöhnte und bebte im Weh, bäumte sich auf wider das Sterben, wider die Wut des Brutalen und wider das Böse der Nacht. So siegte noch einmal das Leben, doch hinten wartete auf eherner Zinne der Tod.

Der Dirigent senkte den Stab, die Menschen atmeten wieder und empfanden im Echo der Sinne das Erhabene dieser Musik. Eine kurze Spanne nur, dann senkte der Trauermarsch seinen düsteren Schleier über den Raum. Da schwieg in mir diese Musik, und ich hörte plötzlich die gleichen Töne wieder aus ungelenken Trompeten, Hörnern und Bässen auf dem Weg vom Bauernhaus in Aschau zum Grab von Alois Wörndl. Die wenigen daheim gebliebenen alten Männer bliesen mit ungewohnten Lippen in ihre Instrumente, die sie so selten gebrauchten, da ja kaum einer, der draußen fiel, zur Erde der Heimat fand. Der Alois war einer der ganz wenigen von denen, die nicht in Rußland lagen oder in der afrikanischen Wüste. Dem mußte man den Trauermarsch spielen, auch wenn es schwer fiel, die Töne zu finden.

Nun wechselte in mir die Bauernkapelle von Aschau mit dem großen Orchester von Oldenburg. Ich verlor die Zügel und war meinen Gedanken preisgegeben, die plötzlich hinter meinen Augen zu flüstern begannen und zu kichern: Morgen mußt du fliegen, vielleicht bist du morgen dran, hihi, der erste scharfe Start mit dem heißen Triebwerk, das so leicht explodiert ... Ich schloß die Augen, es half nichts, ich riß sie auf, es blieb dasselbe: vielleicht kommst du gar nicht in die Luft oder bloß so ein paar Meter, ist ja egal. Aber vielleicht geht's auch gut bis du droben bist in zehntausend Meter, aber dann mußt du landen ... so wie der Späte vielleicht — rausspringen bei hundert Sachen. Bleib ja nicht sitzen oder bleib doch sitzen, bist ja doch hin ... Ich biß auf die Zähne, fixierte den Dirigenten, der ruhig und feierlich den Stab führte, blickte neben mich auf Helga, aber sie merkte nichts hinter ihren geschlossenen Lidern. Ihre Hände lagen leicht gefaltet im Schoß. Nun wurde ich wieder ruhig. Die Trompeten waren verklungen, und die Geigen besänftigten zärtlich das klopfende Herz. Ich hatte wieder zu Beethoven gefunden und zu seiner Welt, fühlte, wie ich über die Brücke in jenes Land schritt, in dem es kein Leben gab und kein Sterben, das den Schmerz der Freude vermählte, das Lachen dem Weinen und den Tod der Geburt. Es blieb doch die gleiche Musik, die die Bauern spielten im Chiemgau und die Künstler dort auf der Bühne, beide mit gleicher Inbrunst vor dem Genius des Schöpfers und beide mit der ganzen Kraft ihrer Seelen. Nur das Können unterschied, und wie schlicht war dieses Können unter der Größe des Werkes und wie schlicht das Leben in der Größe des Ziels. War unser Leben mehr, als einer der Töne, der formte, schenkte und starb, um sich wieder zu formen, wenn ein Hauch ihn rief. Ich schloß die Augen, vergaß, wo ich war, warum ich lebte, und den Weg und das Ziel.

Ich hatte eigentlich gleich nach dem Konzert nach Bad Zwischenahn zurückfahren wollen, aber während ich Helga in den Mantel half, meldete ein Lautsprecher einfliegende feindliche Verbände. Wir erreichten gerade noch ein kleines Weinlokal, dessen Besitzer ein Herz für Flieger und darum für solche immer noch eine Flasche Wein übrig hatte. Ich hatte kaum bestellt, als die Sirenen zu klagen begannen. Der Wirt führte uns mit einigen anderen Gästen in einen gemütlich eingerichteten Kellerraum und servierte mit einer Grandezza, als säßen wir in einer Hotelbar

Palermos, roten Wein und kleine Käsebrote. Das Radio meldete Anflüge Richtung Hamburg und Berlin.

„Hoffentlich hört das auf, wenn Sie mit Ihren Maschinen soweit sind“, seufzte Helga. „Wenn das bloß alles schon vorbei wäre.“

„Wird schon werden“, antwortete ich, aber es mußte nicht sehr überzeugt geklungen haben, denn Helga fragte sofort weiter: „Glauben Sie wirklich an die Wunderwaffen?“

„Natürlich glaube ich daran“, antwortete ich und wußte im Augenblick selbst nicht, ob ich log oder die Wahrheit sprach. „Wir haben sie jedenfalls und die anderen nicht, und das mag eines Tages entscheidend sein — vielleicht!?“

„Wenn es nicht schon zu spät ist!“

„Es ist nie zu spät, Helga, nur manchmal noch nicht früh genug. Sie haben es doch vorhin gehört. Den brausenden, stürmenden und jagenden Akkorden des ersten Satzes folgte die tiefe Trauer des zweiten, aufgehellt da und dort und kleine Tore öffnend in das lautere Weiterklingen der Zukunft. Ein Ende aber ist nie, und der dritten Symphonie folgt die vierte ...“

„... wie der zweite Weltkrieg dem ersten.“

„Ja, Helga, genau so.“

„Aber das ist doch schrecklich, das kann doch nicht einfach so weitergehen?“

„Es wird aber wohl so weitergehen solange die Menschen sich nicht bescheiden können.“

„Wie meinen Sie das?“

„Die Menschen haben eine böse Eigenschaft: sie wollen immer satt sein. Nur der gesättigte Mensch ist gut — mit Ausnahmen natürlich — aber im großen betrachtet, ist das so. Ein Säugling, wenn er nicht satt ist, schreit. Erst wenn nichts mehr in ihn hineingeht, ist er zufrieden, rülpst und schläft. Man findet das dann goldig oder süß oder geliebt. Bei einem Erwachsenen findet man das gleiche schrecklich ungehörig, brutal oder ungezogen, dabei sind nur wenige frei von der ewigen Gier nach dem Mehr. Man nennt das gern ‚Selbsterhaltungstrieb‘, aber um uns selbst zu erhalten, bräuchten wir nicht die Hälfte von dem, was wir haben.

Dann entschuldigt man sich mit dem Fortschritt, den es nicht mehr gäbe, wenn die Zufriedenheit obsiegte. Der Fortschritt aber läßt uns nur schneller fahren und fliegen und — sterben. Er verlängert das Leben, um die Toten zu verjüngen. — Geben Sie einem Kind ein Stück Schokolade, es will zwei, reichen Sie einem Menschen ein Stück Brot, er will das nächste, schenken Sie einem König die zweite Krone, und er giert nach der dritten. Nicht einmal vor Gott machen diese Menschen halt. Sie wollen ihn alle für sich allein haben. So ist das wohl, Helga. Die Menschen sind hungriger als die Erde groß, und darum gibt es Kriege. Dazu kommt dann noch das vermeintliche Recht, das sie dem lieben Gott vor die Nase gesetzt haben, um es immer dann zu mißbrauchen, wenn ihnen Gottes Gnade die Macht dazu gab. — Aber lassen wir das, es führt doch zu keinem Ende." Ich nahm mein Glas. Eine kleine Uhr an der Wand ließ elfmal ein helles Klingen ertönen. „Trinken wir auf Herberts Wohl, er macht grad seine Runde." Wir stießen an und leerten die halbvollen Gläser bis auf den Grund.

„Hoffentlich klappt es in drei Wochen mit Herberts Urlaub", sagte ich, um Helga auf andere Gedanken zu bringen. „Er freut sich mächtig darauf, Sie daheim vorstellen zu können. Er hat gestern seiner Mutter geschrieben, sie soll ja genug Kuchen backen und der Vater solle das fetteste Schwein schlachten." Helga lachte.

„Hoffentlich gefalle ich seinen Eltern. Sicher wäre ihnen doch eine handfeste Landwirtstochter lieber gewesen, als so eine Stadtpflanze aus dem Norden?"

„Das lassen Sie mal Herberts Sorge sein. Er wird seinen Eltern die Stadtpflanze schon in den rechten Topf setzen."

Die Entwarnung trieb uns zum Aufbruch, denn ich mußte unbedingt den letzten Zug nach Zwischenahn erreichen. Helga ließ es sich nicht nehmen, mich zum Bahnhof zu bringen. „Schönen Dank auch für den wundervollen Abend!" rief sie noch, als der Zug schon fuhr, und ich freute mich an dem glücklichen frohen Gesicht dieses jungen Mädchens.

Ich war allein im Abteil, schlug den Mantelkragen hoch und

blieb am offenen Fenster während der zwanzig Minuten dauernden Fahrt stehen. Der sternenübersäte Himmel war wolkenfrei, und das weite Land lag im fahlen Licht des Mondes vor meinen Augen. Da oben, mittendrin im Sternenmeer würde ich morgen fliegen, dem Orion zuzwinkern und den großen Bär an der Schnauze kitzeln. Vielleicht reichte es gar noch, der Kassiopeia ein paar schöne Augen zu machen. Ein Fest mußte das werden, und ich würde das beste Triebwerk haben, das je seinen fauchenden Strahl in die Lüfte stieß. Ganz ruhig würde ich den Knüppel halten und meinen Vogel fast senkrecht steigen lassen und ihn leer fliegen bis auf den letzten Tropfen T-Stoff, und dort oben, irgendwo zwischen den Sternen würde ich ihn sanft aus dem Steigflug in die Gerade gleiten lassen und weite, sehr weite Kurven ziehen von einem Ende des Himmels bis zum anderen, und ich wäre mutterseelenallein dort oben, ganz in der Nähe der Sonne, wo es warm und gemütlich sein würde. Dann senkte sich meine Me nach unten, und ich würde nun ein bißchen nachdrükken auf neunhundert oder tausend Kilometer, das war dann fast Schallgeschwindigkeit, so schnell, wie kaum zehn Menschen auf dieser Welt je geflogen waren. Erst dann würde es langsam Zeit werden, den Platz und die Erde wieder anzufliegen, dort drüben über dem Waldstück, das hinter einer Kurve des Zügleins auftauchte, würde ich noch etwa tausend Meter hoch sein müssen und langsam mit etwa 230 Kilometer über den Platz gleiten, weit ausholen, noch weiter und nun die Landeklappen vorsichtig herauslassen und anschweben, schweben, schweben, nein, nicht zu weit, ein wenig slippen vielleicht, denn dort würde das Landekreuz liegen ...

„Rindvieh, du spinnst!" sagte ich laut zu mir, als die Bremsen der Wagen knirschten und schrien, als zerre man eine Katze am Schwanz. „Baaad Zwischenahn", sang die wohlbekannte Stimme des Zugführers in die Nacht und „Gute Nacht, Herr Leutnant", sagte er, als ich an ihm vorbei dem Ausgang zuschritt. „Gute Nacht, Herr Leutnant", sagte der Mann, der das Billet abnahm und „Gute Nacht, Herr Leutnant" der Posten am Horsteingang, als ich passierte, und er das Tor hinter mir wieder schloß.

In meinem Barackenzimmer fand ich mein Bett um und um zerwühlt, die Matratzen oben und das Leinenzeug unten, meine Schlafanzughose hing am Lampenschirm und die Jacke an der Gardinenstange. Mein Rasierpinsel steckte im Marmeladenglas, die Zahnbürste im Tintenfaß, ein halber Kuchen, den ich von daheim bekommen hatte, war mit Rasierklingen gespickt und der Spiegel mit Hautcreme eingeschmiert. Krawatten, Taschentücher und ähnliches Kleinzeug waren mit Reißzwecken an die Decke geheftet und baumelten von da herab wie eine existentialistische Faschingsdekoration. Auf dem Tisch lag ein Plakat mit der Aufschrift: „Ein Soldat hat erstens seine Bude abzuschließen, zweitens den Schlüssel abzugeben und drittens mit der Braut eines anderen nicht so lange auszugehen! — Gute Nacht, Herr Leutnant! — Herbert. Fritz."

Ich untersuchte zuerst einen Stuhl, ob er nicht mit Senf oder anderem beschmiert sei, setzte mich darauf und lachte laut schallend. Dann sann ich auf Rache, aber es war zu spät. Ein andermal. Ich machte mein Bett notdürftig zurecht, wusch das Apfelgelee aus dem Rasierpinsel und die Füllhaltertinte aus der Zahnbürste, was durchaus nicht vollkommen gelang, und schließlich mir den Staub aus dem Gesicht. Es schlug eins vom Kirchturm, als ich fertig war und todmüde ins Bett sank. — „Gute Nacht, Herr Leutnant!"

Gegen sechs Uhr in der Frühe erwachte ich aus irgendeinem unguten Traum, war aber zu müde noch, um schon aufzustehen. Ich blieb mit geschlossenen Augen liegen, und nun kroch sie mich an, lautlos wie eine Schlange, kalt und beklemmend von innen her, als zwänge sie sich durch den Hals in den Kopf, als läge sie schwer auf der Brust: die Angst. In vier oder fünf Stunden war es soweit. Das Triebwerk — der Start — das fauchende Hochschießen — die Landung — die Explosion... Unsinn, nichts würde explodieren. — Wenn ich aber schlecht landete? — Quatsch, ich würde gut landen, wie immer. — Sei nicht zu sicher, mein Freund! Späte kann auch fliegen, so gut wie du, nein, besser als du, und Wörndl konnte es genau so gut, und Pöhs erst recht. Auch den Pitz hat es beinah' erwischt... Wolken, Donner und

Lippischs Weg bis zur Me 163 hatte viele Stationen. Diese Bilder zeigen von oben nach unten bzw. links nach rechts:

Der junge Lippisch beim Bau des Modells für die DELTA IV mit Kopfsteuerung auf der Wasserkuppe.

Das DELTA IV-Modell im Fluge (1932 Wasserkuppe)

Der „Storch IX wurde ebenfalls in Darmstadt eingeflogen.

Die DELTA III als Motorflugzeug bei Erprobungsflügen bei der Deutschen Versuchsanstalt für Segelflug in Darmstadt. Nach Günther Groenhoffs Tod übernahm der Testpilot Wiegmeyer die Flugerprobung.

Ein Lippisch-Entwurf aus dem Jahre 1932 für ein Langstrecken-DELTA-Flugzeug.

Die in den Jahren 1939 und 1940 entstandene DFS 39 ist der direkte Vorläufer der Me 163.

Die DFS 40 entstand 1938 als Nurflügel-Zweisitzer. Die Bilder zeigen den Dreiseitenriß und das Flugzeug beim Start.

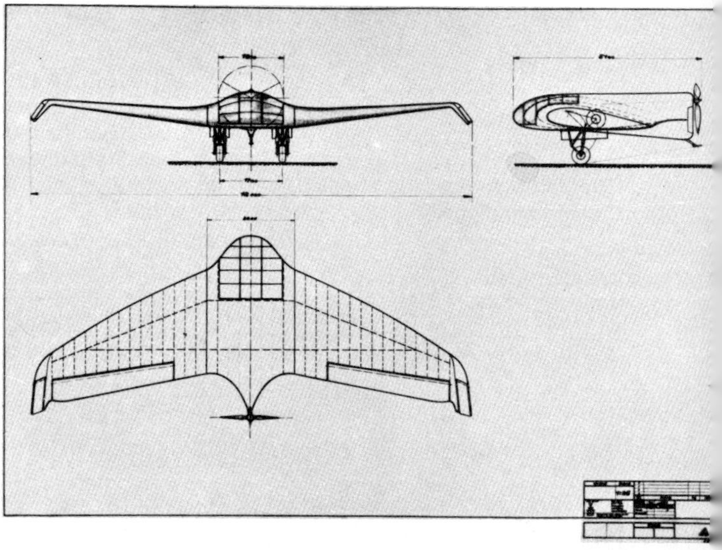

Blitz! Steh' auf, Kerl, und schmeiß die Gespenster raus. Wenn bloß das Triebwerk im Start nicht abstellt. Droben kann man mit dem Fallschirm raus ... und den Schädel an die Flosse knallen. Dabei ist das Leben so schön, auch jetzt noch im Krieg. Beethoven! Natürlich muß ich ihn wieder hören, und die Krawatten, die von der Zimmerdecke baumeln und die blaue Zahnbürste ... ach so, die muß ich dem Herbert ja noch heimzahlen ...

Ich wälzte mich wütend auf die andere Seite, aber es wurde nicht besser. Die Angst hockte neben mir auf dem Kopfkissen, hüpfte hinunter und kniete sich neben meine Füße, und als ich diese anzog, sprang sie kichernd mitten auf meinen Bauch. Und da blieb sie sitzen. Wie eine Kröte saß sie da mit breiten Schenkeln und aufgeblasenem Gesicht und streckte ihre feuchten Füße nach meinem Hals ...

Da riß ich die Decke herab und sprang aus dem Bett, machte Licht, zog hastig meinen Bademantel über und rannte über den kalten Gang in den Brauseraum. Das Wasser war kalt, daß es schmerzte, aber es tat gut, und die Kröte machte einen plumpen Sprung durch das Fenster. Ich ließ das Wasser so lange auf das hochgereckte Gesicht platschen, bis mir die Augen und die Stirne weh taten, dann rannte ich zurück in das warme Zimmer, sprang naß wie ich war ins Bett und schlief dann nach wenigen Minuten ein.

Ich hätte sicher verschlafen, wären Herbert und Fritz nicht neugierig bei mir erschienen, um wenigstens einen verspäteten Triumph ihrer Tat zu genießen.

„Hast wohl Urlaub, was?" feixte Herbert in seiner forschen Art. „Los, raus aus den Federn, die 163 dampft schon!"

„Rasier dich anständig, damit die Totenmaske nicht hängen bleibt. M. P. V. — Mit bester Feinseife!" Das war Fritz.

Ich stand schon am Waschbecken und gurgelte. Fritz kriegte für seine Redensart ein halbes Glas Pfefferminzwasser ins Gesicht.

„Wie war's im Konzert?" fragte Herbert.

„Waren gar nicht im Konzert", antwortete ich trocken.

„Wo denn dann?"

„Bei Helga auf Stube. Ihre Eltern waren weg, und ich habe

eine Flasche Sekt gekauft und die haben wir zusammen getrunken. War ein ganz reizender Abend."

„Hund, du lügst!" rief Herbert.

„Und während des Alarms waren wir im Keller. Auch ganz allein. Haben noch eine Flasche Likör gefunden und mitgenommen. Ach so, ich soll dich schön grüßen von Helga und sie habe heute keine Zeit." Ich genoß Wort für Wort, wenn auch Herbert keines davon glaubte, aber ich kannte seine Fähigkeit, sich in etwas hinein zu knien.

„Noch ein Wort und du bist eine Leiche", drohte er.

„Gottseidank", sagte Fritz, „dann werde ich endlich Blutzeuge!"

„Was heißt: noch ein Wort. Wir haben uns eben genau so amüsiert, wie ihr hier beim Dekorieren. Jeder nach seiner Façon . . ."

An dieser Stelle flog einer meiner Halbschuhe mit solcher Wucht in das gefüllte Waschbecken, daß das Wasser hoch aufspritzte und meine Pyjama-Hose in einen nassen Sack verwandelte. Der Schuh aber pendelte lustig auf dem unruhigen Wasser auf und ab.

„Ein Schiff streicht durch die We-hellen, Fridolin", sang Fritz schallend und hielt Herbert von weiteren Untaten ab.

O, es tat gut, diese Buberei. Ich fühlte mich plötzlich ausgelassen wie ein Primaner, alle Gedanken an die nächsten Stunden waren verflogen, und ich erzählte nun richtig und der Reihe nach von Helga und dem gestrigen Abend und schloß: „ . . und wenn du die nicht heiratest, bist du das größte Rindvieh der Welt!"

„Stimmt", ergänzte Fritz. „P. P. — Pfunds Pfrau!"

Zwei Stunden später half mir Albert, unser erster Wart, in die Fallschirmgurte und hielt die kleine Leiter, während ich auf die Fläche der 163 kletterte und von dort in die Kabine stieg. Pitz war nicht geflogen, hatte den Probelauf meines Triebwerkes aber abgenommen und mir gesagt, es sei tadellos. Als Albert meine Schultergurte festgezogen und kurz die Geräte noch einmal überprüft hatte, kam Pitz über die Leiter an die Kabine und gab mir — wie jedem Erstling — die sogenannte letzte Ölung. „Alles klar, Mano? — Also, Knüppel leicht angezogen halten und Druckanzeigen gut beobachten. Bei zu wenig Druck, sofort Schubhebel zurück und ausrollen lassen. Merkst du, daß du über die Bahn hinausrollst, rausspringen. Sonst nach dem Abheben Knüppel ganz ruhig halten, nicht nachdrücken. Dann in 5 bis 10 Meter Höhe Fahrwerk ab. Nicht vergessen. Dann über Platzgrenze hinaus Fahrt aufholen bis 800 km/h, dann hochziehen. Beim Steigflug nicht nachdrücken und steigen lassen, bis das Triebwerk abstellt. Alles verstanden? Noch eine Frage?"

„Alles klar, Pitz!"

„Mach's gut!" — „Danke!"

Pitz drückte die Kabine zu, ich verriegelte von innen, Albert gab mir vom Anlaßwagen her das Zeichen, daß er bereit sei, dann drückte ich auf den Turbinenanlaßknopf am Schubhebel. Die Turbine begann mit leisem Wimmern, heulte immer lauter und weißer Dampf qualmte um die Kabine, denn es war windstill. Eine Sekunde lang wollte mich die Angst wieder ankriechen, einen Moment schien es mir, als grinsten die Instrumente höhnisch zu mir her, dann war es vorbei. Noch zweimal heulte die Turbine auf, dann schob ich den Schubhebel auf Zündung, ein leiser Knall zeigte diese an, und der Zeiger des Druckmessers sprang auf 5 atü. Nun schob ich den Schubhebel auf Vollschub, der Zeiger rutschte auf fast 24 atü, und ich freute mich eine Sekunde über das gute Triebwerk, denn andere gingen oft knapp auf 21. Jetzt überrollte mein Fahrwerk die kleinen Bremsklötze, das Triebwerk, das draußen ein infernalisches Konzert gab, hörte sich hier drin in der Kabine nur wie ein heftiges Rauschen an, und nun nahm mein 4 Tonnen schwerer Vogel Tempo auf. Immer schneller, immer schneller. Meine Augen hingen starr am Druckzeiger, der aber brav auf 24 blieb, dann — heiko — kurz auf 22 zurücksprang, aber gleich wieder auf 23 ½ vorzog. Der Fahrtmesser zeigte bereits 200 Kilometer Geschwindigkeit, dann 250, aber die 4 Tonnen rührten sich noch nicht vom Boden weg. Ich hatte längst vergessen, daß es noch etwas anderes gab außer mir und diesem feuerspeienden Vogel, daß die Welt auch noch aus anderen Dingen bestand, als aus mir und einem Druckanzeiger und der schnurgeraden Richtung der Startbahn, die ich einhalten mußte und die immer schneller unter mir floh. Jetzt ging der Fahrtmesser auf 300, ich fühlte, wie meine Me leichter wurde, die rasenden Räder den Beton nur noch streichelten und nun hob sie ab — wir waren in der Luft. Der Zeiger stand noch immer auf 23 ½ und das Triebwerk fauchte wie ein zischender Drache, jetzt war ich wohl sechs bis sieben Meter hoch und drückte den Hebel, der die Kufe einfuhr und das Fahrwerk abwarf. Befreit von den schweren Stahlrädern machte die Me einen Satz nach vorn, den ich heftig im Rücken spürte, und gleichzeitig gab es einen mächtigen Druck am Knüppel. Ich griff zum Trimmrad, das zum Start ganz auf schwanzlastig gestellt nun zum baldigen Steigflug nach vorn mußte, sonst ging's unweigerlich in einen riesigen Looping. Kein Mensch könnte das schwanzlastig getrimmte Flugzeug mit eigener Kraft bis 800 km/h im Steigflug halten. Jetzt war ich wohl 50 Meter hoch, der Fahrtmesser zeigte bereits über den ersten Häusern Zwischenahns 750 km/h und wenige Sekunden später 800. Ich hatte ausgetrimmt und nahm nun langsam den Knüppel zurück, ein klein wenig nur, dann schossen wir hoch — hoch — hoch. Ich ließ den Schub eine Idee nach bis auf Druck 22 und fing nun erst an zu genießen.

Die Erde war verschwunden, ich stieg und stieg in das unendliche immer dunkler werdende Blau über mir. Plötzlich hörte ich eine Stimme im Kopfhörer: „Von Glockenblume an Fledermaus, wo bleiben Leiterwagen?“ — Himmel ja, das hatte ich vergessen. „Glockenblume“ war die Bodenstelle, der ich ja von tausend zu tausend Meter die Flughöhe angeben sollte. Ein Blick auf den Höhenmesser, ich war bereits auf 4500 m und gab fast stammelnd hinunter: „Von Fledermaus an Glockenblume: Bin bereits vierfünf, jetzt fünf!“ — „Von Glockenblume an Fledermaus“, kam es zurück, „Schlafmütze!“ — „Von Fledermaus an Glockenblume“, antwortete ich pflichtgemäß, „Viktor, Viktor!“ was soviel hieß, wie „verstanden“. Inzwischen flutschte mein Raketen-Fahrstuhl weiter nach oben, ich gab die Höhen nun jeweils durch, und als mein braves Triebwerk in achteinhalbtausend Meter Höhe abstellte und die dadurch entstandene Bremswirkung mich mit sanfter Gewalt in die Gurte hob, konnte ich es mir nicht verkneifen, ins Kehlkopfmikrophon zu jubeln: „Von Fledermaus an Glockenblume: Furz aus! Anfrage Viktor?“ — Und von unten kam die Antwort: „Von Glockenblume an Fledermaus: Sowas sagt man nicht, sowas denkt man nur! Viktor, Viktor. Ende!“ Ich ließ schnell meinen Sprechknopf los, um mein lautes Lachen nicht hören zu lassen, während meine Fledermaus vom Schwung getragen noch bis über zehntausend Meter Höhe ausschoß, bevor ich sie in die Waagrechte legte.

Was ist über den Raketenstart und vor allem das Abstellen des Triebwerkes nicht alles geschrieben worden! Man würde festgeschnallt, daß einem der Atem wegbliebe, beim Start drücke es den Piloten gegen die Rücklehne, daß er fast ohnmächtig werde, und beim Abstellen des Triebwerkes würden die Gurte durch den entstehenden Ruck blutige Striemen ins Fleisch schneiden und noch mehr solchen Unsinns. Dabei passiert gar nichts, wenn das Triebwerk nicht streikt, als daß ein solches Lustgefühl über einen kommt, daß man laut jauchzen möchte ...

In achttausend Meter Höhe glitt ich nun dahin, mal langsam, mal mit leichtem Andrücken schnell und so weit von der Erde weg, als gehörte ich gar nicht mehr dorthin. Ein fremder Stern, dem ich nahe kam mit putzigen Häuschen und schwarzen Schlangen, die durch die bunte Gegend dampften, kleinen Flöhen, die über Straßen hüpften und lauter Pfützen, die so klein waren, daß man mit einem Sprung über sie hinwegsetzen konnte. Dort drüben lag das Häusermeer Bremens, und lang über den Horizont glitt das silberblaue Band der Nordseeküste — ja, es war schön da oben. Ich suchte unseren Platz und wurde unruhig. Er war nirgends zu sehen. Verflixt, wenn ich den nicht wieder fand. Rechts war er nicht, links war er nicht, vom Zwischenahner Meer keine Spur. Ich wurde nervös, ging auf die linke, dann auf die rechte Fläche, überlegte, wo ich hergekommen war und suchte und suchte. Endlich entdeckte ich ihn, ganz da hinten neben jener Pfütze und winzig klein mit seinen Hallen, die wie Maulwurfshäufen aussahen. Und nun behielt ich ihn im Auge. In weiten Schleifen kam ich tiefer. Achttausend — siebentausend — sechstausend. Ich sah das Bahngleis von Oldenburg unter mir und die Stadt, wo Helga irgendwo im Büro saß, und dachte plötzlich an Beethoven und den Rasierpinsel im Apfelgelee. Herrgott, es war alles so schön und so fröhlich. Dann ein Schatten. Wörndl war sicher auch so fröhlich und glücklich gewesen, als er zur Erde zurückgeglitten war mit leeren Tanks und keinem Gedanken an Böses. Vielleicht war er zu glücklich gewesen, hatte vielleicht zu lange sich gefreut und zu spät an die Landung gedacht. Als ob es etwas nützte, packte ich den Knüppel fester und begann jetzt schon in viertausend Meter Höhe mir die Landung zu überlegen. Das war Unsinn, denn ich konnte über dem Platz noch fliegen wie ich wollte. Erst bei etwa 1500 Meter Höhe begann der Ernst des Landens. Und nun war er da. Langsam hinüber bis zur Waldgruppe, noch zu hoch, also weiter ausholen. Jetzt ist sie da, und ich bin genau 1000 Meter hoch. Nun querab vom Platz über die östliche See-Ecke, dann jenseits des Sees zurück. Sieben-, sechs-, fünfhundert Meter. Einkurven in die letzte Kurve, dann in die Landegerade. So, jetzt habe ich noch dreihundert Meter Höhe und dort liegt das Landekreuz. Kufe raus und Landeklappen peu à peu hinterher. Zu hoch, mehr Landeklappe, zu schnell, mehr ziehen. Der Stau zeigt 250 km/h, zuviel, runter auf 230, dann

220. Hoppla, jetzt fällt der Vogel wie ein Stein, bißchen nachgeben, dort ist das Landekreuz — Landekreuz — Landekreuz, vorbei, doch noch ein bißchen zu hoch, aber nun — wumms! sie sitzt, die Bremswirkung der ersten Bodenberührung zurrt nun doch mächtig an den Gurten, die Kufe schmirgelt kratzend über die Erde, es hoppelt und schüttelt ein paarmal wie ein Bauernkarren auf Kopfpflaster, dann aber rutscht sie weich aus, meine Me — ja, meine Me — und dann steht sie still und neigt die rechte Fläche. — Mensch! Ich lebe!

Ich riß die Sauerstoffmaske vom Gesicht, die Brille hoch und die Fallschirm- und Anschnallgurte auf, drückte das Kabinendach hoch — wie schwer das ging — und sprang heraus. Der Startwagen kam, Pitz und ein paar Kameraden mit ihm, Fritz und Werner natürlich auch. Pitz gab mir die Hand: „Wie war's?“ Ich sah seinen Augen an, wie froh er war, daß ich und die Me heil hier unten standen. „Pfundig, Pitz, danke. Möcht gleich nochmal!“

„Schade“, sagte Fritz, „ich hatte mir schon deinen Nachtisch reserviert. 's gibt Bisquit mit Schokoladensauce.“

„Tut mir leid, Fritz, aber die kriegst du heute sowieso!“

„Dann gratuliere ich, Herr Leutnant! — Aber Spaß bei Scherz, hast eine prima Landung hingelegt.“

„Bloß zu weit!“

„Quatsch, gar nicht zu weit. Zwanzig Meter hinter dem Landekreuz haste aufgesetzt.“

„Ich dachte, es wären hundert gewesen.“

Herbert nahm mich in den Arm. „Wohin gehen wir heute Abend?“ Ich überlegte kurz. „Will ich dir genau sagen: Mit drei Pullen Sekt auf meine Bude, dort wird zuerst aufgeräumt und dann gefeiert!“ Und so geschah es denn auch . .

*

Am nächsten Tag machte Jupp Mühlstroh, unser Hofsänger und Unikum aus Köln, seinen dritten oder vierten scharfen Start, den keiner, der dabei war, je vergessen wird. Jupp gehörte zu jenen beneidens-, wenn auch nicht immer nachahmenswerten

Menschen, die mit der Unbefangenheit eines jungen Elefanten durch ihr Leben tapsen. Er war dazu ein absoluter Fatalist, der nichts übel nahm und nicht übelgenommen werden wollte. Jupp tat alles, was man von ihm verlangte, suchte, so gut es ging, seinen Vorteil, ohne auf diesen bedacht zu sein, war beim Essen so eifrig wie bei der Arbeit und beim Vergnügen, versah seinen Dienst nach bestem Gewissen und war kein schlechter Flieger.

Jupp war überdies ein ständiger Lieferant absurder Geschichten, deren letzte kaum drei Tag alt und bezeichnend für ihn war. Auf der nächtlichen Heimfahrt von Oldenburg nach Bad Zwischenahn hatte er seinen Kopf zu weit aus dem Fenster geneigt, so daß ihm der Wind das Käppi vom Haupt blies. Er mag in Sekunden überlegt haben, daß ein Soldat ohne Käppi kein Soldat ist, jede Streife ihn schnappen konnte, und Arrest oder Bau schlimmer waren als alles andere, denn sie kosteten Freizeit. So zog Jupp kurz entschlossen die Notbremse, verließ den kreischenden Zug, fand sein Käppi wieder und kehrte seelenruhig in sein Abteil zurück. Vom Zugführer wütend zur Rede gestellt gelang es ihm wahrhaftig, diesen Mann zu überzeugen, daß ein Fliegerkäppi mit Sicherheit der ursächliche Grund für die Reichsbahn gewesen sei, Notbremsen überhaupt einzuführen. So etwa war Jupp Mühlstroh.

Am Tage dieses nun kommenden Fluges war das Wetter so undurchsichtig wie Jupps Seele, aber wiederum so, daß ein Start ungefährlich erschien. So ging Jupp mit Vollschub auf die Reise und verschwand bereits nach einer halben Minute in einem grossen Wolkenloch. Wieder verging eine Minute, als plötzlich Jupps Stimme im Sprechfunk ertönte:

„Mensch, ich han keene Sicht mehr, wo ist denn der Platz?“

Er bekam per Funk seine Anweisungen, aber wieder kam sein kölscher Dialekt herab:

„Mensch, ich han doch keene Blindfluch, ich han doch keene Blindfluch, ich weiß überhaupt nicht mehr, wo ich bin.“

Er bekam seine Richtung und die Anweisung, langsam tiefer zu gehen und die Wolkenuntergrenze dazu. Aber wieder schrie er:

„Mensch, ich han doch keene Blindfluch, ich han doch keene Blindfluch!“ Dann wurde es still.

Fünf Minuten vergingen, sechs, sieben und jede so lang wie eine Ewigkeit. Vom Westen her zog ein Wetter dicht an den Platz, trieb niedrige Wolkenfetzen vor sich her, leichter Regen fiel und die Sicht wurde zusehends schlechter. Eben noch vergnügt ob Jupps Reden wurde uns nun erheblich blümerant.

„Junge, Junge, der Jupp hat sich verfranzt!“ Irgendeiner sagte, was wir alle dachten, während wir uns die Augen aus dem Kopf sahen, um eine Spur von Jupp zu entdecken. Plötzlich fauchte es und einer schrie: „Jupp kommt, hinlegen!“ wir rissen die Köpfe herum, fielen mehr um, als wir uns schmissen, und dann rauschte es aus einem Wolkenfetzen heraus mit unheimlicher Fahrt an uns vorbei, so dicht, daß wir den Wind um die Ohren kriegten, und dann sahen wir ihm fassungslos entsetzt nach. Jupp stob mit seiner Me aus dem Sturzflug heraus mit sicher über 900 Sachen in knapp zehn Meter Höhe über den Platz, zog an der anderen Seite hoch bis dicht unter die Wolken, ein Stück hinein, dann wieder heraus, kreiste weit den Platz, ging immer noch mit Affenfahrt in die vorletzte Kurve, zog wieder hoch, fuhr die Landeklappen aus und slippte, daß uns Hören und Sehen verging. Ich glaube, wir haben alle die Augen zugemacht, aber Jupp rauschte heran, ging elegant raus aus dem Slip und landete, jawohl, hurra, er landete, und wir stoben hinter ihm her wie die Feuerwehr.

Jupp stand neben der Maschine, als habe er eben dem lieben Gott die Welt abgekauft. Toni Thaler war als erster bei ihm. „Mensch, Mühlstroh, Sie leben noch?“

„Zu Befehl, Herr Hauptmann!“

„Junge, Junge, Sie haben mehr Schwein als Verstand!“

„Zu Befehl, Herr Hauptmann, dat sacht minge Braut auch immer“, antwortete Jupp in unverfälschtem „Kölsch“ und machte ein Gesicht, als habe er die erste Marslandung hinter sich.

„Warum sind Sie nicht sofort wieder heruntergekommen oder überhaupt unter den Wolken geblieben? — Menschenskind, haben Sie nicht überlegt, daß das schief gehen könnte?“

„Dat jing alles so schnell, Herr Hauptmann, daß zum Überlegen gar keine Zeit war. Als ich an die Wolken kam, war ich auch schon durch, und als ich oben war und nach meinem Wolkenloch guckte, war dat Ding doch nich mehr da. Da bin ich oben erst mal langsam jeflogen bis runter auf 4000 und denn dachte ich mir, Jupp, wennde so weiter murkst, murkste dir den Hals ab, und dann dachte ich, Fahrt ist das halbe Leben, und stellte dat Ding uffn Kopp, so unjefähr Richtung Flugplatz. Mit neunhundert Sachen ging ich rin in die Wolken und als ich wieder raus kam, sah ich zuerst bloß Wald, dann eine Straße, und die kam mir bekannt vor. ‚Jupp', dachte ich, ‚da biste doch jestern mit deiner Braut spazieren jegangen?' und kaum hatte ich das jedacht, da sah ich den Bunker vor mir und dann den Platz und dann bin ich eben jelandet."

Ich sah, wie Thaler auf die Zähne biß und die Lippen einzog, um nicht laut loszulachen wie wir alle. „Dann laden Sie Ihre Braut mal zu einer anständigen Geburtstagsfeier ein, Mühlstroh, ich glaube, sie hat sie verdient."

„Zu Befehl, Herr Hauptmann, geht das auf Staatskosten?"

„Ich komme Ihnen gleich von wegen Staatskosten", drohte Toni lachend. Jupp warf seinen Fallschirmsack über die Schultern. „War man bloß ne Frage, Herr Hauptmann, ne explodierte Me wäre teuerer gewesen."

Jupps Wolkenjagd war für längere Zeit der letzte 163-Start in Bad Zwischenahn. Die Zellen unserer Krafteier standen leer in den Hallen, während auf den Prüfständen die Triebwerke jaulten, und die Ingenieure sich die Köpfe zerbrachen, um endlich die so tödlichen Gefahren der negativen Beschleunigung zu beseitigen. Dazu kam immer schlechteres Wetter mit Nebel und Schneefällen, sodaß an Fliegen auch darum nicht zu denken war. Wir „gammelten". Dieses Wort ist das Schreckgespenst jedes Fliegers, und es für die, die nicht dabei waren, zu erklären, ist ungemein schwierig. Die schweizerischen Soldaten nennen ihr Kochgeschirr eine „Gamelle" und es ist gut möglich, daß von daher das deutsche Wort Gammeln kommt. Es bezeichnet etwa den Zustand, wenn man etwas tun möchte, es aber nicht tun kann. Es beginnt mit wohltuender Faulenzerei und endet bei nerventötender Langeweile. Es ist ebenso grausam, wie wenn man einen begeisterten Angler zwingt, am Ufer eines reichen Fischwassers Briefmarken zu sortieren. Es ist die Zeit, in der man seine Fingernägel auf Vordermann bringt, lästige Briefe unmutig schreibt und feststellt, daß man seine englischen Sprachkenntnisse wieder aufmöbeln und gelegentlich auch mal wieder Schopenhauer lesen könnte, aber dann keines von beiden tut, in der man seine Freundinnen vergleicht, ans Heiraten denkt, so man es noch nicht ist, sich vornimmt, Frühgymnastik zu treiben und wöchentlich zwei Waldläufe zu machen, auf die der Wald aber ebenso lange wartet, wie der Radiogymnastiklehrer aufs Aufstehen, kurz, es ist eine Zeit unausgefüllten Daseinsjammers, ein beschleunigtes Jenem-Zustand-Zustreben, in dem man sich gegenseitig nicht mehr riechen kann, und sich selbst ein Klotz am Bein ist. Diesen

Zustand hatten wir eben erreicht, als Herbert Langer, Fritz Kelb und ich als bewährtes Kleeblatt den Auftrag bekamen, mit einer Me 110 in Rechlin eine Me 163 im Schlepp nach Zwischenahn zu überführen. An einem diesigen Morgen machten wir die Me 110 klar zum Start, nachdem Fritz und ich die Flugleitung erledigt und von der Wetterwarte ein nicht ganz hasenreines Wetter bekommen hatten. Herbert hockte sich an den Knüppel, Fritz und ich hinten in den Rumpf. Herbert war ein berüchtigter Über-den-Daumen-Peiler, und wir zwei hintendrin kümmerten uns nicht um den Kurs. So mochten wir etwa eine halbe Stunde unterwegs sein, als Herbert plötzlich zu kurven begann. Die Wolkendecke hatte sich ungut gesenkt, und kleine Nebelfetzen tanzten um die Flächen, während Herbert immer steiler kurvte und immer intensiver durch sein Seitenfenster die Erde beäugte. Schließlich legte er die Me wieder gerade, flog ein Stück weiter und begann wieder zu kurven. Fritz und ich wußten längst, daß er sich verfranzt hatte und einen Bahnhof suchte, um per oculos den Standort zu peilen. Schließlich erwischte er so ein kleines Bahnhofsgelände und kurvte wie eine gereizte Wespe in beängstigendem Tiefflug um die Semaphore herum. Wir hatten alle drei die Kopfhörer an den Ohren und konnten uns per Sprechfunk unterhalten. Während Herbert nun im tiefsten Tiefflug wie ein Streckenwärter über die Gleise zischte, erklang im Kopfhörer Fritzens Stimme, in die er immer verfiel, wenn er etwas besonderes auf dem Herzen hatte. „Mano, willst du lieber einen braunen oder einen schwarzen Sarg?"

Fünf Sekunden Stille. Nur die Motoren brummten. Dann schrie es aus dem vorderen Mikrophon Herberts: „Sagt mir lieber, wie das Nest da unten heißt, ihr Parasiten, sonst könnt ihr euch in Zigarettenkisten begraben lassen!"

Herbert schien aber schon seinen Bahnhof erkannt zu haben und ging wieder auf Kurs, um nach einer knappen Stunde in Rechlin zu landen. Es war biestig kalt, als wir mit einigen Mechanikern zusammen die 163 zum Start zogen, die beiden Maschinen mit dem langen Seil verbanden und startklar machten. Ich setzte mich hinter den Knüppel der 163 und klapperte mit den Zähnen, die Kommandofahnen senkten sich, und die 110 zog an. Schneewolken nahmen mir jede Sicht, das Fahrwerk holperte über ein paar wüste Löcher, und ich drückte mein Kraft-Ei solange an den Boden, bis ich sicher war, daß es nach dem Abheben nicht mehr durchfallen und sicher die Propellerböen der 110 passieren konnte. Dann war ich aber mit einem Satz oben und sah nun über dem Schneegestöber Fritz im Hecksitz der 110 wild mit den Händen gestikulieren. Schließlich faltete er die Hände über dem Kopf, um im nächsten Augenblick mit dem Finger an die Stirn zu tippen. Ich aber sah nur, wie die 110 mehr als knapp ein paar Bäume und andere Hindernisse an der Platzgrenze überflog. Fritzens Gesten hielten mir eine unmißverständliche Rede von wegen des kriminellen Starts. Ich war zu lange am Boden geblieben, so daß die 110 nicht hatte abheben können und um ein Haar überhaupt nicht mehr aus dem Platz herausgekommen wäre. Natürlich sah ich meinen faux pas ein und heiß war mir vor Schreck hinterher auch geworden, aber das alles änderte nichts an der Tatsache, daß ich nach der Landung in Zwischenahn einiges zu hören und einiges zu bezahlen bekommen würde.

Wenn man an so einem Seil hinter einem anderen Flugzeug hängt, dann ist das eine ganz ähnliche Sache, wie wenn man als kleiner Bub an der Hand der Mutter durch einen Spielwarenladen ging und die Mutter die Hand nicht losließ. Genau so kam ich mir jetzt vor. Da zerrte höhere Gewalt, gegen die nicht anzukommen war. Jede Bewegung war vorgeschrieben wie die Tischordnung bei einem Diplomatenempfang. Und kalt war's wieder, daß ich den Knüppel zwischen die Knie klemmte und meine Hände unter die Achseln. Aber das half und ging nicht. Die 163 geriet aus der Richtung, Fritze fing an, mit Gesten Wut zu schnauben, und meine Finger blieben kalt. Ich begann zu singen, weil mir mal einer gesagt hatte, Singen fördere den Blutkreislauf und mache warm. Doch so laut ich sang, der Blutkreislauf stoppte anscheinend vor den Fingern und vor den Fußzehen und um den Bauch herum wurde mir nur noch kälter, alldieweilen nun mein hinausgesungenes warmes Innere als Dampf in der Kabine schwebte und die Scheiben beschlug. Ich gab's auf und fror ehrlich und uneingeschränkt weiter. Freiwillig sozusagen, als Märtyrer meines Dienstes bei der deutschen Luftwaffe.

Als ich eben noch davon träumte, eine heiße Gummiwärmflasche bei solchen Überführungsflügen künftig mitzunehmen, tauchten Oldenburgs Häuser aus dem Dunst auf, und Herbert begann langsam die 110 hochzuziehen, um mir für die Landung in Zwischenahn Raum zu verschaffen. In 600 Meter Höhe über dem Platz klinkte ich das Seil aus, sah, wie die 110 in einer steilen Kurve nach rechts abkippte und Fritz noch eine Grimasse schneiden und widmete mich dann meiner Landeeinteilung. Der Wind stand gut, ich ließ das Landekreuz Landekreuz sein, setzte ein paar hundert Meter rechts davon auf und rutschte auf meiner Kufe fast bis vor die Halle, in der meine Me abgestellt werden mußte. Da ging die Hallentür auf und Toni Thaler rannte auf mich zu, der ich eben meine steifgefrorenen Beine aus der Kabine jonglierte, und — man verzeihe mir den üblichen Ausdruck — schiß mich an wie einen nassen Sack.

Das war sonst nicht Toni Thalers Art, denn es war überhaupt kein Flugbetrieb auf dem Platz, meine Landung war ganz in Ordnung gewesen, nur eben woanders, als sie hätte sein sollen, und ich hatte Monteuren und Schleppwagen eine ganze Menge Zeit und Weg erspart, denn von da aus, wo ich mit meiner Me stand, konnte diese fast in die Halle geschoben werden. Vielleicht hatte seine Frau ihn geärgert, die seit einigen Tagen in Zwischenahn wohnte, vielleicht war ihm auch sonstwas über die Leber gekrochen, jedenfalls brüllte er mich an wie ein Torero einen Stallknecht. Nachdem wir immerhin schon einige fröhliche Abende zusammen verlebt hatten, und ich Toni zu meinen besten Kameraden zählte trotz der zwei Sterne, die er mir überlegen war, vergaß ich für ein paar Sekunden meine gute Soldatenkinderstube und antwortete: „Toni, zieh die Stiefel aus, 's ist Feierabend."

Ich hätte genau so gut „Zu Befehl, Herr Hauptmann!" sagen können und alles wäre gut gewesen. Aber ich fror und sehnte mich nach Wärme und Ruhe. Toni, sonst ein guter Kerl, zog jetzt alle Register seiner Hauptmannswürde, drohte, Meldung zu machen, und brachte nun auch mich so in Harnisch, daß meine erste Absicht, wieder zur Form zurückzukehren, verflog wie der Rauch einer Zigarette. Und als Toni nun gar noch mit Titeln wie „junger Flieger" und „Knüppelsäugling" aufwartete, war es auch um meine militärische Sittsamkeit geschehen. Ich baute ein Männchen und sagte mit dem arrogantesten Gesicht, dessen ich fähig war: „Bitte Herrn Hauptmann gehorsamst melden zu dürfen, daß ich eine ganze Anzahl 163-Starts mehr gemacht habe, als Herr Hauptmann." Das stimmte zwar, aber es schlug auch dem Faß den Boden aus.

„Wir sprechen uns noch!" schrie er und verschwand Richtung Verwaltungsgebäude . . .

Wir sprachen uns leider nicht mehr, denn Toni schnitt mich von nun an, verkehrte nur noch dienstlich mit mir und behielt den Stachel im Herzen. Monate später stach er mich damit an meiner empfindlichsten Stelle, und es tat mir mehr weh, als er ahnte . . .

Das Gammeln wurde unerträglich, und wir wußten, daß die Änderungen an den Triebwerken und Brennstoffbehältern der 163 noch immer kein Ende der Flugpause absehen ließen. Für wenige Tage wurde die Langeweile durch einen Befehl unterbrochen, der uns Piloten der Me 163 aus den Unterkünften am Fliegerhorst in Privatquartiere nach Bad Zwischenahn verpflanzte. Und dies ob unserer kostbaren fliegerischen Ausbildung willen. Die feindlichen Bomberströme nahmen zu, und der Tag war auszurechnen, an dem ein ausreichender Bombenteppich auch den so wichtigen Flughafen Bad Zwischenahn zu einer Mondlandschaft machen würde. Nachdem aber nun jeder von uns eine fast millionenschwere Ausbildung hinter sich hatte, denn jeder Start mit der Me 163 kostete allein an Treibstoff um die zehntausend Mark, war es einleuchtend, daß unser Leben vor möglichen Bomben zu schützen war. Nun kam Hilda Dyckerhoff in ihr Element. Natürlich hatten Bad Zwischahns höhere Töchter längst ihre Herzen mehr oder weniger unwiederbringlich an einzelne Raketenflieger verloren, und mehr als eine heimliche Verlobung geisterte bereits durch die Gegend. Da aber nun fast nur in den Elternhäusern dieser höheren Töchter noch Zimmer frei oder zu bereiten waren, bedurfte es Hildas ganzer diplomatischer Kunst, die jungen Herren nicht ungehörig zu verteilen. So kriegte also manches Haus genau denjenigen raketenfliegenden Untermieter, der für das Töchterlein überhaupt nicht in Frage kam, was wiederum zu einer gegenseitigen Besuchswut führte, die nicht mehr einzudämmen war. Und nur für die wenigen, die aus jenen Tagen noch leben, sei hier das geflügelte Wort in fröhliche Erinnerung gerufen, das Herbert Langer damals prägte: „... und im Hintergrund die Bank von Zwischenahn!"

Wir gammelten weiter und bekamen — welch originelle Idee — neben dem täglichen Besuch der Unterdruckkammer wieder mal Unterricht in Wetterkunde und Navigation, zwei geradezu unerschöpflichen Themen der deutschen Luftfahrt-Pädagogik. So zirrten wir an den Cumulis und cumulierten an den Cirren und flogen mit Herrn Knemeyer theoretisch über Land, stolperten über Luv- und andere Winkel und entschliefen über der Deviation selig aber bestimmt. Als quälende und niemals gelöste Frage blieb, wem diese Beschäftigungstheorie langweiliger war: unseren Lehrern oder uns.

In diese Langeweile hinein sagte einer eines Tages: „Ski Heil!" Es war ein Fanal! Das Geheimnis um dieses „Ski Heil" ist nicht leicht zu ergründen, man muß es erklären. Vom angenehmen Höhentod sprach ich schon und auch davon, wie man ihn bis zu einem gewissen Grad an der Nase herumführt. Man kann nun die Übungen in einer unangenehmen Unterdruckkammer sehr wohl auch durch einen längeren Aufenthalt in größerer Bergeshöhe ersetzen, wenn man Geld und Zeit dazu hat. Leute, die sich längere Zeit auf der Zugspitze oder dem Mont Blanc aufhalten oder dort gar ständig wohnen, werden so viel höhenfester, als einer der seine Hütte an der Nordsee stehen hat. Aus diesem Grund hatte man auch das Erprobungskommando 16 vor dem Beginn der Raketenfliegerei vier Wochen auf die Zugspitze geschickt. Daran erinnerten wir uns jetzt sehr lebhaft und hielten es für weit zweckmäßiger, skilaufenderweise auf der Zugspitze zu gammeln, als wetterkundetreibend in Bad Zwischenahn. Dies aber

Der erste Raketenstart der DFS 194 im August 1940 in Peenemünde mit Heini Dittmar im Cockpit (oben).

Eine der ersten Me 163 A im Jahre 1941 bei der Erprobung in Peenemünde.

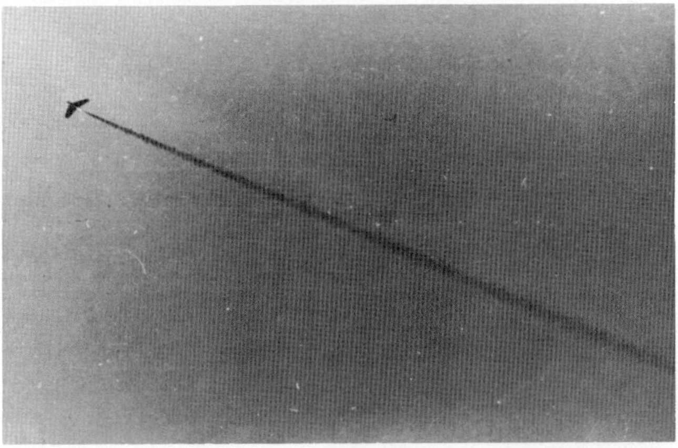

Die Me 163 A bei Heini Dittmars erstem Schnellflugversuch, der am 2. Oktober 1941 zum ersten Hochgeschwindigkeitsflug über 1000 km/h führte.

Einer der ersten Prototypen der Me 163 B, die als erstes Raketenflugzeug der Welt in Serie gebaut wurde und zum Einsatz kam.

Ein Raketenstart der DFS 194 mit Heini Dittmar am Knüppel (v. o. n. u):

Raketenzündung am Start

Auf der Rollstrecke zum Abheben

Unmittelbar nach dem Abheben

Ansatz zum Steigflug

nun auch unserem Kommandeur schonend beizubringen, war nicht einfach. Ein Rundsprechverfahren wurde eingeleitet und als an einem schönen Märzmorgen Späte wie täglich den Frühstücksraum betrat und sein genau so tägliches „Heil, Kameraden“, sagte, dröhnte ihm ein sehr deutliches „Ski Heil, Herr Major“ entgegen. Nun hatte Wolfgang Späte die großartige Reaktionsfähigkeit, Reaktionen zu unterdrücken, wenn sie ihm nicht paßten, und dies tat er zunächst mit preußischer Strenge. Aber steter Tropfen höhlt den Stein und als wir eines Tages bei einer jener köstlichen Flaschen Weines aus Helmut Dyckerhoffs unerschöpflichem Keller saßen, und Helmut und Hilda mitgeholfen hatten, Spätes späte Reaktion zu erwirken, tat er dies mit einer sarkastischen Miene. „Gut, Ziegler“, sagte er, „wenn es Ihnen gelingt, mir bis morgen früh um acht Uhr eine Quartiermöglichkeit für zwölf bis vierzehn Mann in über 2000 Meter Höhe zu melden, dann können Sie übermorgen mit der ersten Gruppe fahren. — Regeln Sie aber auch gleich die finanzielle Frage mit der zuständigen Zahlmeisterei.“

Das war abends gegen 21 Uhr.

Unser „Wölfchen“ hätte mir ebenso gut zur Bedingung stellen können, ihm einen Zigarrenstummel von Churchill zum Frühstück zu servieren, es hätte mich kein Haar schwieriger gedünkt. Vermutlich war sein Sprung aus der landenden 163 doch nicht so spurlos an ihm vorübergegangen, auch stand er noch immer unter ärztlicher Betreuung, aber darüber nachzugrübeln, blieb erst recht keine Zeit.

Das Schneefernerhaus auf der Zugspitze war nicht mehr zu haben, das wußte ich. Einen anderen geeigneten Berg mit Unterkunftsmöglichkeit in solcher Höhe gab es nicht. Aber es kam mir nun zustatten, daß ich dereinst, von allen Freunden für verrückt erklärt, meine Hochzeitsreise auf dem 2200 Meter hohen Sellajoch-Haus in den Dolomiten verbracht hatte. Dorthin zu fahren, war die einzige Möglichkeit, wenn überhaupt. Als Späte, der sich bald verabschiedete, weg war, richtete ich mich am Telefon häuslich ein und bat eine verschlafene Telefonistin in Oldenburg, mich mit der Ortskommandantur in Brixen in Südtirol zu verbinden.

Noch heute würde ich diesem Prachtsmädchen genau so wie seiner Münchener Kollegin eine Schachtel Pralinen kredenzen, wenn ich könnte. Bereits nach sieben Minuten, was für damalige Zeiten ein geradezu telefongeschichtliches Ereignis oder aber ein unausgesprochener Liebesbeweis der beiden Telefonistinnen war, meldete sich die Ortskommandantur Brixen. Ein wiederum tiefstem Schlaf entrissener Gefreiter sträubte sich zunächst, seinen OvD zu wecken. Erst als ich mich mit Ausdrücken wie „Sonderkommando“ und „Raketenpiloten“ und „Befehl des Generals der Jagdflieger“ energisch wurde, erbleichte er fernmündlich und weckte seinen Chef. Auch dieser war zunächst unwirsch, was ich ihm nicht verdenken konnte, aber auch ihn zwang das Zauberwort Rakete in die Knie und er versprach mir, Quartier für uns auf dem Sellajoch zu machen.

*

Mit dem schadenfrohesten Gesicht der Welt meldete ich am folgenden Morgen auf nüchternen Magen unserem Kommandeur diesen Erfolg, und Späte mußte mir nun wohl oder übel meinen Marschbefehl als Vorkommando nach Brixen geben. Er tat es auch, ohne mit der Wimper zu zucken, und ich fuhr am nächsten Morgen los. Bereits zwischen Oldenburg und Hannover aber nahm mir eine Zugstreife meine optimistische Laune. Brixen, erfuhr ich zu meinem großen Kummer, gehöre zum Operationsgebiet Alpenvorland, und in dieses sei die Einreise für kommandierte Wehrmachtsangehörige zur Zeit verboten. Diesmal half der Raketentrick nichts, und ich konnte dem Kollegen von der anderen Fakultät schwerlich klarmachen, ich sei kein Wehrmachtsangehöriger, sondern ein Reisender in Höhenluft. Er empfahl mir dringend, nach Bad Zwischenahn umzukehren und zuckte nur verächtlich mit den Schultern, als ich ihm erklärte, das käme überhaupt nicht in Frage. „Meinetwegen“, meinte er, „ich wollte Ihnen nur die sinnlose Fahrt nach München ersparen, denn dort schickt man Sie sowieso zurück.“

Da saß ich nun mit meinem gewaschenen Gesicht, begann an quälenden Zweifeln zu käuen und brauchte lange, bis ich aus den

Backentaschen meines Gemütes meinen rosigsten Optimismus hervorgewürgt hatte.

Ich bereitete mich auf eine großartige Rede vor dem Münchener Bahnhofskommandanten vor wie ein Pfarrer auf die Sonntagspredigt, ich spielte mit dem Gedanken, mich unter die Achsen eines Italienzuges zu hängen, wenn es sein mußte, ja, ich hielt mich für fähig, mich als Heizer zu verkleiden und in der Lok mitzufahren, aber Umkehren kam nicht in Frage. Es wäre gleichbedeutend gewesen mit einer moralischen Degradierung auf Lebenszeit. In dieser absoluten Kampfstimmung kam ich nach München, schob vorsichtig meinen Marschbefehl auf den Tisch des Unteroffiziers der Bahnhofswache, worauf dieser freundlich sagte: „Do ham's aber a Glück, Herr Leutnant, seit heut früh ist die Einreisesperre wieder aufgehoben."

Am frühen Abend dieses Tages stand ich wieder vor einem UvD, aber nun in der Ortskommandantur von Brixen und bekam strahlenden Gesichtes gemeldet, daß man in St. Ulrich für uns Quartier gemacht habe.

Ich erbleichte. St. Ulrich lag knapp 1000 Meter hoch und war für Höhenangewöhnung völlig untauglich.

„Wir müssen unbedingt aufs Sellajoch", sagte ich und verlangte eine Telefonverbindung zum Sellajochhaus, dessen Wirt Valentini sich weiß Gott noch meiner entsann, mir erzählte, sein Haus sei völlig frei, aber vom Obersten Kommissar für das Alpenvorland beschlagnahmt. Der aber säße in Bozen.

Ich begann bereits unseren Ski-Heil-Plan zu verwünschen, aber nun hatte ich A gesagt, blieb eine Nacht in Brixen und stand am nächsten Mittag vor dem Obersten Kommissar für das Operationsgebiet Alpenvorland in Bozen, einem braven Mann mit schweißbedecktem Kriegsverdienstkreuz, auf das ich unentwegt starrte, während ich ihm so ungefähr klarmachte, daß Deutschlands Endsieg ohne Erprobungskommando 16 und Sellajochhaus eine Utopie bliebe, und er nun über das Wohl und Wehe unserer Generation zu entscheiden habe. Natürlich entschied er sich für das Wohl, und ich schickte ein trotz seiner Sachlichkeit jubelndes Diensttelegramm nach Bad Zwischenahn.

Nächsten Abend saß ich von einer lauen Luft umweht zwischen blühenden Blumen im Bahnhofsgarten von Brixen und harrte meiner Kameraden. Von Schnee keine Spur, auch nicht auf den rotglühenden Felsen des Langkofels. Und wir wollten skilaufen ...

Als der Zug mit der Meute eintraf, bekam ich statt tiefempfundenen Dankes die Drohung zu hören, mich zu vermöbeln, falls kein Schnee auf dem Sellajoch wäre. Man wäre nicht runde zwei Tage hierher gefahren, um Blumen zu pflücken. Mir wurde schwül und erst wieder wohl, als die Burschen über einem fülligen Abendessen im „Elefanten" ihre Schneesorgen vergaßen. Dafür tauchte, als sich einige Zigaretten kaufen wollten, eine andere Sorge auf. Wir brauchten Lire, denn unsere Reichsmark war hier kaum mehr wert als eine abgerissene Kinokarte. Das Kopfzerbrechen hörte nicht auf, aber ich verschob es auf morgen.

Wieder half uns ein Kriegsverdienstkreuz aus der Patsche, indem es uns an der Brust eines Zahlmeisters tausend Zigaretten gegen Reichsmark verkaufte, die wiederum für den nahen Urlaub bestimmt waren. Zigaretten waren damals schon zu einem raren Artikel geworden, auch für uns 163er. Genau so wie Alkohol in jeder Form.

Erst am späten Nachmittag brachte uns das langsamste Züglein Europas durchs Grödner Tal nach Plan. Und dort lag der erste richtige Schnee, der sich beim nächtlichen Aufstieg zum Sellajoch so stark vermehrte, daß die Prügelgefahr gänzlich verschwand. Und als Valentini, dieser kochende Gott, uns zum Empfang ein Mitternachtsessen aus würziger Bohnensuppe, holzfällerhandgroßen Schnitzeln, frischem Salat, angerösteten Kartoffeln und prächtigem Obst servierte, war mein Ruf wieder hergestellt, und fünf Minuten nach dem letzten Rülpser lagen die Bäuche im Bett. Ich stand mit Valentini noch eine Viertelstunde vor dem Haus. Wir plauderten von jenen Tagen im April 1935, als die gleichen bizarren Felsen mit ihren weiten Schneehängen und die gleichen diamantenen Sterne über dem alten festen Haus standen, in dem Deutsche und Italiener, Österreicher und Franzosen, Engländer und Amerikaner friedlich nebeneinander schliefen ...

Am nächsten Morgen stellten wir mit militärischer Peinlichkeit fest, daß zu unserem Glück nach einem herrlichen Frühstück jetzt genau noch sechs Paar Skier und einige Lire fehlten. Die Lire, die wir unterwegs auftreiben konnten, reichten mühsam für zwei bis drei Tage. Da sich keiner allein die schwere Aufgabe zutraute, bestiegen Langer, Glogner und Mühlstroh einen Schlitten und ich meine Ski, um nach Wolkenstein zu einem dort residierenden Stabszahlmeister zu fahren. Wir brauchten rund zweitausend Reichsmark, eine Zahl, die sich in Lire ohne Logarithmentafel kaum ausdrücken ließ und für deren Empfang wir nicht die geringste Berechtigung hatten. Ich weiß heute nicht mehr, ob Wolfgang Späte sich vorgestellt hatte, wir könnten einen kleinen Bankraub exerzieren, jedenfalls hatte er sich um die Finanzierung unseres Unternehmens weniger Gedanken gemacht, als um die Mitgift seiner noch ungeborenen Töchter. Aber es war, als ob die Zahlmeister des Operationsgebiets Alpenvorland ausschließlich aus uniformierten Schutzengeln sich rekrutierten, denn auch Herr Rasch in Wolkenstein, welchen Namen ich erst mit meinem letzten Atemzug vergesse, sagte ein schlichtes freundliches Ja zu unserem Begehren und zählte nicht nur die ixigtausend Lire auf den Tisch, sondern ließ uns im Keller seines verwunschenen Schlosses auch noch sechs Paar Skier aussuchen.

So fröhlich und leichtfüßig, als hätten wir Triebwerke im Hintern, machten wir uns auf den Heimweg. Wir hatten auf dem Hinweg Jupp Mühlstroh in einem Gasthaus in Plan de Gralba zurückgelassen und trauten unseren Augen nicht, als wir ihn nun auf dem Rückweg mit einem kurvenreichen schwarzhaarigen Mädchen rotweintrinkend auf einer Bank vor dem Haus sitzen sahen. Strahlend stellte er uns die strahlende Schönheit vor:

„Olga — grande amore." — Noch eine Stunde zuvor hatte Jupp kein Wort italienisch verstanden ...

Von dieser Stunde aber hieß dieses Haus, das den bürgerlichen Namen „Albergo Plan de Gralba" trug, bei uns nur noch „Albergo Mühlstroh".

Als wir recht stolz auf unseren Erfolg wieder im Sellajochhaus anlangten, stand Valentini mit einem schmucken jungen Mann und einem auffallend hübschen Mädchen am Eingang, und wir schoben uns nicht ohne neugierige Blicke vorbei. Ich ging hinauf in mein Zimmer und stellte erstaunt fest, daß mein Bett abgezogen war. Fritz im Zimmer nebenan war beim Kofferpacken. Ich fragte ihn erstaunt: „Was ist denn los, Fritz?"

„M. s.", antwortete Fritz, „mir stinkt's, Mano."

„Sag doch, was los ist!"

„Hast die zwei da unten gesehen? — Sind auf einer sogenannten Verlobungsreise, und Valentini braucht die beiden Einzelzimmer. Wir zwei müssen in ein Doppelzimmer. Als ob die einfachheitshalber nicht gleich hätten heiraten können!"

Ich mußte über Fritzens Wut lachen, die mehr einem verständlichen Neid entsprang, als dem Umstand, mit mir ein Zimmer teilen zu müssen. So zog Peter, wie der junge Mann hieß, in mein Zimmer und seine Angebetete in Kelbs bisheriges Gemach. Bis zum Abend blieb die Lage angespannt, als Peter aber nach dem Essen eine Einstandsrunde für uns gab, und er wie auch die Maid fröhlich auf unsere Scherze eingingen, war das Eis gebrochen.

Am nächsten Morgen aber, als die beiden lange nach uns zum Frühstück erschienen, begrüßten wir sie im Chor mit dem kleinen Schlagerliedchen: „Peter, Peter, wo warst du heute Nacht...?", worauf Fritz leise dazwischensang: „... in meinem Bett!"

*

Unsere Tage auf dem Sellajoch hatten natürlich auch einen Dienstplan, der sich ausschließlich aus Essen, Schlafen und Skilaufen zusammensetzte. Das Skilaufen betreuten Kelb, Schametz und ich, die wir unter den Bergen aufgewachsen waren, als Lehrer. Es waren unbeschreiblich schöne und sorglose Stunden, die wir auf den weiten Schneehängen zwischen Langkofel, Sellatürmen und der fernen Marmolata verbrachten, und immer wieder standen wir stumm vor den braunen Felsriesen, wenn sie in der Abendsonne ihr rotglühendes Gewand überstreiften, der

Schnee unter ihnen tiefblau und der Himmel darüber grün wurden. Und wir lachten wie ausgelassene Kinder, wenn Oeltjen, unser großartiger Raketenpilotiseur beim kleinsten Hang in Verlegenheit geriet, falsche Verwindung gab und bauchlandete oder der lange Nelte seine Beine so mit den Skiern verknotete, daß wir helfen mußten, sie zu entwirren.

Eines Tages kam die Kunde aus dem Tal herauf, abends sei dort irgendein Fest mit Tanz. „T. k. v. h.", sagte Fritze Kelb, „da geh'n wir hin."

Sie gingen, und ich bat Fritz, dafür zu sorgen, daß alles gut ginge, und vor allem nicht zu spät an den Aufstieg zu denken. Herbert, einige andere und ich blieben oben, da wir am nächsten Morgen die Sella-Tour machen wollten, und gingen früh schlafen.

Gegen vier Uhr morgens polterte Fritz in mein Zimmer, rüttelte mich vollends wach und sagte aufgeregt: „Mano, steh' auf, Mühlstroh ist verschwunden."

Ich dachte, nicht recht gehört zu haben.

„Was ist los?"

„Mühlstroh ist weg. Unterwegs beim Aufstieg im Nebel verschwunden. Wir warten schon eine Stunde auf ihn, aber er kommt nicht."

Ich war mit einem Schlag hellwach. „Mach keine Witze, Fritz!"

„Unsinn, mir ist nicht nach Witzen. Jupp hat unterwegs seine Skier abgeschnallt, weil die Bindung gerissen war und ging hinter uns her. Da kam ein kleines Schneetreiben und Nebel, und dann war er verschwunden."

„War sicher wieder betrunken", antwortete ich wütend, stieg in meine Hosen und schnürte die Skistiefel. „Los, wir müssen ihn finden, bevor er erfriert."

„Schametz ist schon weg, aber er kommt auch nicht mehr", antwortete Kelb kleinlaut, dann polterten wir die Holztreppen hinunter, schnallten die Ski an und fuhren Richtung Plan vorsichtig ab. Die Aufstiegsspuren waren durch Wind und Neuschnee fast völlig verwischt oder überweht, am Himmel trieben schwarze Wolkenberge, zwischen denen minutenlang ein greller Mond aufleuchtete und die Felswände ringsum in dumpfem

Braun und silbrigem Granit dastehen ließ. Wir riefen in Abständen Mühlstrohs Namen in die Nacht, aber von Jupp war nichts zu hören und zu sehen. Nach zehn Minuten kam uns Schametz entgegen, der fast bis Plan abgefahren und sicherheitshalber im „Albergo Mühlstroh" nach Jupp gefragt hatte. Sein schweißnasses Gesicht glänzte im Mondlicht wie ein verregnetes Standbild.

„An welcher Stelle habt ihr ihn zuletzt gesehen?" fragte ich. Schametz deutete auf eine kleine Wegbiegung weiter oben. „Dort ungefähr hat er seine Ski abgeschnallt."

„Gut, dann gehen wir jetzt rechts und links vom Weg zurück und wenn wir ihn nicht finden, wird das ganze Haus geweckt und mit Fackeln weitergesucht."

„Da wird sich der Peter aber freuen", konnte sich Fritz nicht verkneifen, zu sagen, aber mir war nicht nach Witzen zumute. „Halt's Maul jetzt und such' lieber", antwortete ich unwirsch und zog los. Nur ein paar Meter später rief der rechtsgehende Schametz herüber: „Kommt mal her!" und zeigte auf ein Loch im Schnee, das von einem menschlichen Sturz herrühren konnte. Feldeinwärts ging auch so etwas wie eine Spur, wenn sie auch kaum zu erkennen war. Wir verfolgten diese Richtung, stießen nach fünf Minuten auf eine alte Sennhütte und fanden Jupp Mühlstroh mit einer Schachtel Streichhölzer in der eiskalten Hand leblos am Boden vor einem kleinen eisernen Ofen liegen. Die Hüttentür stand weit offen und in der gegenüberliegenden Wand der offenbar längst nicht mehr benutzten Hütte fehlten mehrere Balken, sodaß der eisige Wind ungehindert hindurchpfiff.

Mich überkam eine Stinkwut und am liebsten hätte ich den Kölner erbarmungslos verprügelt. Daß wir ihn gefunden hatten, war ein so unwahrscheinliches Glück, daß mir schauderte. Der Ofen hatte kein Abzugsrohr mehr, war aber bereits vollgestopft mit Heu und Stroh. Unmittelbar hinter dem Ofen aber war ein großer Haufen Heu gestapelt. Vor dem Ofen neben Jupps kalter Hand mit der leeren Streichholzschachtel lagen zahllose angebrannte Streichhölzer herum. Wäre es ihm gelungen, den Ofen in Brand zu stecken, hätte er sich seinen eigenen Scheiterhaufen angezündet, dem er bei diesem Wind nicht mehr entronnen wäre. Hätten wir ihn aber nicht gefunden, wäre er Stunden später erfroren.

Wir nahmen ihn hoch, trugen ihn aus der Hütte und schnallten ihm dort erst den einen Ski ab, der noch fest an seinem linken Stiefel saß. Dann luden wir ihn auf Schametz' breiten Bukkel und stapften zum Sellajochhaus hoch. Dort bearbeiteten wir den Bewußtlosen so lange mit Schnee, bis er zu sich kam. Er schlug langsam die Augen auf, stierte wie blöd um sich und stammelte nach einer Weile: „O Gott, han ich nen Kohldampf!" Also lebte er wieder. Für den Rest der Sellajochtage bekam er striktes Alkoholverbot, Erlaubnis für nur drei Zigaretten am Tag und jeden Nachmittag zwei Stunden Bettruhe verordnet, welcher Buße er sich auch bis zum letzten Tag fügte.

Als wir am nächsten Tag von unserer Sella-Tour gegen 17 Uhr zurückkamen, stand Fritz ganz gegen seine sonstige Gewohnheit frisch rasiert und höchst adrett angezogen mit frischem „beigenem" Hemd, blauem Pull und gebügelten Hosen vor dem Haus und verkündete freudestrahlend, er habe ein Rendezvous mit „Olga grande amore".

„Schön blöd", sagte ich, „nur zum Schmusen ins Tal zu fahren und in der Nacht zwei Stunden hochzusteigen."

„Mano, das verstehst du nicht", sagte Fritz bloß, „und hochsteigen kann ich ja auch erst morgen früh ..." So entließ ich ihn eben auf seine Liebespirsch.

Wir hatten aber vereinbart, daß jeder, der ein erfolgreiches Rendezvous hinter sich brächte, zehn Lire in die Tischkasse zu zahlen habe, deren Bestand im übrigen aus groben Fehlern beim Skilaufen, Vernachlässigung der Tischsitten und anderen Delikten sich vergrößerte. Wir saßen an diesem Abend noch lang bei Gitarre und Liedern, Peter hatte wieder Spendierlaune, und sogar der gute Valentini kredenzte uns einen alten mundigen Chianti. Spät erst gingen wir schlafen, und ich konnte ein Schmunzeln nicht unterdrücken, als ich beim Einschlafen Kelbs leeres Bett neben mir wußte.

Aber sieh an. Pünktlich zum Frühstück um neun Uhr war Fritz da, winkte lässig ab, als wir ihn mit lautem „Bravo-Bravo" begrüßten und ihm unzweideutig die Tischkasse hinschoben, und sagte nur: „Kameraden, ich habe zehn Lire gespart!"

Es gab also doch noch standhafte Mädchen, und das war gut so.

Als wir zwei Tage nach diesem Kelbschen Prestigeverlust spätnachmittags den großen Hang von der Langkofelscharte zum Sellajochhaus hinunterrauschten und übermütig den letzten Schwung in den Schnee fegten, stand plötzlich wie aus dem Boden gewachsen unser Kommandeur vor uns. Jawohl, Wolfgang Späte höchstpersönlich. Der Arzt habe ihm Urlaub verordnet, um seinen Schädel vollends auszukurieren. Das Hallo war groß. Da er natürlich nicht skilaufen durfte, badete er Sonne und fertigte mit geschickten Bildhauerhänden eine überlebensgroße liegende Aphrodite aus Schnee, die nun ebenso verführerisch wie kalt Tag und Nacht vor dem Haus lag und die wir unter anderem auch „Mrs. Kelb" nannten, was Fritz nicht schlecht in Harnisch brachte. Waren ihre Formen nach besonders sonnigen Tagen etwas abgeschmolzen, wurden sie abends mit äußerster Sorgfalt wieder ergänzt, was nicht selten zu geschmacklichen Auseinandersetzungen führte.

Obwohl Späte sich in seiner väterlichen Fürsorge selbst übertraf und unseren für 14 Tage berechneten Aufenthalt um weitere acht Tage verlängerte, kam doch der traurige Tag des Abschieds unverrückbar näher. Als ich am Vortag der Abreise mit Valentini ins Gespräch kam und ihm als Casinooffizier mein Leid ob meiner leeren Regale in Zwischenahn klagte, erbot er sich, mir 80 Liter sechzigprozentiges Zwetschgenwasser zu besorgen, falls ich ihm mit ca. 3 Kilo Saccharin entgegenkommen könnte. Drei Kilo Saccharin, dachte ich, sind ja eine Kleinigkeit gegen 80 Liter Schnaps und wurde mit ihm handelseinig. Er nannte mir eine Adresse in Bozen, wo ich den Schnaps abholen könne, wenn ich mit der nächsten Gruppe in einigen Tagen zum Sellajoch zurückkäme.

An diesem Abend wurde dienstlich eine Stunde Briefschreiben angesetzt und jeder von uns schrieb mindestens seinen Eltern und Verwandten, Freundinnen und Bräuten, daß ab sofort sämtliche erreichbaren Saccharinschächtelchen an das Erprobungskommando 16 z. Hd. Lt. Ziegler zu senden seien. Kleinigkeit, dachte ich, in spätestens acht Tagen habe ich meine drei Kilo.

Nach der Briefstunde gingen die anderen schlafen, nur Späte, Langer und ich blieben noch beieinander sitzen. Wolfgang bestellte eine besonders gute Flasche Wein, schenkte uns ein und trank uns zu. Dann stellte er wie in Gedanken langsam sein Glas auf den Tisch zurück und sagte: „So, und nun hört mal genau zu. Was ich Euch jetzt sage, bleibt aber unter uns."

„Klar, Herr Major!"

„Ich muß an die Ostfront und dort eine Me-109-Gruppe übernehmen. Thaler wird als mein Nachfolger das Erprobungskommando führen, und Pitz die weitere Ausbildung leiten."

Wenn die Langkofelspitze den Berg heruntergekollert wäre, hätten wir kaum weniger dumm dreingeschaut, wie nach dieser Nachricht. Herbert, der Späte länger kannte als ich und etwas vertrauter mit ihm war, machte ein ungläubiges Gesicht und sagte: „Gibt's ja gar nicht, Herr Major! — Jetzt, wo wir beinahe fertig sind und bald die ersten Einsatzstaffeln aufstellen sollen, gehen Sie weg? Ausgeschlossen?"

„Doch, doch", antwortete Späte ruhig, „es ist schon so, Langer. Kann noch vier bis sechs Wochen dauern, aber dann bin ich weg. Befehl ist schon da."

Herbert wollte es nicht glauben, und auch ich konnte mir unser Kommando ohne Späte nicht vorstellen. Wir wußten ja nur zu gut, was an dieser Maschine, die wir zu erproben hatten, noch alles auszusetzen war, und wie bitternötig gerade in der kommenden Zeit einer sein würde, der wie Späte diese ganze Erprobung von Peenemünde an mitgeflogen hatte. Thaler konnte das keinesfalls, denn nachdem er monatelang keinen Start mehr gemacht hatte, wußte er weniger als wir selbst. Und Pitz war zwar ein großartiger Pilot, aber eben doch kein Kommandoführer.

Vielleicht oder gar sicher steckte etwas hinter dieser plötzlichen Versetzung, von dem wir keine Ahnung hatten, aber für uns und das Kommando war sie in jedem Fall von Schaden.

Späte trank sein Glas aus und ließ uns allein mit unseren Gedanken. „Na, Herbert, da hocken wir nun mit unseren g'waschenen G'sichtern, hm?" Er machte ein kelbsches Gesicht. „M. S., Mano, mir stinkt's!"

„M. A.", antwortete ich und guckte in mein halbvolles Glas. „Mir auch!"

„Ergo stinkt's uns beiden!"

„Bist 'n kluges Kind, Herbert."

„Das sagte meine Mutter schon, als ich schrie, wenn ich die Windeln voll hatte."

„Siehste."

„Mhm."

Wir ödeten uns noch eine Weile an und begaben uns dann schlurfend hinauf in unsere Zimmer, und unsere trüben Gedanken schlurften fast hörbar mit ...

Aber wir ließen uns die paar Tage, die uns noch fürs Sellajoch verblieben, nicht verderben. Kommt Zeit kommt Rat, dachten wir und genossen die Gegenwart. Späte lag wie eine Pensionsmutter im Liegestuhl, während wir rundherum die Hänge unsicher machten. So vergaßen wir noch eine kurze Weile die Sorgen, die uns später umso mehr zu schaffen machen sollten.

Als ich mit der ersten Sella-Gruppe nach Bad Zwischenahn zurückkam, und unsere braungebrannten Gesichter sich zwischen denen der Daheimgebliebenen wie Negermasken ausnahmen, standen diese schon abmarschbereit zum zweiten Sella-Lehrgang, wie sich das nannte. Ich mußte als Begleiter wieder mit hinauf und nahm Jupp Mühlstroh mit, um auf dem Rückweg die 80 Liter Schnaps nach Hause zu nehmen, die ich bei Valentini eingehandelt hatte. Natürlich hatte ich die als Gegenwert notwendige Menge Süßstoff noch lange nicht beisammen, aber der gute Valentini gab „Kredit" und sich zunächst mit den paar mitgebrachten Schächtelchen zufrieden. Unser Schnaps aber stehe, so sagte er mir, in Bozen da und da.

Mir stellten sich die Haare vor Entsetzen, als mir ein Mann in Bozen den mit Rohrgeflecht geschützten Ballon mit den 80 Litern Zwetschgenwasser übergab. „Jupp", sagte ich, „wenn wir den bloß schon heil in Bad Zwischenahn hätten! Dann wäre mir bedeutend wohler."

„Keene Bange, Herr Leutnant, dat machen wir schon. Und wenn's nicht mehr geht, trinken wir ihn einfach aus."

Die große Korbflasche war gottlob fest versiegelt und verschnürt, sodaß wir zwar ungemein viel Mühe hatten, das schwere Ding von Zug zu Zug und jedesmal ins Abteil hinein zu bugsieren, aber es doch schafften. Einer Streife, die unbedingt wissen wollte, was die Flasche enthielte, machten wir mühsam klar, es handle sich um hochexplosiven Raketentreibstoff, worauf sie uns in ein Sonderabteil beförderte, wo wir herrlich langliegen und schlafen konnten.

In Bad Zwischenahn angekommen, stellten wir den wertvollen Ballon zunächst im Städtchen in einen befreundeten Keller, um ihn später, in Flaschen verteilt, ins Casino zum Platz zu bringen. Aber das hatte noch Zeit.

Im Kommando gab's gleich nach unserer Rückkehr eine Sonderaufgabe. Im Versuchszentrum der deutschen Luftwaffe, in Rechlin, war ein Vergleichs- und Vorführungsfliegen der neuesten deutschen Luftwaffenflugzeuge angesetzt, zu dem Göring persönlich erschien. Natürlich sollte auch die Me 163 B vorgeflogen werden, und es war unbedingt wichtig, diesen Flug so eindrucksvoll wie möglich zu gestalten, was der Weiterentwicklung der 163 und vor allem ihrer Dringlichkeitsstufe im Bauplan der obersten Luftwaffenführung nur nützen konnte. Nachdem Heini Dittmar noch immer nicht einsatzfähig war, kam nur Pitz als Pilot für diesen Vorführflug in Frage. Man mußte immerhin damit rechnen, daß das Triebwerk auch einmal vor den höchsten Würdenträgern der Luftwaffe respektlos versagte, just über deren Häuptern aussetzte, und wenn dies geschah, dann war es Pitz, der bei solchem „Verhalten in besonderen Fällen" die nach Heini Dittmar größte Erfahrung hatte.

Natürlich war auch Pitz machtlos, wenn in niedriger Höhe bei geringer Fahrt ein Triebwerk streikte, war er aber hoch genug, dann konnte er mit seiner durch entsprechenden Schwung forcierten Tieffliegerei die auch dann noch bestehende Aktionsfähigkeit der Me 163 besser zeigen, als jeder andere von uns.

Ging ein solcher Vorflug aber ganz schief, dann gab es in den anderen Lagern genug Gegner dieser Me 163, die einen solchen Vorfall unbedingt dazu benutzt hätten, Zweifel zu sehen und so der weiteren Entwicklung der 163 zum mindesten recht unangenehme Bremsklötze vor die kleinen Räder zu setzen. Das aber wäre uns allen hart an die Nerven gegangen, denn wir liebten unsere 163 inzwischen wie Cowboys ihre wilden Pferde, auch wenn diese manchmal gefährlich ausschlugen ... oder vielleicht gerade darum.

Rechlin hatte einen großen Tag. Immer wieder war dieser inzwischen weltbekannte Platz die Arena nicht nur zahlreicher, hinter den Kulissen geheimster Waffenentwicklung durchgeführter Erprobungsflüge, sondern auch der Veranstaltungsort aller großen Vorführungsflugtage von zum Teil übernationaler Bedeutung. Hier in Rechlin wurden nicht nur zahlreiche Maschinen eingeflogen, sondern vor allem auch von den besten Piloten und Ingenieuren auf ihre äußerste Härte hin getestet und überprüft. Nicht zuletzt darum spielte der Fallschirm in Rechlin eine wesentlichere Rolle, als ein Schwimmgürtel in der Badeanstalt. Die Männer aber, die hier arbeiteten, trugen letztlich die Verantwortung für das Leben vieler tausender, später auf den von ihnen erprobten Geräten eingesetzter Soldaten und Piloten.

Außer dieser täglichen Erprobungsarbeit war Rechlin aber auch der Treffpunkt der höchsten Luftwaffenoffiziere, um das jeweils inzwischen erarbeitete und erprobte Material in seiner Fähigkeit und Wirkung kennenzulernen. Und oft waren befreundete internationale Gäste geladen. So erschien auch an diesem Tag nicht nur Göring mit seinem Stab, sondern aus Italien und Japan geladene Luftwaffenoffiziere, um dem nun folgenden Schauspiel technischer dernier cris zu folgen.

Maschine um Maschine rollte an den Start, zog mehr oder weniger steil oder schnell vom Boden weg und zeigte sich wie ein artiges Mannequin im Tiefflug von allen Seiten, kitzelte mit einem Scheinangriff ein wenig die Nerven der Zuschauer und zog dann vor der Landung meist mit ein paar Steilrollen noch einmal hoch, um — letzten Eindruck schindend — möglichst salopp zu landen.

Ganz hinten an der langen Startbahn machten sie Pitzens 163 zum Start fertig, und nachdem soeben eine Me 262 gestartet war, bestieg Pitz seine Kabine, ließ die Turbine an und rauschte Sekunden später mit ohrenbetäubendem Krach und grellem Flammenschweif über die Bahn.

Sämtliche Zuschauer hingen gebannt an Pitzens Maschine, und

die, die die 163 noch nicht kannten, kriegten den Mund nicht mehr zu. Pitz aber hielt seine Me so lange wie möglich am Boden, hob dann kurz ab, ließ das Fahrwerk fallen und schoß mit höchster Fahrt senkrecht in den Himmel. Aber nicht sehr hoch. Bei wohl viertausend Meter nahm er den Schub auf Stufe eins zurück, ging über einen halben Looping in den Rückenflug, rollte sich, geschickt der negativen Beschleunigung ausweichend, wieder in Normallage und begann nun genau auf die Stelle zuzustürzen, wo Hermann Göring mit seinen Getreuen und Gästen stand.

Wie ein fallender Meteor brauste Pitzens Me auf die Erde zu. In noch etwa 100 Meter Höhe gab er wieder Vollschub und raste mit über 1000 Kilometer Geschwindigkeit in knapp zehn Meter Höhe mit solch infernalischem Gebrüll seines Triebwerkes über die Häupter der Untenstehenden, daß diesen Hören und Sehen verging. Die Italiener wurden blaß wie ihre Makkaroni, Hermann duckte sich wie vor einem Ansturm apokalyptischer Reiter, und selbst die stoischen Japaner vergaßen einen Augenblick ihr Lächeln. Aber Pitz war schon vorbei, hochgeschossen ins unendliche Blau, wo fern in wieder fünf- oder sechstausend Meter ein leichter Knall das Ende des Triebwerkes andeutete. Der Reichsmarschall hatte nun sein Glas vor den Augen und verfolgte Pitzens zuerst langsame Kreise, dann sein Neigen zum Schwungholen für ein paar elegante Kunstflugfiguren, nun seine engen Abwehrkurven, die ihn tiefer und tiefer brachten, bis er aus den letzten 2000 Meter noch einmal den Platz anstach, ohne Triebwerk mit 900 Kilometer Geschwindigkeit fast den Boden berührend über die Piste stob, hochzog und in weiter ruhiger Kurve zur Landung ansetzte.

Da geschah das Unfaßliche. Während Pitz von weit außen zur Landung anschwebte, bog die vorher gestartete Me 262 von rechts her ebenfalls zur Landung ein, setzte sich genau vor Pitz, sodaß dieser, da er ja nicht durchstarten konnte, ausweichen mußte, um einen für die Insassen beider Maschinen lebensgefährlichen Zusammenstoß zu vermeiden. Ausweichraum war zwar genug vorhanden, aber dort, wo Pitz jetzt mit seiner Kufe aufsetzen mußte, war kein Gras mehr, sondern weicher märkischer

Dr. Alexander Lippisch im Jahre 1956 in den USA.

Heini Dittmar im Cockpit der DFS 39 im Jahre 1937.

Delta VI—V2: Zeichnung der Baugruppen dieses Flugzeuges vom 17. 2. 44.

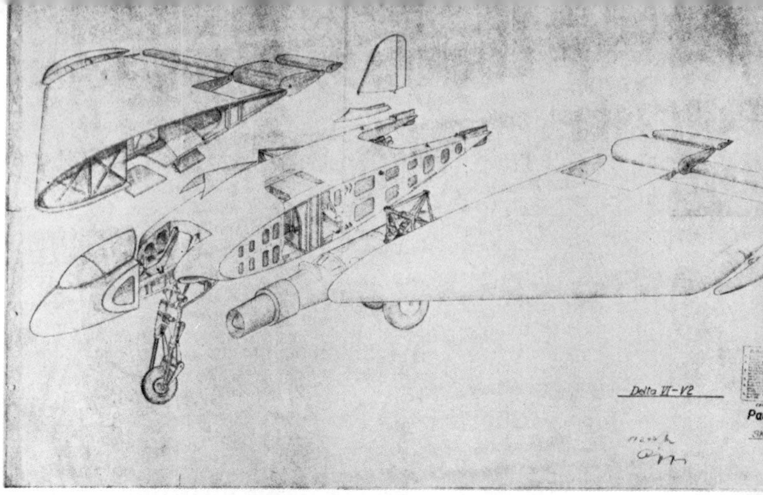

Delta VI—V2: Dreiseitenriß und Rumpfschnitt.

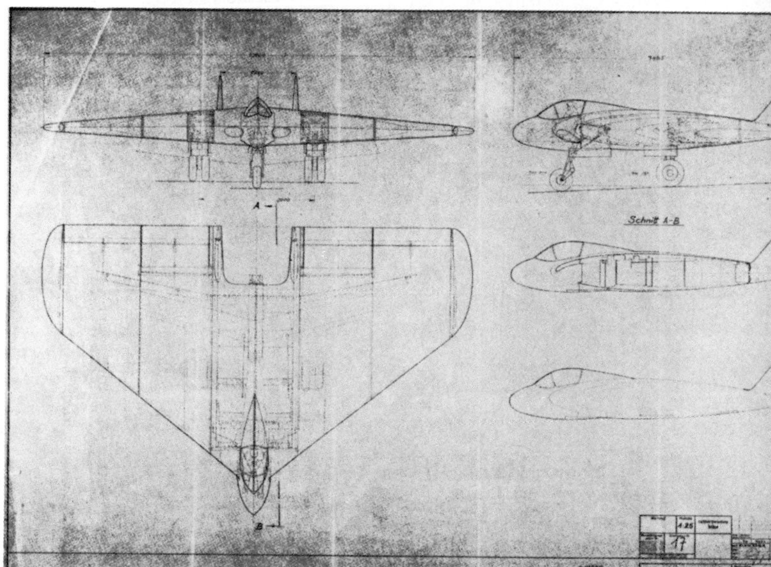

Delta VI—V1: Dreiseitenriß mit Stempel „Geheime Kommandosache."

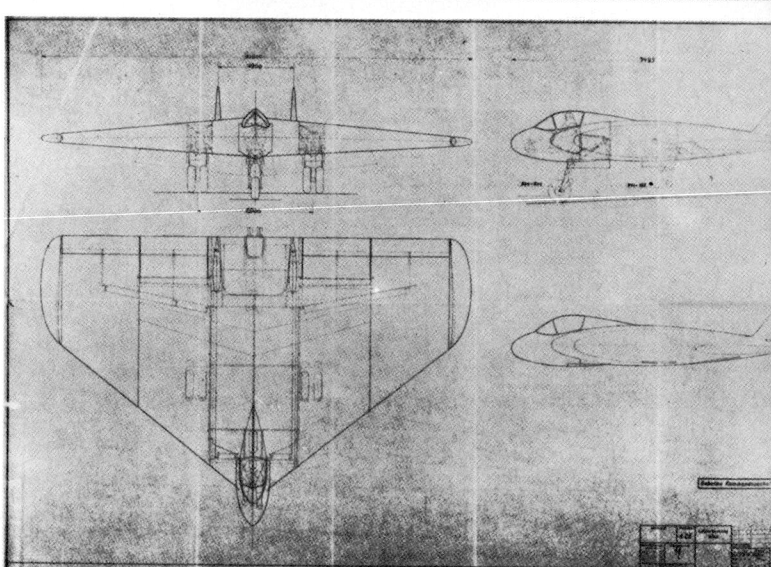

Hoher Besuch bei der Me 163: Oberst Gollob (amtierender General der Jagdflieger) und Dipl.-Ing. Sachse vom Amt Speer.

In der Wartungshalle der Me 163. Zur Triebwerkskontrolle wurde das Rumpfheck abgenommen.

Ankunft einer „fabrikneuen“ Me 163 in einem Waggon.

Einsatzklare Erprobungsmaschine.

Lizenzbau der 163 in Japan . . .

. . . mit Bruchlandung nach dem ersten Flug.

Sand. Wir wußten, daß ein Wunder geschehen mußte, wenn das gutgehen sollte, und daß Pitz gar nichts dazu tun konnte. Da war es auch schon geschehen. Die 163 setzte auf, neigte sich unter der schweren Bremswirkung des Sandes sofort nach vorn; nun riß Pitz anscheinend den Knüppel zurück, denn die Kufe löste sich noch einmal zu einem kurzen Sprung vom Boden, setzte dann aber endgültig auf, rutschte noch einige vierzig Meter, sodaß wir schon die Gefahr gebannt glaubten, um aber dann in einem letzten Aufbäumen plötzlich zu stocken, sich im Sand festzufahren, sodaß das Heck mit dem Seitenruder wie eine Hellebarde nach vorne stieß, und die 163 sich überschlug. Dampfend und zischend aus allen Fugen lag sie auf dem Rücken... und Pitz darunter.

Uns lief es kalt über den Rücken, denn das, was sich da über Pitzens Rücken zusammenbraute, kannten wir zur Genüge. Wir liefen zu einem nächsten Auto, während drüben schon Feuerwehr und Startwagen in voller Fahrt waren. Jede Sekunde konnte der verhängnisvolle Explosionsknall kommen, dann brauchten wir nach Pitz nicht mehr zu suchen. Himmel und Hölle, sollte einer der schönsten Flüge, die wir je mit der 163 gesehen hatten, so tragisch enden? Und ausgerechnet Pitz, schoß es mir durch den Kopf, den wir gerade jetzt nötig hatten wie's tägliche Brot. „Fahr schneller, Mensch", rief ich dem fremden Fahrer zu, und sah jetzt erst, daß es ein Major war, der das Steuer hielt und den Gashebel bis unten aufs Spritzbrett drückte.

Wir waren kurz nach Feuerwehr und Startwagen da. Während ein Wasserschlauch die Maschine und uns mit einem armdicken Strahl eiskalten Wassers übergoß, kippten wir die 163 wieder auf die richtige Seite, rissen die Haube vollends ab, die Pitz während des Überschlages von innen wohl schon entriegelt hatte, und zogen den halbbewußtlosen Kameraden aus dem Sitz. Keiner dachte an die Gefahr einer Explosion, die uns alle miteinander in Fetzen gerissen hätte, aber die Me schien auch nicht daran zu denken. Nur der T-Stoff zischte auslaufend ins Gras, und da und dort züngelten kleine Flammen auf, die das Wasser aber schnell wieder erstickte.

Pitz sah bös aus. Literweise mußte ihm der T-Stoff über den Rücken gelaufen sein, während er in der umgekippten Maschine lag. Seine Kombi hing in feuchten, verkohlten Fetzen von den Schultern, und die Haut seines Rückens war stellenweise zu einer gallertartigen Masse zerfressen. Aber er war bei Bewußtsein und versuchte sogar zu lächeln, als wir ihn auf die Trage hoben, sorgfältig einwickelten und ihn im Saniwagen verabschiedeten.

Noch am späten Nachmittag flogen wir nach Bad Zwischenahn zurück und hockten abends dumpf und müde bei Hilda und Helmut im Wohnzimmer.

„Geh, jetzt hängt's halt den Kopf nicht hin wie a Hochzeit ohne Pfarrer. Wird scho alles wieder werd'n. Kommt's trinkt euer Stamperl aus, sonst wird's warm!" Hilda meinte es gut, aber Fritz, sonst keinem Spaß abhold, sagte trüb: „Hochzeit ohne Pfarrer, das ist grad der richtige Ausdruck, genau so komm ich mir vor."

Hilda und Helmut verstanden nicht, was er meinte, denn wir hatten natürlich keinen Ton von Spätes drohender Versetzung erzählt. Pitz, der wahrscheinlich Spätes Nachfolger in der Kommandoführung geworden wäre, lag nun auf Monate im Krankenhaus, so daß Thaler unbedingt Kommandeur werden würde. Herbert Langer würde die Ausbildungsleitung erhalten und alles andere blieb. Daß aber Thaler bei aller Freundschaft kein Kommandeur war, das wußten wir alle.

„Vielleicht lösen sie das ganze Kommando überhaupt eines Tages auf", düsterte Fritz hinter seinem Glas hervor und sprach damit nur aus, was wir alle befürchteten. Grund genug hätten sie gehabt, denn was hatten wir in dem halben Jahr seit unserer Aufstellung schon Großes geleistet? Von den dreißig Mann, die im Herbst in Zwischenahn begonnen hatten, waren einige bereits tot, andere, und gerade die wichtigsten, schwer verletzt, und unsere Aufgabe fast noch so ungelöst wie am ersten Tag. Nein — so konnte das nicht mehr lange weitergehen ... Aber was wurde dann aus uns? — Wieder zurück zur Me 109 oder zur FW 190? Wieder rumkrebsen mit 500 Sachen und eine halbe Stunde brauchen, bis man dort oben war, wohin wir jetzt in knapp zwei

Minuten hochjagten? — Nein, nein, wir konnten gar nichts anderes mehr fliegen, als die Me 163 und wenn sie zehnmal ein Teufelsschlitten war und einen nach dem anderen ins Jenseits beförderte oder zum Krüppel machte ... sie hatte uns gefangen mit Leib und Seele wie der Leibhaftige, sie war in den paar Monaten unser Schicksal geworden, dem wir nicht mehr entrinnen konnten, gar nicht wollten, unsere Aufgabe, die wir zu erfüllen hatten, ganz wurscht, ob um uns herum Krieg war oder nicht. Erfüllten wir sie aber, dann waren wir es vielleicht, die dem nächtlich wachsenden Bomberstrom über uns halt gebieten und unseren Frauen und Kindern wieder ruhige Stunden verschaffen konnten. Das war unsere Aufgabe, um derentwillen wir uns vor die heißen Triebwerke setzten und uns hochschießen ließen und dabei noch fröhlich lachten wie weiland Münchhausen auf seiner Kanonenkugel.

„Kommt, Kinder, ich hab's", sagte ich und ergriff plötzlich wieder fröhlich mein Glas. „Wir dürfen alles, bloß nicht die Köpfe hängen lassen, schon Pitz zuliebe nicht. — Wie's kommt wird's gefressen, und wenn Herbert wieder nach Berlin zum Alten fährt, soll er ihm eben melden, daß wir ein Wurm ohne Kopf sind und den Späte wieder brauchen."

„A. T. V. — Auf Dein Wohl, Mano", sagte Fritz. „Dein Wort in Gottes Gehörgang und ein Schnitzel auf meinen nüchternen Magen, dann stimmt's."

Hilda sprang auf. „Jössas, ihr armen Kerle habt's sicher an Mordshunger, i mach gleich ein paar Brote."

In diesem Augenblick ging die Tür auf, und Herbert kam mit seiner Helga aus dem Kino. Helga begleitete Hilda in die Küche und half beim Brotemachen. Herbert mußte zwei Schnäpse austrinken, um aufzuholen. Als Helga mit der ersten Platte Brote hereinkam und Fritz ein besonders schönes Bratenbrot zuschob, sagte dieser:

„Herbert, es wird höchste Zeit, daß du heiratest, sonst spanne ich dir deine Helga aus und schicke dich allein auf Heiratsurlaub."

„Danke für das Kompliment, Fritz, aber deine Liebe geht mir zu tief durch den Magen", lachte Helga.

„Ein zufriedener Bauch bremst den Übermut", konstatierte Fritz ungerührt und nahm das zweite Brot. „Wenn dir das Herbertsche Quecksilber mal überkocht, kommst du von ganz allein auf die Kelbschen Ruhepausen zurück, Helga. Halte mich jedenfalls jederzeit empfohlen!"

„Und wenn du jetzt dein sattes Gequatsche nicht abstellst und meine Braut mit unseriösen Anträgen belästigst, setze ich dich mit einem Bier in die Bahnhofswirtschaft, dann kannst du dich dort mit der dicken Elly weiter unterhalten", drohte Herbert.

Aber Fritz gab nicht klein bei. „Bahnhofwirtschaft ist gar nicht schlecht", stellte er fest. „Sowas geht immer, und die Elly kann gut kochen und ist die einzige Tochter."

„Na also, Fritzchen, ich sag's ja", tröstete Helga. „Wenn wir dann mal später mit unseren sechs Kindern nach Bad Zwischenahn kommen, essen wir bei euch und der Schaden ist wieder gut."

„Sechs Kinder kann Herbert mit seinem Leutnantsgehalt nie ernähren", parierte Fritz hämisch.

Hilda, die mit der zweiten Platte belegter Brote hereingekommen war und aufmerksam die letzten Sätze verfolgt hatte, kommentierte lachend: „Ich weiß zwar nicht genau, worum es geht, aber bis Herbert sechs Kinder hat, ist er mit Gottes Hilfe auch Oberleutnant geworden."

„Jedenfalls prost auf die sechs Kinder", warf Helmut ein. „Ich nehme doch an, daß das dein Ernst war, Helga?"

„Aha", ulkte Fritz, „Ernst heißt die Kanaille!"

Herbert nahm eine Schüssel mit Heringssalat auf die flache Hand und drohte: „Noch ein Wort, Fritz, und diese Schüssel sitzt auf deinem Kopf!"

Fritz hob in seiner unnachahmlichen Art den Zeigefinger und zog ein professorales Gesicht mit vorgeschobener Unterlippe und senkrechter Stirnfalte: „Lieber Herbert, das wäre ein Verstoß gegen das oberste Gesetz deines zweitobersten Kriegsherrn „Kampf dem Verderb!" — Laß uns den Heringssalat lieber essen. Ist dir auch bekömmlicher bei sechs zukünftigen Kindern."

Es war lange nach Mitternacht, als wir uns trennten. Helga, die keinen Zug nach Oldenburg mehr hatte, bekam ein Notquartier im Dyckerhoffschen Wohnzimmer eingerichtet, während Herbert und Fritz sich langatmig verabschiedeten.

Helga und ich räumten Teller und Gläser ab, leerten die Aschenbecher und stellten die Stühle und Sessel wieder zurecht.

„Wenn der Krieg aus ist, Mano, dann müßt ihr alle jedes Jahr einmal vier Wochen zu uns nach Schlesien kommen."

Ich mußte lachen. „Übernimm dich nicht, Helga. Das sind, wenn Fritz auch heiratet und nur zwei Kinder kriegt, dann insgesamt zwölf bis vierzehn Personen. Ich fürchte, wir fressen euch die Haare vom Kopf und die Schweine aus dem Stall.

„Doch, doch, das mußt du mir versprechen. Es wäre so schade, wenn diese Freundschaft über die Zeit aus dem Leim ginge."

„Die Freundschaft wird nie aus dem Leim gehen, Helga, aber vielleicht die Zeit", antwortete ich und legte ein Tischtuch zusammen.

„Dann müssen wir sie eben mit unserer Freundschaft wieder flicken, Mano. — Herbert mag dich sehr gern. Er kam einmal ganz begeistert von einem Besuch bei euch in Berlin zurück, erzählte mir von deinem Zuhause und sagte, ich müsse mir das unbedingt auch einmal ansehen und so ähnlich wolle er es auch haben — später in Schlesien, wenn der Krieg aus wäre, und er den Hof übernähme."

„Aber der Krieg muß erst zu Ende sein, Helga, und nun mußt du schlafen, dein Zug geht um sechs und bis dahin sind's noch genau fünf Stunden. Viel zu wenig für ein junges Mädchen."

„Ach, Mano, ich habe manchmal richtige Angst vor der Zukunft. Herbert ist immer so sicher, und wenn ich ihn ab und zu bitte, an mich zu denken, wenn er fliegt, dann lacht er mich aus und sagt, in der Luft wäre er sicherer, als bei mir. Bei mir sei er hängen geblieben, in der Luft noch nie." Sie lächelte ein wenig verlegen und fuhr fort: „Sag du ihm doch mal, daß er nicht so frech sein soll. Er hat mir neulich wieder gestanden, daß er mit der 163 um ein Haar den Platz nicht mehr gefunden hätte, weil er zu weit geflogen sei. Muß das denn sein?"

„Das ist halb so schlimm, Helga. Wir Flieger geben alle schon mal gern ein bißchen an, wenn es in der Luft brenzlig geworden ist und wir sozusagen mit einem blauen Auge davonkommen. Das kommt aber wiederum daher, daß wir selber nie wissen, ob die Gefahr, wenn sie auf uns zukommt, uns nur foppen will oder ob sie wirklich zupackt. Die Gefahr ist eigentlich dauernd um uns herum wie so eine Art Mephisto. Sie sagt: Flieg noch ein bißchen schneller, dann will ich dir was Schönes zeigen; oder sie stichelt: was? du hast Angst? hihi, du willst ein Flieger sein? oder sie lockt: das hat noch keiner vor dir gemacht! probier's doch mal, zeig mal den andern, was du kannst!

Und dann machen wir das halt. Fliegen ein bißchen schneller oder frecher, zeigen einer Nebelwand eine lange Nase und sitzen plötzlich mitten drin in der Gefahr, ohne daß sie uns wehtut. Dann haben wir gleichzeitig eine Heidenangst vor ihr und ein zunächst ungemein verächtliches Gefühl. Wir treten sie mit Füßen und rutschen vor ihr auf den Knien. Bis sie uns am Wickel hat, bis wir wissen, daß uns jetzt nur noch das Glück helfen kann oder der liebe Gott ... Und wenn wir dann gesund gelandet sind, sagen wir großspurig: Wir sind dem Teufel von der Schippe gesprungen, und geben an wie eine Tüte voll Heuschrecken, obwohl wir die Hosen noch voll haben bis zum Rand. — So ist das, Helga, bei mir, bei Herbert und Fritz und allen anderen, nur beim einen mehr und beim andern weniger je nach Temperament. Frage Fritz, er ist der Frechste von uns allen und vielleicht auch der Gleichgültigste. Aber jedesmal, wenn er eben noch davongekommen ist, geht er heim, legt sich ins Bett und liest Nietzsche."

„Der Fritz?"

„Ja, der Fritz, der so daherreden kann, als habe er vor einem Raketentriebwerk nicht mehr Respekt, als vor einer Drehorgel."

„Und Herbert?"

„Der ist kein Haar anders, nur liest er keinen Nietzsche, sondern schreibt einen Brief nach Hause oder geht zu seiner Helga."

„Ich bin so dankbar, daß ich ihn kennengelernt habe."

„Und es wird höchste Zeit, daß ihr nun endlich zusammen zu Herberts Eltern fahrt. Ich hätte an seiner Stelle das Sellajoch sausen lassen und wäre nach Schlesien gefahren."

„Du kennst ja Herbert."

„Und ob ich ihn kenne. Ich habe ihm schon ein paarmal gesagt, sein Pflichtbewußtsein sei oft so lästig wie eine Fliege beim Mittagsschlaf, aber davon will er nichts wissen."

„Jaja, so ist er nun mal", seufzte Helga.

„Aber das gewöhnen wir ihm noch ab. Ich fragte ihn kürzlich, ob er partout Reichsmarschall werden wolle, worauf er sein Käppi nach mir schmiß. — Ich weiß, er meint's gar nicht so, aber er kann halt nicht anders. — Wenn Späte zurück ist, dann fahrt ihr zwei nach Schlesien, basta. So, und nun marsch ins Bett!"

„Noch eins, Mano. Paß doch ein wenig auf Herbert auf, wenn er mit dem Kopf durch die Wand will."

„Gern, Helga, aber ich kann's nur am Boden. In der Luft sind wir ja alle allein. — Gute Nacht!"

Unser Skiurlaub schien die Ruhe vor dem Sturm gewesen zu sein. Späte kam früher als vorgesehen vom Sellajoch zurück und brachte einen Sack voll neuer Befehle aus Berlin mit, wo er Zwischenstation gemacht hatte. In jenen Tagen waren auch drei harmlos aussehende Zivilisten bei uns aufgetaucht, denen wir das Fliegen mit der Me 163 beibringen sollten. Zivilisten sahen damals immer harmlos aus, aber unsere drei waren es durchaus nicht. Wir hatten einiges Mitleid mit ihnen, als wir erfuhren, daß sie als Einflieger für die Serienfertigung der Me 163 vorgesehen waren und kondolierten ihnen von ganzem Herzen zu diesem Himmelfahrtskommando. „Drei Mann", meinte Fritz Kelb nach kurzer Kopfrechnung, „dürften knapp einen Monat lang reichen, wenn's gut geht." Die drei hießen Voy, Perschall und Lamm.

Unsere beiden Hauptleute Böhner und Olejnik wurden zu gleicher Zeit dazu ausersehen, in Venlo und Wittmundhafen zwei Me-163-Einsatzstaffeln aufzustellen, mit Vorkommandos die Plätze vorzubereiten und die Werften einzurichten. Karl Voy sollte außerdem in Wittmundhafen die im ausgebombten Lechfeld nicht mehr mögliche Einfliegerei durchführen. Der General der Jagdflieger drängte jetzt auf schnellste Einsatzbereitschaft, und Späte erläuterte uns im kleinen Kreis den Plan einer vom hohen Norden bis in den äußersten Süden Deutschlands reichenden Kette von 163-Einsatzplätzen, die baldmöglichst jeden feindlichen Einflug unmöglich machen sollten. Theoretisch war dies ein absolut gutes Vorhaben, denn die 163 hatte eine Reichweite von etwa 80 Kilometern im Einsatz, sodaß die Flugplatzkette in Abständen von etwa 150 Kilometern von Platz zu Platz angelegt und sicher die Mehrzahl der Einflüge bei Tag unterbunden werden konnte, wenn genügend Einsatzstaffeln da waren. Die Serienfertigung der Me 163 mit ihrer leichten Holzzelle und ihrem im Aufbau so simplen Triebwerk war auch kein Problem, aber wie die einigen hundert Flugzeugführer aus dem Boden gestampft werden sollten, das war uns zunächst ein Rätsel.

Aber da wir die letzten waren, die gegen diesen Plan etwas einzuwenden hatten, gingen wir mit gutem Eifer an die Arbeit. Die inzwischen von Elias und Oertzen mit ihren Männern überholten Triebwerke taten brav ihre Pflicht, explodierten nicht mehr so häufig, aber stanken dafür in acht- oder zehntausend Meter mitunter so bestialisch, daß es einem die Tränen in die Augen trieb, als habe man für ein ganzes Geschwader Zwiebeln geschnitten. War dies auch nicht unbedingt lebensgefährlich, so war es doch mindestens so unangenehm, wie einem Dirigenten am Pult eines Symphonie-Konzertes ein Nies-Anfall. Außerdem war es an einer Dichtung auslaufender T-Stoff, der unser „Tränengas" und bei uns das weniger tröstliche Gefühl verursachte, mit einer brennenden Zigarette zwischen den Lippen auf einem offenen Pulverfaß zu sitzen.

Immerhin, Voy, Perschall und Lamm bekamen nach drei Wochen bereits ihren Ritterschlag zum 163-Piloten und dampften nach einem fröhlichen Abschiedsfest, getauft und konfirmiert mit Spätes (brechen Sie sich die Zunge nicht ab, lieber Leser!) Schnellzuglokomotivenölkanne nach Wittmundhafen ab. Diese Schnellzuglokomotivenölkanne bedarf kurzer Erläuterung, denn sie war ein wesentliches Requisit unseres Kommandeurs zur Aufrechterhaltung unserer inneren Disziplin. Ob sie Spätes eigene Idee oder eine angeheiratete war, weiß ich nicht. Er gab mir nur bei meiner seinerzeitigen Ernennung zum Casino-Offizier den Auftrag, ihm eine Schnellzuglokomotivenölkanne zu besorgen. Ich hatte dieses Wort bis dato weder auf Gymnasium noch Universität noch im Zivilleben gehört und pilgerte zunächst in einige Haushaltgeschäfte Zwischenahns und Oldenburgs, die mir aber trotz lebhaftester Darstellung der kriegsentscheidenden Wichtigkeit dieses Instrumentes nicht helfen konnten. Da andererseits bei Späte das Wörtchen „unmöglich" nicht zündete, ging ich zum

Bahnhof, wo deutlich zu lesen stand, das Überschreiten der Geleise sei verboten, worauf ich es tat und in eine Lokomotivenwerft gelangte, deren Luft sich mir wie eine durchzechte Nacht auf die Lungen legte. Dort sah ich einen rußgeschwärzten Mann mit einem geradezu Prachtexemplar einer Schnellzuglokomotivenölkanne eine Schnellzuglokomotive abschmieren. Das Ding sah etwa aus wie eine Vergrößerung von Aladins Wunderlampe, jedenfalls war diese in meinem weiland Märchenbuch so abgebildet. Und jedesmal, wenn der rußige Mann hinten auf einen fingerlang herausstehenden Knopf seiner Kanne drückte, quoll aus dem vorn befindlichen, sehr langen und spitz zulaufenden Rohr ein gehöriger Schwaden dicken dunklen Öles.

Als ich den Mann fragte, ob ich ihm die Kanne abkaufen könne, verhinderte ihn nur meine Uniform an der Auffassung vollendeter Beamtenbeleidigung. Nach längerem Gespräch verwies er mich an den Bahnhofsvorstand, der zwar zuerst so tat, als schmisse der Verlust dieser Ölkanne den gesamten Reichsbahnfahrplan über den Haufen, aber sofort nachgab, als ich ihm sagte, ich gehöre zu den Fliegern von Bad Zwischenahn. „Dann ist das was ganz anderes", meinte er und überließ mir die Auslegung seiner Worte.

Ich fuhr mit meiner Ölkanne nach Bad Zwischenahn zurück, wusch gemeinsam mit einem Schirrmeister das Ding zunächst mit Petroleum und Benzin, dann mit reinem Alkohol, dann kochten wir es aus, dann legte ich es eine Nacht lang wieder in reinen Alkohol, kochte es nochmal aus und übergab es am Abend dieses Tages meinem Kommandeur so stolz, als hätte ich Moskau erobert.

Späte betrachtete das schwielige Prachtstück mit einem seligsarkastischen Lächeln, füllte es sorgfältig mit holländischem Genever, hieß mich auf einem sehr bequemen Sessel Platz nehmen, den Kopf zurücklegen und den Mund weit öffnen, führte das spitz zulaufende Rohr an meinen Mund und drückte dreimal feierlich auf den fingerlang herausstehenden Hebel. Und jedesmal ergoß sich in meinem Rachen ein gehöriger Schwapp Genever mit Schmierölgeschmack, womit der eigentliche Zweck dieser Ölkanne nun vor aller Welt dargetan war. Sie trat in Zukunft sowohl als Beweis höchster Ehrung wie auch als leichtes bis schweres Strafmaß, Marterwerkzeug und Folterinstrument in Aktion, und ich habe nie in meinem Leben eine so simple Maschine so erstaunliche Erfolge zeitigen gesehen. Es erscheint mir, falls sich ein Leser zur Nachahmung entschließt, doch wesentlich, daß unsere Kanne eine bereits im Reichsbahndienst jahrelang erprobte Schnellzuglokomotivenölkanne war.

Auch bei Spätes Abschiedsfeier, die nach wenigen Tagen stattfinden mußte, spielte unsere Kanne eine entsprechende Rolle, aber als er weg war, entleerte ich sie vollends, säuberte sie und stellte sie beiseite. Einen anderen ging dieses Szepter ebenso wenig an wie die Krone Karls des Großen ...

Die Staffeln für Venlo und Wittmundhafen wurden aufgestellt. Ich war nicht dabei, auch Fritz und Herbert nicht. Wir wären für andere Aufgaben vorgesehen, sagte Toni Thaler, der nun das Kommando führte. So flogen wir in Zwischenahn weiter und waren zufrieden.

Eines Vormittags bekamen wir bei strahlendem Wetter unseren ersten ernsten Besuch. Zwei englische Mosquitos kreisten in großer Höhe über unserem Platz und schienen offensichtlich mit Vergnügen zu fotografieren.

Wir beschworen Thaler, uns mit drei Maschinen aufsteigen zu lassen, um den beiden da oben den Spaß zu verderben. In den Hallen standen mindestens vier startbereite 163, die nur aufgetankt zu werden brauchten, aber Toni hatte keinen Startbefehl und traute sich nicht, den Einsatz auf die eigene Kappe zu nehmen. Wir kochten, wenn wir ihn auch verstanden. Aber wir wußten, Späte hätte es gemacht und wäre wahrscheinlich selbst mit uns hoch.

Am Nachmittag dieses Tages war die Hölle los. Nach dem Essen heulten die Sirenen, und wir begaben uns befehlsgemäß zum Platzrand in die Nähe der Bunker. Von allen Seiten rauschten die Bomberverbände heran, begleitet vom Aufblitzen flinker Jäger. Die Flak um unseren Platz schoß, was die Rohre hergaben, zwei Boeings platzten auseinander, sieben — acht — zehn — elf

Fallschirme sprangen wie weiße Punkte in das Blau und schweben ostwärts ab. Über einem langsam herabschwebenden Fallschirm kreiste wie ein riesiger Ahornsamen das abgeschossene Flächenteil einer Boeing, und wir verfolgten vor unserer Funkbaracke am Platzrand stehend mit bangen Augen dieses Spiel um Leben und Tod in vier- oder fünftausend Meter Höhe. Immer tiefer und immer näher kreiste die zerfetzte Fläche über dem Fallschirm, dessen Springer natürlich nicht sehen konnte, was sich über dem weißen rettenden Dach seiner Seide abspielte. Ein paar qualvolle Sekunden noch, dann ergriff das wirbelnde Teil den Schirm, dessen Schnüre rissen und den Körper freigaben zum freien Fall in den Tod. Und es tat uns leid, als wäre er einer der unseren.

Plötzlich schrie einer: „Achtung, Tiefflieger!" und unsere Köpfe flogen herum und starrten zwei dicht über das Vorfeld unseres Platzes heranfliegenden Maschinen direkt auf den Bug. Mit einem Satz lag ich mit drei anderen am Rand eines in der Nähe aufgeworfenen Kieshaufens, als es auch schon aus allen Rohren losbellte. „Tack-tack-tack-tack-tack" und weg waren sie wieder. Unser Kieshaufen rauchte auf der anderen Seite, und die Stirnwand der Baracke war einen Meter über dem Boden perforiert. Hinter dieser Holzwand hatten vier unserer Funkmädchen auf dem Bauch gelegen und kamen nun ein wenig bleich, aber lachend ans Fenster.

Fritz klopfte sich den Staub aus der Hose und blickte wütend den am Horizont bereits verschwundenen Engländern nach. „Saubande, hab meine Hose erst gestern aus der Reinigung geholt! Könnten auch ein bißchen mehr Rücksicht nehmen, diese Herren Gentlemen."

Unsere blonde Maria am Fenster besah sich Fritzens Misere und rief lachend: „Gib mir die Hose her, Fritz, ich klopfe sie aus und bügle sie dir." Aber Fritz winkte traurig ab. „Geht nicht, Maria, kann doch nicht in Unterhosen hier rumlaufen."

Damit war der erste ernsthafte Feindbesuch unseres Platzes zwar heil überstanden, aber wir wußten alle, daß es dabei nicht bleiben würde.

Knapp eine halbe Stunde nach der Entwarnung bekam ich den Befehl, mit einer Me 110 ein paar Geräte zur Staffel Olejnik nach Wittmundhafen zu fliegen und landete nach einem harmlosen Katzensprung über die ostfriesischen Wälder und Felder wenig später auf unserem ersten Einsatzhafen. Schon aus der Platzrunde sah ich eine startbereite Me 163 auf der Bahn stehen, setzte kurz hinter ihr auf und rollte meinen großen Vogel zur Werft.

„Wer startet denn?" fragte ich einen der Mechaniker, die uns empfingen und beim Ausladen halfen.

„Hauptmann Olejnik, Herr Leutnant", antwortete er. „Unser erster Start hier."

In diesem Augenblick fing die Brennkammer der am Start stehenden Me an zu dampfen, und gleich darauf meldete ein dumpfer Knall den Beginn der Explosion in der Brennkammer. Der weiße Dampf wich einer hellen Flamme, das Raketentriebwerk, von Stufe eins auf Stufe zwei geschaltet, wurde lauter, bis das Gebrüll der dritten Stufe über den Platz kam, und wir die Me anrollen sahen. Obwohl wir alle es fast Tag für Tag nun ein volles Jahr lang erlebt hatten, hingen unsere Augen so gebannt hinter der anrollenden Me 163, als sähen wir es zum erstenmal. Keiner sagte es, aber jeder dachte: Hoffentlich geht es gut ...

Olejniks Maschine kam gut über die Bahn, warf das Fahrwerk zum übermütigen Tanz auf die Erde zurück, während die Me steil in die Höhe schoß. Gut gegangen, dachte ich und wollte mich schon wieder meiner Me 110 zuwenden, als die 163 mitten im Steigflug in vielleicht 3000 Meter Höhe dichte unregelmäßige Dampfwolken ausstieß. Olejnik ließ sie noch ein Stück steigen, ging in den Horizontalflug über und schien das offenbar jetzt ganz streikende Triebwerk wieder anlassen zu wollen. Eine kurze Zeitspanne waren weder Dampf noch Rauch zu sehen, dann spie die Brennkammer plötzlich wieder eine weiße Schwade in die Luft, spuckte ein paarmal nach und zog plötzlich grauschwarzen Qualm hinter sich her. „Aussteigen!" schrie oder dachte ich, sah die weiße Sprühwolke des gezogenen Schnellablasses unter dem nun zum Platz zurückrasenden Rumpf zerstieben und die Haube plump trudelnd zur Erde fallen. Also doch! Olejnik hatte das Kabinendach abgeworfen und würde gleich selbst am Fallschirm erscheinen ... aber nichts dergleichen geschah. Die Maschine kam tiefer und tiefer, ging zur Landeeinteilung um den Platz und schwebte ein, als ob nichts geschehen wäre. Aber nun, was war das, sie fiel schneller und schneller, fing sich wieder, machte eigenartige Bewegungen und es schien, als wären die Landeklappen nur halb oder gar nicht ausgefahren. Auch die Kufe wohl nicht, ich konnte es auf die große Entfernung nicht genau sehen. Dann war sie unten, setzte aber nicht sanft aufs Gras, sondern stieß heftig auf, sprang wieder hoch, krachte wieder zu Boden, senkte die linke Fläche und drehte sich blitzschnell quer zur Landerichtung. Ein Körper flog heraus, während fast im gleichen Augenblick eine von weißem Dampf begleitete Stichflamme hochschoß.

Wir hatten keinen Wagen, um hinzufahren, aber die schon während des unregelmäßigen Fluges aufmerksam gewordenen Feuerwehrleute und Sanitäter waren mit ihren Fahrzeugen bereits dort. Während die dicken Schläuche ihr Wasser über die rauchenden Trümmer warfen, sah ich, wie die Sanimänner mit einer Trage von ihrem Wagen wegrannten und nun anscheinend Olejnik darauf betteten und zum Wagen zurück trugen.

Ich kann dieses Wort nicht leiden, aber ich sagte es laut und deutlich vor mich hin: „Scheiße!“ Olejnik war ein alter Kämpe, Ritterkreuzträger mit einigen Dutzend Abschüssen, ein Pfundskamerad, vom ersten Tag an dabei und immer heil durchgekommen, und nun hatte es auch ihn erwischt. Ich hatte eine Wut, als hätte ich mich in die Zunge gebissen oder mich an heißer Suppe verbrannt. Natürlich waren wir Flieger und irgendwo dazu da, eines Tages aufs Kreuz gelegt zu werden, aber es stank mir, daß dies immer wieder auf diese blöde Tour geschehen sollte. Schon bei der „Wilden Sau“ waren sie im schlechten Wetter heruntergehagelt wie ins Kerzenlicht fliegende Motten, saublöd und sinnlos, und nun ging das hier weiter. Neulich Pitz, jetzt Olejnik, vorher Joschi, Wörndl und Walter, um ein Haar sogar Späte, lauter Prachtskerle, und von England kamen sie herüber, flogen bei uns spazieren und schossen unseren Mädchen unter die Röcke... Jawohl, dafür gab's eben nur dieses einzige ungute, aber oft so erlösende Wort: „Scheiße!"

Im Gefechtsstand hockten wir zusammen, trüb und rauchend und aufs Telefon starrend und hatten Angst vor dem Anruf aus dem Lazarett. Endlich schrillte es und einer nahm den Hörer. Wir anderen hörten die schnarrende Stimme in der Leitung, ohne was zu verstehen. Dann legte der eine den Hörer wieder hin und sagte nur: „Schwein gehabt, Wirbel gebrochen, aber nicht lebensgefährlich."

Jawohl, so war's, wenn bei uns einer nur den Wirbel brach, hatte er Schwein gehabt...

Ich flog zurück nach Zwischenahn, meldete mich bei Thaler und berichtete. Später traf ich Fritz und Herbert im Casino.

„Nur einen Wirbel", meinte Fritz, „wo er doch vierundzwanzig von den Dingern hat."

„Blöder Hund!" sagte Herbert, aber er verstand Fritz genau so gut wie ich. Fritz war hartgesotten wie ein ausgekochtes Ei, aber waren wir es nicht alle auch? Waren unsere Angst, unser Mitleid, überhaupt alle in diese Richtung führenden Gefühle nicht nur noch Überbleibsel einer früher mal sorgsamen Erziehung? Gingen Gefahr und Tod nicht neben uns her wie vertraute Gesellen, zu denen man Du sagte, und die man ab und an in den Hintern trat wie jeden, der einem in die Quere kam, so lange, bis man selbst einen Tritt bekam?

Ich holte aus meinem untersten Regal einen guten Schnaps und entdeckte eine böse Leere in diesem Regal. Es wurde Zeit, Valentinis Ballon abzufüllen und die Flaschen zum Casino zu bringen. Außerdem wurde es Zeit, den Süßstoff für Valentini zusammen zu kratzen, aber obwohl jeder fast täglich ein Päckchen von zu Hause bekam, wollten und wollten es keine drei oder vier Kilo werden.

Ich goß jedem ein Glas ein. „Auf Olejniks verstauchtes Kreuz!" Franzl Medicus und Hans Bott setzten sich zu uns. Hans des Schnapses wegen, Franz wegen der Unterhaltung, denn er machte sich nichts aus Schnaps. Er war einer der verbissensten

Segelflieger Deutschlands und ist es wohl heute noch. Die Welt besteht für ihn nur aus Segelfliegen und seiner Familie. Hans Bott war einer unserer verwegensten 163-Piloten und so einer mit Rechenschieber, der es ganz genau wissen wollte. Der erste, glaube ich, der mit der 163 einen Looping vorwärts gemacht hat, wenigstens in Bad Zwischenahn. Aber er war unglücklich verliebt oder die Braut zu weit weg. Darum tat ihm der Schnaps gut. Eisenmann, Mühlstroh und Glogner spielten in einer anderen Ecke Skat. Mühlstroh mogelte wohl und die anderen machten Krach. Nelte und Oeltjen, zwei wackere Feldwebel, spielten Schach, die anderen lasen oder schrieben.

Es war leer geworden bei uns, seit die eine Staffel in Venlo und die andere in Wittmundhafen aufgestellt war. Hans Bott hatte auch schon gepackt und sinnierte herum, wie er wohl vorher noch nach Berlin käme.

„Kannst morgen mit mir fliegen, Hans. Hab noch einen Platz in der 108 frei. Frag den Alten", sagte Herbert.

„Was willst du denn schon wieder in Berlin", brummte Fritz, als habe er was dagegen.

„Muß zum General der Jagdflieger!"

„Sag ihm, er soll uns den Späte wieder schicken!"

„Prost, auf unser Wölfchen in Rußland!"

„Alles Mist!"

So flogen die Brocken hin und her, ohne sich zu einer Unterhaltung zu fügen. Wir waren müde, und Olejnik lag im Krankenhaus. Medicus trank keinen Schnaps und sagte als erster gute Nacht. Ich lud bald darauf Fritz und Herbert auf mein Motorrad und fuhr mit ihnen ins Städtchen zu unseren Quartieren. Dieses Motorrad war eine 125er DKW, und wenn da drei ausgewachsene Männer darauf saßen, sah sie aus wie eine überladene Markttasche, aber sie trug's mit Fassung.

Fritz sprang an seinem Quartier ab, und ich brachte Herbert vor seine Tür, wo wir noch eine Weile quatschten.

„Frag morgen doch wirklich mal den General, Herbert, ob er Späte nicht zurückholen kann. — Er muß es doch einsehen, daß wir ihn dringend brauchen, nachdem Pitz und Olejnik nun auf

Japanischer Pilot vor japanischer 163

Wartungshalle der Raketenflugzeuge beim Erprobungskommando 16 in Bad Zwischenahn

Startklare M 163 B. Deutlich sichtbar die ausgefahrene Landekufe zwischen den abwerfbaren Rädern.

Oben und Mitte: Auf Tieflader zum Transport verladene 163 B.

Das Walter-Raketentriebwerk der M 163 B.

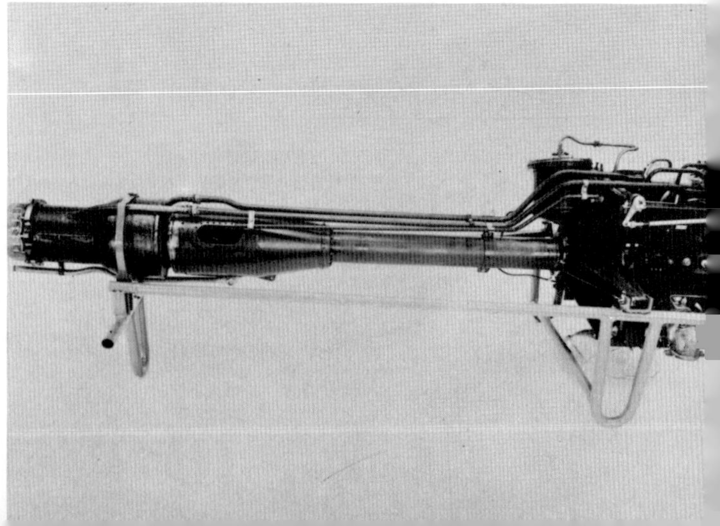

Bilder 1 und 2: Von der US Air Force erbeutete M 163 B — Einsatzmaschinen in den USA.

Versuchsflugzeug DFS 40.

Zwei Abzeichen der Raketen-Staffeln des JG 400.

Noch in den letzten beiden Kriegsjahren entstanden interessante Studien bei Alexander Lippisch. Ein Projekt P 11 für den Bau eines Schnellbombers (oben) ein Überschall-Projekt mit Staustrahltriebwerk (unten).

Ab 1946 arbeitete Lippisch in den USA am Projekt eines Nur-Flügel-Überschalljägers P 13. Oben das Modell im Windkanal in Langley-USA und S. 17 oben die Dreiseitenzeichnung.

Wochen, wenn nicht Monate im Bett liegen und später wahrscheinlich noch eine ganze Zeitlang in Gips rumlaufen."

„Mal sehen, vielleicht komm ich damit an, wenn der Alte Zeit hat und nicht zu viele fremde Figuren dabei sind."

„Wann startest du?"

„Kurz nach acht. Ich muß mich um elf Uhr melden."

„Dann sehen wir uns morgen früh noch. Schlaf gut."

„Nacht!"

Ich fuhr meine Kleine in den Hühnerstall neben dem Dyckerhoffschen Haus und stieg leise über die Treppe in mein Zimmer.

Erbarmungslos beendete der Wecker um sechs Uhr in der Frühe die immer zu kurze Nacht. Ich blinzelte zum offenen Fenster und sah, daß sich die Obstbäume im Garten und die Häuser der Nachbarn in der Milchsuppe eines dichten Morgennebels versteckt hatten. Das war in Zwischenahn mit seinem großen See und seiner teilweise sumpfigen Umgebung keine Seltenheit, war für uns nur insofern unangenehm, als wir mehr Zeit für die Unterdruckkammer und den theoretischen Unterricht hatten. Es war ein typischer Bodennebel, den aufzulösen die Sonne in den nächsten Stunden einige Arbeit haben würde.

Als ich zum Platz hinaus kam, stand Herbert bereits wütend im Abfertigungsraum der Flugleitung, die ihm wegen des Nebels Startverbot gegeben hatte.

„Mich könnt Ihr doch weglassen", meinte er zu dem uns wohl befreundeten Flugleiter, „in zweihundert Meter Höhe ist hellster Sonnenschein, und bis ich in Berlin bin, ist der Nebel längst über alle Berge."

„Oder auch nicht, und was dann?" fragte der Flugleiter.

„Dann gibt's Ausweichhäfen bei Berlin genug. In Rußland hat uns auch keiner gefragt, ob das Wetter hinhaut oder nicht, wenn die Russen einflogen."

Der Flugleiter zuckte die Schulter. „Ich darf Sie trotzdem nicht weglassen, Herr Langer, das wissen Sie doch so gut wie ich."

Meine Uhr zeigte sieben Uhr dreißig. „Komm, Herbert", versuchte ich einzulenken, „'s ist ja noch früh am Tag. In einer Stunde wird's besser sein, dann kommst du noch früh genug zum Alten."

Aber Herbert ließ nicht locker. „Komm, geh'n wir nochmal zu den Wetterfröschen Karte ansehen."

Die Karte sah bös aus. Der Nebel zog sich bis in die Gegend von Hannover und über die halbe Lüneburger Heide, während die Gegend um Braunschweig und Magdeburg ziemlich frei schien, Berlin selbst aber und seine Umgebung wieder dick in der Suppe staken.

Der Regierungsrat von der Wetterwarte besprach mit uns noch einmal alle Möglichkeiten und hatte selbst alles Interesse daran, für Herbert einen Weg zu finden. Er hatte am anderen Tag Geburtstag und wollte wie auch ein Zahlmeister der Horstkommandantur mit Herbert in der 108 nach Berlin fliegen. Sein Köfferchen stand bereits gepackt neben seinem Schreibtisch. Aber die Wetterkarte zeigte nirgendwo eine Möglichkeit. Schließlich schlug der Regierungsrat vor, mit Berlin alle halbe Stunde zu telefonieren und Herbert sofort Bescheid zu geben, wenn der Start möglich wäre.

Wir traten wieder ins Freie, wo der Mulm so dick über dem Platz lag, als wäre er mit einem riesigen Schwarzwälder Federbett zugedeckt. Nicht einmal der Windsack an der knapp zehn Meter hohen Stange war zu sehen.

„Zum Kotzen, dieses Wetter", meinte Herbert von neuem. „Wenn's in einer Stunde nicht besser ist, flieg ich blind nach Berlin."

„Red' doch keinen Unsinn, Herbert! Du tust ja grad so, als habe der General nichts anderes zu tun, als auf Dich zu warten. — Was nicht geht, geht eben nicht! Schick ein Fernschreiben, Du kämst morgen."

Aber davon wollte Herbert nichts wissen. „Und wenn ich zu Fuß laufen muß, ich muß hin!" sagte er und brachte mich zur Unterdruckkammer, wo mein Dienst begann.

„Mach's gut!"

„Du auch!"

Als ich nach gut einer Stunde die Unterdruckkammer mit einigen anderen verließ, und wir aus der Halle heraustraten, hatte sich die Sicht auf einen knappen Kilometer verbessert, und wir spürten bereits die Kraft der Sonne durch den nur noch dünnen Nebelschleier. Ich ging zur Wetterwarte und erfuhr, daß Herbert mit dem Regierungsrat und dem Zahlmeister vor zehn Minuten gestartet war.

„Und was macht das Wetter?"

„Durchwachsen. Wir haben ihm abgeraten, aber er wollte nicht mehr länger warten. — Hier! Hannover und die Heide sind noch zu, auch im Süden noch alles voll Nebel. Er muß eben drüber wegfliegen. Berlin ist besser geworden."

Ich sah mir die Karte noch einmal genau an. Ja, unter diesen Bedingungen wäre ich auch geflogen. Berlin hatte bereits 800 Meter Sicht, bis Herbert da war, mußten es 1000 Meter oder mehr sein, und dort herum kannten wir ja jeden Stein. Also hatte er seinen Kopf doch durchgesetzt, dachte ich und schritt langsam über den Platz zurück zur Werft, um möglichst einen Probelauf zu fahren.

Unsere Hexenküche war voll weißen Dampfes. Fast täglich kamen jetzt zwei oder drei neue Me 163 von Karl Voy und seinen Getreuen eingeflogen, wurden hier noch einmal überprüft, um dann an eine der drei Einsatzstaffeln abgegeben zu werden. Venlo hatte erst vier Maschinen, Wittmundhafen sechs, während die noch nicht offiziell aufgestellte Zwischenahner Staffel auch noch keine zugeteilten Maschinen hatte, sondern eben mit denen flog, die gerade da waren. Eine wurde gerade zum Probelauf festgezurrt, und ich setzte mich zur Kontrolle hinein. Otto Oertzen stellte sich neben mich auf die Leiter. Druck auf den Knopf, Schubhebel ein wenig vor, dann begann das Konzert. So ein Standlauf war eine großartige Sache. Da hockte man auf vier- oder fünftausend gebändigten PS, und es war, als wieherten diese fünftausend Pferde auf einen Schlag mitten hinein in tausend durch die Zähne pfeifende Teufel. Ein Höllenkonzert ohnegleichen mit einem gequälten Aufbrüllen und langgezogenem Fauchen, ein Urlaut der Technik — nein, mit keinem anderen Geräusch dieser Welt vergleichbar. Es war, als duckte sich die Luft ängstlich unter dem ungeheueren Druck der feuerspeienden Brennkammer, als zitterten die starken Mauern der Halle und bebten die stumpfen Betonklötze, an denen die Drahtseile zerrten. Ein unbeschreiblich souveränes Gefühl überkam mich wieder, während ich mit dem kleinen Schubhebel diesem gewaltigen Orkan des Feuers gebot wie weiland Thor seinem Donner und Blitz. Unmittelbar um mich herum und dicht hinter meinem Rücken floß das Blut dieses Höllenfeuers, der T- und C-Stoff, durch dünne Röhren gepreßt, einer teuflischen Hochzeit zu, die in der stählernen Brennkammer das Chaos dem Gesetz vermählte. Dem Gesetz der Formeln, die Gewalten schufen, um ihre Kräfte zu bändigen. Die Hüter dieser Kräfte, die Instrumente, zeigten mit leicht zitternden Zeigern ihre Zahlen, deren Phosphor im Halbdunkel der Halle hell aufleuchtete, als freuten sie sich über ihre Beständigkeit, als wüßten sie, daß außer ihnen alles vergänglich war. Sie allein würde man immer wieder gebrauchen bis zuletzt, zum letzten Datum auf dem Grabmal der Ewigkeit...

Nach knapp vier Minuten hörte das Triebwerk mit einem plumpen Knall auf. Otto Oertzen strahlte, was er immer tat, wenn ein Triebwerk besonders gut funktionierte.

„Willst's einfliegen?" fragte er mich. Und ob ich wollte. Da Herbert weg war, mußte ich den Flug bei Thaler anmelden, was glatt ging. Eine Stunde später kletterte ich in den Sitz der neu betankt am Start stehenden Maschine.

Es war eine der ersten, die statt der bisherigen 2-cm-MGs 3-cm-Maschinenkanonen an Bord hatte. Mitten im Zwischenahner Meer schwamm eine Zielscheibe, und ich bekam Anweisung, die Kanonen gleich auszuprobieren, da die Maschine für den Einsatz in Venlo vorgesehen sei.

Ohne Störung, wie in der Halle, fauchte das Triebwerk wieder los, die Räder sprangen über die Klötze und ab ging's. Der Nebel hatte sich fast ganz aufgelöst und lag nur noch hier und dort in spärlichen Fetzen über dem Land. Ich genoß, nachdem ich die ersten kritischen ein-, zweitausend Meter unter mir hatte, das schnelle Steigen ins endlose Blau mit vollen Zügen, ließ meinen Vogel steigen, bis er nicht mehr wollte, ging in die Horizontale, steuerte übermütig ein paar Rollen, drückte an, zog hoch zum Überschlag und kreiste dann mit über 900 am Stau weit über Flugplatz, Städtchen und See und stach schließlich die Zielscheibe an. Früh, um zum Ausprobieren Zeit zu haben, löste ich die ersten Schüsse. Zwei Garben kamen gut und saßen knapp links neben der Scheibe. Bei den nächsten setzte die linke Kanone aus. Über dieser Unregelmäßigkeit vergaß ich, früh genug abzufangen, und hatte nun alle Hände voll zu tun, knapp über dem Wasser noch hochzuziehen und mit recht wenig Fahrt und Höhe den Platz zu erreichen. Zu einer anständigen Landeeinteilung langte die Fahrt nicht mehr, aber der Platz war gottlob leer, sodaß ich mit einigem Glück quer zur Windrichtung aufsetzen und ausrutschen konnte. Wahrscheinlich gab das wieder einen Krach, aber das war nicht zu ändern.

Als die Monteure mit dem Abschleppwagen auf meinen Landeplatz zufuhren, sah ich von weitem schon Fritz Kelb und Feldwebel Nelte mit auf dem Fahrzeug sitzen, aber sie feixten nicht wie sonst und keiner schrie mir irgendeine Bemerkung entgegen, obwohl meine Landung genug Anlaß dazu gegeben hätte.

Fritz stand als erster vor mir, ernst, fast wütend, mit unguten Augen. „Halt dich fest, Mano", sagte er, und ich dachte wieder nur an meine verquere Landung. „Wird schon nicht den Kopf kosten!" Aber Fritz sah mich seltsam an, an mir vorbei oder durch mich hindurch. Endlich sagte er langsam: „Herbert ist tot."

Ich wollte ihn zurechtweisen, keine dummen Witze zu machen, aber er war bereits an der Me, riß meinen Fallschirm aus dem

Sitz, machte die Haube zu und kommandierte den Hubwagen unter die Flächen. Ich stand wie gelähmt.

„Fritz, komm her!"

„Hm!"

„Landung im Nebel, nordwestlich von Hannover, anscheinend Bauchlandung, alle drei tot — Genick und Beine gebrochen. Mehr weiß ich auch nicht, aber 's ist ja genug."

Wir ließen die Monteure vorausfahren und gingen zu Fuß zu den Hallen zurück. Sprachen zuerst kein Wort. Dann erzählte Fritz von dem Anruf einer Dienststelle bei Hannover. Bauern hatten die Me 108 zwischen ein paar Obstbäumen gefunden, kaum beschädigt, und die drei saßen noch drin, ohne sichtbare Verletzung, aber sie waren tot.

*

Herbert war tot, und der General der Jagdflieger konnte warten, so lange er wollte. Herbert kam nicht mehr. — Heulen half nichts, obwohl die Tränen wie neugierige Schulkinder hinter den Lidern drängten. Eine schaffte es und rollte über die Backe. Sie trocknete schnell in der heißen Sonne. Herrgott, Herbert, warum bist du nicht mit der 163 abgestürzt? — Oder verbrannt? Oder explodiert! — Das hätte man begreifen können! Aber das war ja piepegal. Tot ist tot, ob im U-Boot oder in der Straßenbahn ...

Helga!

Keiner außer mir durfte ihr die Nachricht bringen. Die Fahrkarte nach Schlesien war abgelaufen — ungültig. Mensch, Herbert, wie kann man nur so blöd in den Nebel fliegen! Und die andern, der Regierungsrat und der Zahlmeister? — Tot, auch tot. Geburtstag — Todestag, war ja ein und dasselbe ...

Wir gingen mitten auf der Startbahn. Irgendeiner schrie von weitem und winkte mit einer Fahne. Eine 163 stand flugbereit am Start.

„Strasnicky — fünfter Start", sagte Fritz, und wir rannten einige fünfzig Meter von der Startbahn weg.

Strasnicky, einer unserer jüngsten Feldwebel, fauchte mit seiner Me vorbei, hob ab und ließ kaum hundert Meter hinter uns das schwere Fahrwerk fallen. Nun zog er hoch.

„Da stimmt was nicht“, sagte Fritz und nahm mir das Wort aus dem Mund. Strasnickys Triebwerk hatte einen unsauberen Ton, kaum wahrzunehmen, aber unsere Ohren kannten unsere Triebwerke wie ein Dirigent seine Geigen. Nun ging alles sehr schnell. Noch im Steigflug waren auf einmal die weißen Dämpfe da, dann plötzlich schwarze Wolken und rotes Geflamm. Das Flugzeug ging in vielleicht dreitausend Meter in die Horizontale, dann wieder in kurzen Steigflug, wir sahen die Kabinenhaube abfliegen, die Maschine fast ruckartig zum Sturzflug übergehen und in fast gleicher Sekunde Strasnickys Körper aus der offenen Kabine fliegen. Gleich darauf öffnete sich der Fallschirm.

„Aufpassen, Fritz!“ schrie ich, denn ich sah plötzlich die brennende Me direkt auf uns beide zuschießen. Wir rannten ein paar Meter, schielten laufend nach der stürzenden Maschine und warfen uns zu Boden. Da bäumte sich das brennende Wrack hoch über uns noch einmal auf, ging in eine steile Rechtskurve und schlug wenige Sekunden später jenseits des Platzrandes in einem Föhrendickicht auf. Ein weißer Pilz quoll steil aus der Glut.

„Das hätte grade noch gefehlt zu unserm Glück!“ Fritz stand auf und setzte sein heruntergefallenes Käppi wieder auf. „Aber schau, der Nicky geht wahrscheinlich baden.“

Strasnicky am Fallschirm schwebte tiefer und tiefer in Richtung des Sees. Wir sahen ihn mit strampelnden Beinen hinter den Uferbäumen verschwinden, ohne abschätzen zu können, ob es ihm zum anderen Ufer noch gereicht hatte oder nicht. Als wir im Laufschritt das Ufer erreichten, hatten sie ihn gerade ins Boot gehoben und begannen nun, dem noch immer aufgeblähten und übers Wasser dahinsegelnden Fallschirm nachzublubbern. Eine Viertelstunde später waren Nicky und Fallschirm heil an Land. Nicky war die Ruhe selbst. „Das nächste Mal starte ich gleich in der Badehose“, sagte er, als wir ihm gratulierten. Er hatte bereits in 500 Meter Höhe Brandwarnung gehabt, ab tausend Meter die Kabine voll weißen Dampfes mit Tränengas und schließlich stickigen Rauch. „Ich wollte noch landen, aber ich kriegte keine Luft mehr, und außerdem war's heiß wie in der Hölle."

Während Nicky mit seinem engeren Kameradenkreis über den schmalen Waldweg, der vom Bootshaus aus zum Horst zurückführte, verschwand, kehrten die Gedanken an Herbert Langer wieder. Warum hatte er nicht auch so ein kleines bißchen Glück haben können, wie es in diesen letzten paar Minuten Nicky gehabt hatte? Dessen Leben hatte wirklich an einem seidenen Faden gehangen. Das Triebwerk hätte ebensogut in der Luft explodieren, der Fallschirm verbrennen oder der Absprung mißlingen können. War es bereits ein Gesetz, daß, je schlimmer die Situation war, um so sicherer man ihr entrann? Und daß lächerliche Zufälle, wie bei Joschi das Streifen des Turms, bei Wörndl eine Unachtsamkeit, und bei Herbert wahrscheinlich auch nur eine Kleinigkeit das Leben einfach auslöschten? Schwang der Mann seine Sense gerade dann, wenn wir uns am sichersten fühlten?

Toni Thaler kam hinter mir vom Bootshaus herauf und gab mir die Hand. Eine Weile gingen wir schweigend nebeneinander her, dann sagte er: „Sie müssen wohl Herberts Beisetzung übernehmen. Rösle fährt mit Ihnen bis Berlin, um dort die beiden Berliner zu beerdigen. Ihr Zug geht morgen früh um fünf."

Wir gingen zusammen zum Gefechtsstand, besprachen dort alles weitere, und ich erbat mir dann Urlaub, um meine Vorbereitungen zu treffen.

Gegen sechs Uhr abends war ich in Oldenburg und erreichte Helgas Büro, als sie sich eben zum Gehen zurecht machte.

„Ach, du bist's, Mano! — Ich wollte eben bei euch anrufen, ob Herbert schon zurück sei. Ich habe zwei prima Karten ins Theater. ‚Kabale und Liebe', der Schmitthammer spielt den Wurm."

Sie stand vor einem kleinen Spiegel und kämmte ihr starkes braunes Haar, steckte sorgfältig einen Kamm ein und drückte da und dort mit den Händen einige Wellen zurecht. Ich sah jede Bewegung ihrer schmalen Hände und das kritische Profil mit der feinen geraden Nase und brachte kein Wort hervor. „Weißt du was, Mano, wenn Herbert nicht kommt, gehst du mit mir. Wir rufen Hilda an, damit sie ihm sagt, er könne uns abholen."

Sie nahm ihren Lippenstift und zog ein paar sparsame Striche. Es würgte mich fast, als ich sagte: „Herbert wird uns nicht abholen können, Helga."

Sie rieb jetzt die Lippen aneinander, ließ einen Tropfen Kölnisch Wasser auf die Kuppe ihres kleinen Fingers und strich damit über die Augenbrauen. „Warum nicht? Hat er's wieder so wichtig in Berlin?"

Ich hustete, um überhaupt ein Wort hervorzubringen. Mein Gott, war das grausam, diesem jungen fröhlichen Geschöpf die Wahrheit zu sagen! Gab es keine Lüge? Konnten wir nicht zuerst ins Theater gehen, um noch Zeit zu gewinnen? Um der langen Trauer noch ein kleines Stück Freude und Hoffnung zu stehlen? Und nun wurde ich linkisch und ungeschickt und dumm. Hilflos und feige wie ein Schulbub nach einem Streich.

„Herbert hat Pech gehabt, Helga. Er mußte notlanden — in der Gegend von Hannover — wegen des Nebels heute morgen ..." Herrgott, war das ein blödes Geschwätz, aber ich konnte doch nicht einfach sagen, was war! „Das sieht ihm ähnlich! Er hat sich wohl wieder verfranzt."

„Ja, so ungefähr, aber ..."

„Er hat mir neulich erzählt, wieviele Bauchlandungen er schon gemacht habe. Hoffentlich hat er keinen Ärger wegen der Maschine." Helga war ohne jede Ahnung. Sie dachte überhaupt nicht daran, was geschehen sein konnte. Wie oft hatten wir uns schon über Notlandungen unterhalten und die auch meist damit verbundenen netten oder spannenden Erlebnisse mit der Bevölkerung, für die so was ja immer eine Sensation war, und die einen notgelandeten Flieger gewöhnlich mit Einladungen verwöhnte und ihm jeden Wunsch von den Augen ablas, denn er war ja ein „Held". Wir selbst aber bagatellisierten diese Notlandungen mit jedem Wort, so daß auch Helga nun gar nichts besonderes daran fand, daß ihr Herbert irgendwo festsaß und vielleicht bei einem Bauern übernachten mußte. „Aber anrufen hätte er wenigstens können", meinte sie schmollend und gab ihre paar Utensilien in ihre Handtasche. Jetzt mußte ich es ihr sagen, denn so konnte ich nicht mit ihr hinunter auf die Straße gehen und sie heimbegleiten, plaudernd und scherzend, als ob nichts geschehen wäre.

„Herbert konnte dich nicht anrufen, Helga, er ist bei der Landung verunglückt ... schwer verletzt ... ach, Helga, nein ... unser Herbert ist tot."

Es war so simpel, dieses Wort „tot", so abgedroschen bereits in diesem fünften Kriegsjahr und doch so fürchterlich in seiner Unabwendbarkeit, daß ich nichts mehr hinzuzufügen wußte.

Helga sah mich zuerst mit großen ungläubigen Augen an, alles Blut wich aus ihrem schönen Gesicht, dann fuhr sie wie träumend mit der Hand über die Augen und wandte sich von mir ab. Mit tastender Hand ergriff sie ihren einfachen Bürostuhl, setzte sich mit dem Rücken zu mir und sah hinaus durch das große Fenster auf die graue Wand des Nachbarhauses, die jenseits des kleinen Hofes in die Höhe strebte.

So blieb sie minutenlang stumm sitzen mit krampfhaft im Schoß gefalteten Händen und im Weh der Gedanken leise bebenden Schläfen. Dann fragte sie ganz leis: „Hat er leiden müssen?„

„Nein Helga, sie waren alle drei sofort tot."

„Verbrannt?"

„Nein, die Rückenwirbel gebrochen. Sie haben sicher nichts davon gemerkt ..."

„Dann ist es gut. — Bringst du ihn heim?"

„Ja."

Sie erhob sich langsam, wandte sich mir zu und legte ihren Kopf an meine Schulter. „Ich würde so gern mit dir fahren, Mano, aber ich kann nicht. Dort gehört er mir nicht mehr und hier — kann ich ihn ganz bei mir behalten."

Wir schritten schweigend durch die Reihen der Häuser und ich wunderte mich, daß Helga nicht den gewohnten Heimweg einschlug. Wir durchquerten ein paar Vorstadtstraßen und kamen hinaus vor die Stadt, wo hinter einigen Gärten die ersten mit hohen grünen Halmen bestandenen Felder kamen. Helga bat mich, zu warten, und begann am Rande eines Feldes Kornblumen zu pflücken. Blume für Blume brach sie mit der Sorgfalt einer Gärtnerin, hielt oft inne und Umschau, wo die schönsten standen, schritt behutsam der Halme achtend in die Felder hinein, so daß ich sie kaum noch sah, und kam nach langer Zeit mit einem großen Kornblumenstrauß zurück. Wie ein Kind trug sie ihn in den Armen bis vor ihre Haustür, ordnete unterwegs da und dort eine Blume, die sich widerspenstig aus der Reihe reckte und erzählte mir, wie Herbert diese Blumen geliebt und sich gewünscht hatte, sie möge einen solchen Strauß neben ihm zum Altar tragen.

Vor ihrer Haustür gab sie ihn mir, und nun erst rannen ihr die Tränen unaufhaltsam über das schöne Gesicht. Ich sah, wie ihr Mund sich zu einem letzten Wort öffnete, aber im Schmerz versagte sich ihr die Stimme. So sah sie mich nur noch einmal mit ihren großen nassen Augen an, öffnete die Tür und war hastig im dunklen Gang verschwunden.

Auch mich würgte es, als ich zurück zu dem Hof schritt, wo ich mein Motorrad abgestellt hatte. Langsam, um die Blumen nicht zu gefährden, fuhr ich nach Zwischenahn zurück.

Wir hockten stumm im Zug nach Berlin. Franz Rösle und ich. Der sonst so übermütige Oberleutnant fand keinen seiner Scherze. Ein paar kurze Bemerkungen weiteten sich zu keinem Gespräch. Unsere Gedanken blieben im Rollen der Räder vermummt.

Das Programm für Berlin war längst besprochen. Franz würde die Angehörigen des Zahlmeisters, ich die Familie des Meteorologen aufsuchen. Am Abend würde ich dann mit Herberts Sarg weiter nach Schlesien fahren.

Ich hatte ein paar persönliche Sachen des Meteorologen bei mir, darunter den Ehering, den er wohl in der Eile auf seinem Waschtisch hatte liegen gelassen.

Eine sehr alte Dame in schneeweißem Haar öffnete nach meinem Klingeln die schwere Eichentür einer Wohnung in Charlottenburg. Das schmale, von zahlreichen Furchen durchzogene Gesicht war fast gelb, und die welken Augen füllten sich bei meinem Anblick mit Tränen.

„Ich bin die Mutter", sagte sie leise und führte mich mit behutsamen Bewegungen durch den halbdunklen Korridor in ein Zimmer, wo eine noch junge, auffallend schöne Frau und zwei kleine Mädchen von drei und fünf Jahren mich begrüßten.

Man kann sich für solche Situationen vornehmen, was man will, man begegnet ihnen doch immer wieder mit der gleichen linkischen und einen selbst fast beschämenden Hilflosigkeit.

So sah ich einen mit Blumen reich geschmückten Tisch, der zum festlichen Kaffee gedeckt die Mitte des Zimmers füllte. Die einzelnen, noch unberührten Gedecke standen um eine mit der Zahl 30 liebevoll verzierte Torte, die wiederum von einem Kranz halb abgebrannter, nun ausgelöschter Kerzen umgeben war.

Das alles bemerkte ich, bevor die junge Frau mir ihre Hand reichte, und ich einen unbeholfenen Beileidsgruß stammelte. Die beiden Kleinen betrachteten mich neugierig, streckten ohne die geringste Scheu mir nun auch ihre Händchen entgegen, und die Dreijährige sagte:

„Unser Pappi kann gar nicht mehr kommen, er ist nämlich jetzt im Himmel."

So schlicht war dieser Satz vor dem großen Schmerz dieser Menschen, daß es mich würgte und mich zwang, mich hinab zu beugen und die Kleine auf den Arm zu nehmen. Sie ließ es sich gefallen, lehnte den blonden Kopf an meine Wange und sagte:

„Und jetzt mußt du die Kerzen anzünden, damit Pappi sieht, wie wir seinen Geburtstag feiern."

Ich blickte hilflos zu der jungen Mutter, deren Schmerz zu groß war, um zum Trost der Tränen zu finden. Ihre Hände griffen mit den schmalen Fingern wie ins Leere, aber über ihre Lippen ging der Anflug eines Lächelns, als sie sagte:

„Es steht noch alles so wie gestern, als wir meinen Mann zu seinem Geburtstag erwarteten."

„Jetzt zünden wir aber die Kerzen an", sagte das feine Stimmchen wieder, und ich nahm eine Schachtel Streichhölzer vom Tisch, strich ein Hölzchen in Brand und ging damit an die Reihe der schwarzen Dochte. Als das Holz abgebrannt war, nahm ich die letzte brennende Kerze bis der Kranz unter den kleinen blauen und gelben Flämmchen leuchtete.

Vor einem besonders geschmückten Teller stand ein kleines Bild des Toten. Die junge Frau nahm es in die Hand, betrachtete es und fragte:

„Ging es schnell?"

„Ja", sagte ich, „so schnell, daß wohl keiner etwas bemerkt hat."

„Dann blieb ihm wenigstens die Freude auf das Heimkommen", antwortete die junge Frau mit abwesender Stimme. Ihr Blick ging ein paar Sekunden unstet durchs Zimmer, dann bot sie mir einen Stuhl.

„Setzen Sie sich doch bitte." Sie selbst half den Kleinen auf die beiden Stühle neben mir und band ihnen bunte Lätzchen um, während die alte Dame mit zitternden Händen die Kaffeekanne nahm und die Tassen füllte.

„Mutti, dürfen wir jetzt den Kuchen essen?" fragte die Fünfjährige. Die junge Frau reichte mir ein Messer.

„Tun Sie es bitte für mich.“

So schnitt ich, der Fremde, die Torte an, legte den beiden Kleinen je ein Stück auf die Teller, während Mutter und Tochter sich mit einem Schluck Kaffee begnügten. Sie bestanden aber darauf, daß auch ich von der Torte nahm.

Als nach dem Kaffe die Kleinen ins Nebenzimmer gebracht waren, bat mich die junge Witwe, alles zu erzählen, was ich von den letzten Stunden ihres Mannes wußte, da der Kollege, der sie am Vorabend noch besucht hatte, keine Einzelheiten kannte. Ich berichtete so gut ich konnte, ohne das schon beim Start zweifelhafte Wetter zu erwähnen, und erfuhr auch bei diesem traurigen Bericht wieder, wie sehr es die Zurückgebliebenen tröstet, um den Tod ohne Schuld zu wissen und sich dem Schicksal ohne Groll fügen zu können.

Erst beim Abschied gab ich der jungen Frau das kleine Paket, das ich mitgebracht hatte und, von einem Seidenpapier umhüllt, den Ehering ihres Mannes. Nun erst traten Tränen in ihre Augen, denen sie nicht mehr wehrte, und ich wandte mich zum Gehen, so hilflos, wie ich gekommen.

*

Bauern stehen dem Tod ruhiger gegenüber als Städter. Es ist wie ein milder Grimm, der aus ihren herben Zügen tritt, wenn sie einen Toten beklagen. So, als dringe der Schmerz des Herzens nicht mehr durch die vom Wetter gegerbte Haut. Sie stehen dem Tod auch wohl näher, da er ihnen selbstverständlicher begegnet...

Herberts Vater wartete am Bahnhof. Kein Zweifel, daß er es war, so deutlich sprang das Bild des Sohnes aus seinem ernsten Gesicht.

„Herbert hat viel von Ihnen geschrieben“, sagte er. „Wir kennen Sie sehr gut.“

Wir schritten nebeneinander zum letzten Wagen, in dem Herberts Sarg stand. Der kleine alte Mann ließ es sich nicht nehmen, selbst mit Hand an zu legen, als wir den Sarg auf einen blumengeschmückten Pritschenwagen luden. Dann setzten wir uns auf den Bock und fuhren. Der Stationsvorsteher legte die Hand an die rote Mütze wie er es wahrscheinlich immer getan hatte, wenn Herbert auf Urlaub gekommen war. Eine alte Frau schlug ein Kreuz unter dem gebeugten Kopf.

Nach ein paar Minuten ordentlicher Straße bogen wir in einen schmaleren Weg ein mit tiefen Räderfurchen und groben Steinen. Der Wagen begann zu holpern, obwohl Herberts Vater langsam und vorsichtig fuhr. Da war mir, als hörte ich Herbert schimpfen ob des Gepolters, so wie er immer geschimpft hatte, wenn es unordentlich zuging. Und ein Lächeln saß hinter meinen geschlossenen Lippen.

„Hier fängt unser Hof an, unser Land", sagte der alte Bauer nach einer ganzen Weile schweigender Fahrt. Vom Hof selbst war jedoch weit und breit noch nichts zu sehen.

„Das hätte ihm alles einmal gehört."

Ich schwieg. Was sollte ich sagen?

Später fuhren wir an einem kleineren Waldstück vorüber. Der alte Bauer deutete auf die hohen mannstarken Tannen.

„Davon wollte ich ihm ein Haus bauen, eine Villa, so wie sie die Leute in der Stadt haben. Aber er wollte ja nicht heimkommen."

Ich dachte an Helga.

Alles, was Herberts Vater sagte, sagte er ohne Groll, fast ohne Betonung, als wolle er nur die Tatsachen betonen. Dann kam nach einer ganzen Weile aus dem unergründlichen Wirken seiner Gedanken die immer wieder gleiche Frage unvermittelt und plötzlich:

„War er gleich tot?"

„Ja", antwortete ich, „sofort".

„Wie?"

„Halswirbelbruch."

„Das Genick. Ja, da ist man gleich tot. Das merkt man gar nicht."

„Herbert hat sicher nichts gespürt", sagte ich unnötigerweise, aber um zu besänftigen. Der alte Langer schüttelte den grauen Kopf. „Sicher nicht", sagte er vor sich hin, „aber wir müssen's spüren, jede Stunde, jeden Tag — noch lang, sehr lang."

Wieder fuhren wir minutenlang ohne ein Wort. Der Weg war besser geworden und ging bald in eine sanfte Grasspur über, stieg dann ganz leicht an, bis wir auf eine kleine Anhöhe gelangten und den stattlichen Hof wenige hundert Meter vor uns liegen sahen.

Herberts Schwester und seine Mutter empfingen uns. Mit zwei Knechten luden wir den Sarg ab und trugen ihn in einen vorbereiteten Raum.

Frau Langer weinte stumm in sich hinein, während sie die Blumen um den Sarg ordnete. Herberts Schwester vergrub ihr Leid in einer klugen umsichtigen Geschäftigkeit, zumal es bis zur Beerdigung am nächsten Tag noch viel zu tun gab.

Gegen Abend machte ich mit ihr einen Gang über die umliegenden Felder des Hofes, der weit und breit der größte war und mit seinen sauber und sorgfältig bearbeiteten Äckern und wohlbestellten Feldern das gute Regiment bewies, das Herberts Vater führte. Nicht nur, weil mich mit Herbert eine besondere Freundschaft verbunden hatte, sondern auch weil ich soviel wie möglich Helga erzählen wollte, war ich froh, nun so manches über Herbert zu hören, von dem er kaum ein Wort gesprochen hatte. Herberts Schwester, einen Grad blonder als er gewesen, besaß die gleiche Lebhaftigkeit des Erzählens wie ihr Bruder, dessen Weg vom Bauernsohn zum Abitur und zur Offizierslaufbahn der Luftwaffe nicht einfach gewesen war.

„Ich hab's gewußt, daß er diesen Krieg nicht überleben würde." Mit diesem Satz schloß das junge Mädchen seinen langen Bericht, und ihre ganze Trauer um den verlorenen Bruder lag in diesem einzigen Satz.

Dann sah sie auf die Uhr. „Wir müssen umkehren, ich muß die Kühe noch versorgen."

Der Hof nahm keine Rücksicht auf den Trauertag ...

Als wir von unserem Spaziergang zurückkamen, lief sie wie sie war in den Stall, während ich in das Haus trat und eigentlich ohne Grund noch einmal in das Zimmer ging, in dem Herberts Sarg unter einem Meer von Blumen aufgebahrt stand.

Ich erschrak, als ich still die Türe geöffnet hatte. Kränze und

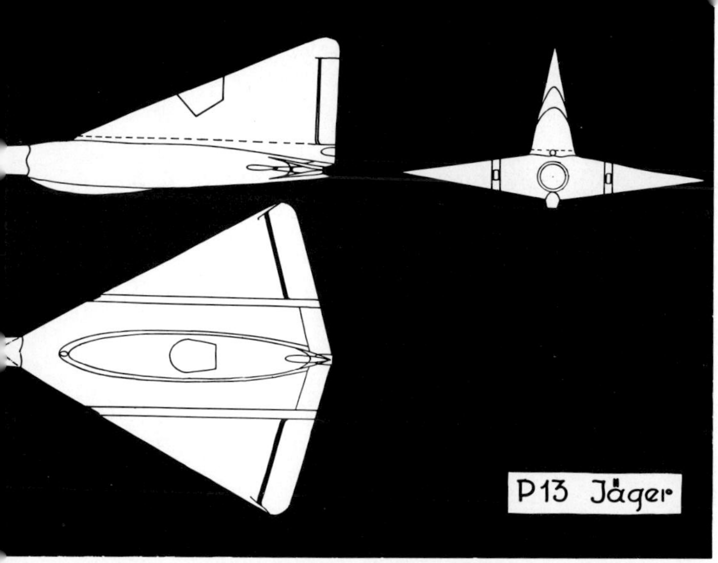

Das Projekt 15 aus den Jahren 1944/45 sah einen Delta-Flügler mit Strahltriebwerk für Überschallgeschwindigkeiten vor

Ein R/C Delta-Modell entwarf Lippisch 1950 bei Collins in den USA. Es hatte eine weit vorgelagerte Kopfsteuerung

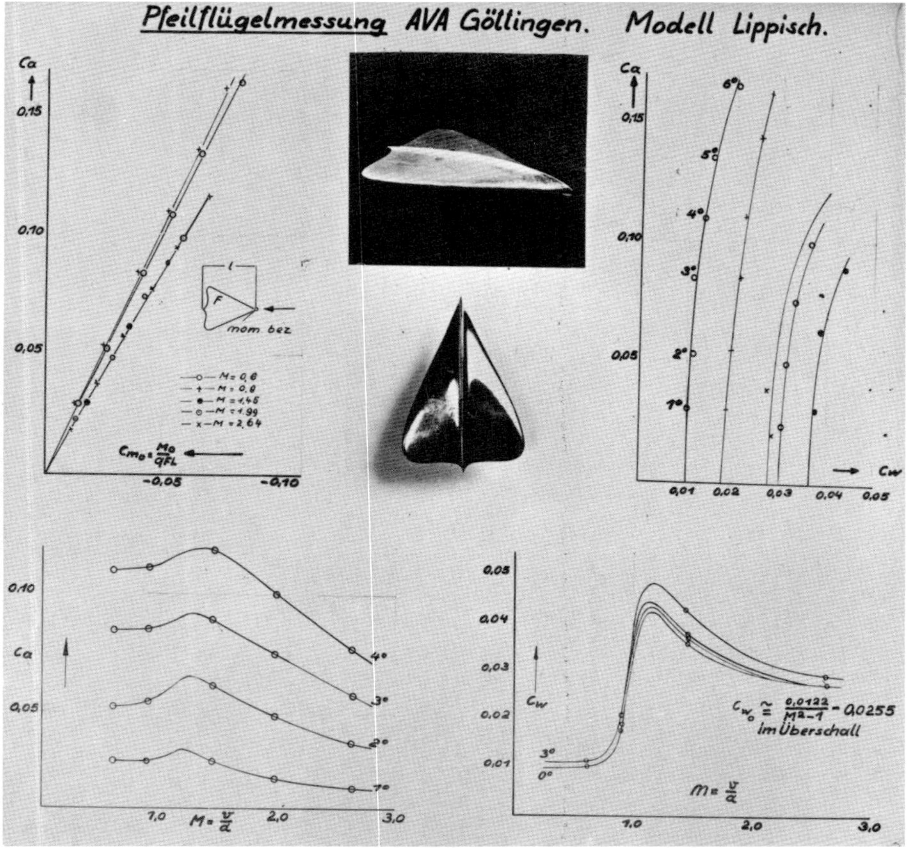

Ergebnis einer Pfeilflügelmessung in der AVA Göttingen, die im Jahre 1943 die erste Überschall-Windkanalmessung eines Deltaflügels bedeutete (Seite 14).

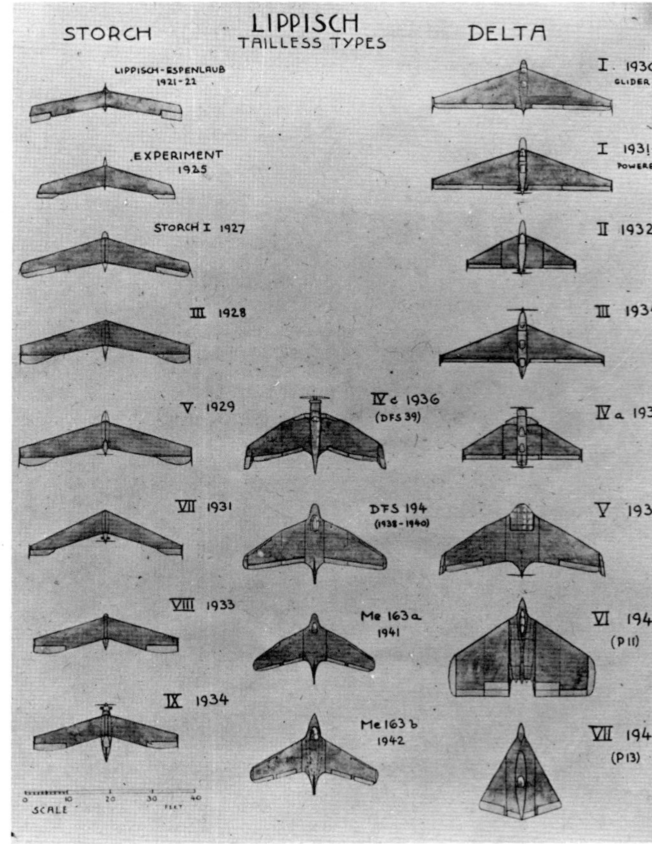

Tabelle der schwanzlosen Flugzeuge und Projekte von Alexander Lippisch von 1921 bis 1944 (Seite 14).

Szenen aus den Erprobungs- und Einsatztagen:

Klarmeldung der Einsatzmaschinen Gruppenkommandeur Olejnik, Oberleutnant Rösle.

Olejnik mit technischen Offizieren vor der Werfthalle.

Das Jagdflieger-Ass, Major Novotny zu Besuch in Bad Zwischenahn. Mit Piloten Rösle und Schiebeler.

Vorbereitung zum Raketenstart:
Anlegen der Überkleidung aus feuer- und säurefestem PVC-Stoff.

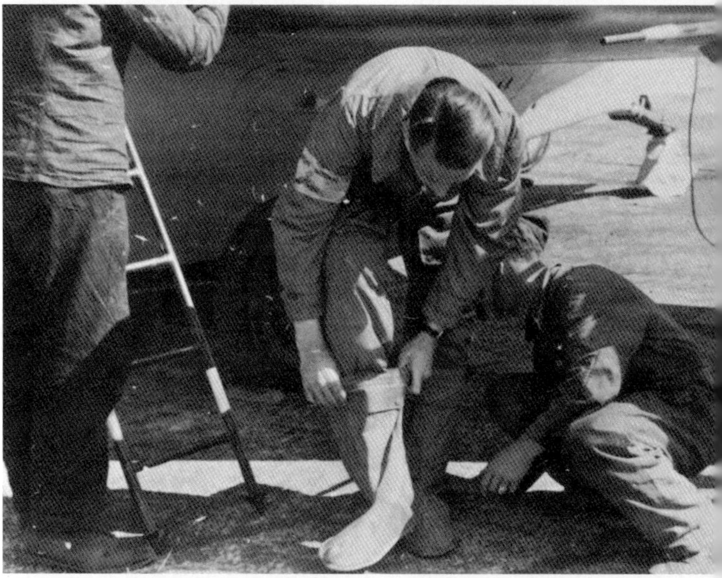

Einsteigen ins Cockpit.

Sträuße, die vorher auf und um den Sarg gelegt und gestellt waren, lagen weggeräumt auf dem Fußboden, und Herberts Vater war, ohne mein Eintreten bemerkt zu haben, dabei, mit einer Beißzange die Nägel aus dem Sargdeckel zu lösen.

„Um Gottes willen, Herr Langer, was machen Sie denn da?"

Der alte Mann wandte sich wie ein ertappter Bub um und sah mich fast flehentlich an.

„Ich möcht ihn doch noch ein einziges Mal sehen, meinen Sohn Herbert", sagte er fast feierlich, wandte sich wieder dem Sarg zu, um den nächsten Nagel zu ziehen. Da nahm ich ihm mit sanfter Gewalt die Zange aus den zerfurchten Händen und bat ihn, Herbert ruhen zu lassen.

Ich selbst hatte Herberts Leiche, als der Sarg in Berlin angekommen war, nicht mehr gesehen und wußte daher auch nicht, in welchem Zustand der Tote war. Möglicherweise war er doch entstellt oder so verletzt, daß man den Angehörigen seinen Anblick besser ersparte. Aber es bedurfte aller Überredungskunst, Herberts Vater von seinem Vorhaben abzubringen. Erst als ich mich daran machte, die vier oder fünf bereits gezogenen Nägel wieder einzuschlagen, gab er nach, begann in schlichten Worten über Herbert zu sprechen, lobte dessen guten Sinn für die Landwirtschaft und besondere Liebe für die Pferde, denen er sich in jedem Urlaub mit besonderer Sorgfalt gewidmet hätte. Dieses Erzählen schien ihm so viel Erleichterung zu verschaffen, daß er ab und an sogar lächelte und sich zufrieden erhob, als die Mutter zum Essen rief.

Wir gingen früh schlafen, und es war mitten in der Nacht, als ich plötzlich erwachte, wie man in fremden Betten und anderer Luft zu erwachen pflegt. Ich lauschte eine Weile in die Stille, sah im offenen Fenster dem Glitzern einiger Sterne zu und vernahm plötzlich ein Geäusch irgendwelchen Hantierens. Zuerst dachte ich an die Kühe im Stall, hörte wieder ein seltsames Knacken und war mit einemmal hellwach. Ich sprang mit einem Satz aus dem Bett, zog hastig Bademantel und Hausschuhe an und lief, mich heftig stoßend und immer wieder stolpernd durch einen kurzen Gang und die Treppe hinunter dorthin, wo Herbert lag. Ich hatte mich nicht getäuscht. Herberts Vater war wieder dabei, den Sarg zu öffnen, aber dieses Mal schon so weit, daß ich fast zu spät gekommen wäre.

Als er meiner gewahr wurde, machte er ein so schuldbewußtes und trauriges Gesicht, daß es mir ans Herz ging.

„Lassen Sie ihn mich doch noch einmal sehen", flehte er und ließ verlegen die Hand mit der Zange sinken. Tränen traten in seine alten Augen und ich war nahe daran, nachzugeben. Dann aber kam mir der Anblick anderer abgestürzter Kameraden in Erinnerung, und ich schüttelte den Kopf. Ich nahm Hammer und Zange zu mir.

„Warten Sie einen Augenblick, Herr Langer, ich bin gleich wieder da", sagte ich, ging zurück in mein Zimmer, holte Zigarren und Zigaretten, eine Flasche Kognac und aus dem Nebenzimmer zwei Gläser.

„So, Herr Langer, jetzt rauchen wir zusammen und trinken ein Gläschen, wie es immer Herbert tat, wenn wir etwas zu bereden hatten, und ich erzähle Ihnen von unserer gemeinsamen Zeit."

So blieben wir zusammen, und ich berichtete Frohes und Ernstes aus Zwischenahn, erzählte von Herberts Aufgaben und seinen Flügen, von seinen Streichen und Spässen bis der Tag graute und das Leben im Hof wieder begann. Der Tag, an dem ich meinen besten Kriegskameraden zu Grabe geleitete.

Als ich drei Tage später mit Franz Rösle zusammen wieder in Bad Zwischenahn eintraf, erfuhr ich, daß Fritz Kelb nach Venlo zur Staffel Böhner versetzt worden war. Ich meldete mich sofort bei Thaler, um auch meine Versetzung dorthin zu beantragen, aber Thaler antwortete mir nur, die Staffel Böhner sei voll, und ich für einen anderen Einsatz vorgesehen. Eine halbe Stunde später kam Franz und sagte mir, er sei nach Wittmundhafen versetzt. Damit war mein eigentlicher Kameradenkreis endgültig gesprengt, und ich wie eine unnütze, leere Streichholzschachtel allein in Zwischenahn liegen geblieben. Ich wußte, daß gegen solche Komiß-Schicksale wenig auszurichten war, suchte mir aber eine Gelegenheit, mit einer 110 nach Venlo zu fliegen, um dort mit Otto Böhner selbst zu sprechen und vor allem auch Fritz wieder zu sehen. Vielleicht konnte ich von dort aus erreichen, von Zwischenahn wegzukommen, wo ja doch keine Einsätze geflogen wurden.

In Venlo herrschte dickste Luft. Obwohl man schon über ein Dutzend Einsätze gegen hochfliegende feindliche Aufklärer geflogen hatte, war es noch zu keiner einzigen Feindberührung, geschweige denn zu einem Abschuß gekommen. Aus Wittmundhafen wurde genau das gleiche gemeldet. Der Grund für dieses Versagen war, wie sich jetzt herausstellte, daß das in Zwischenahn schulmäßig monatelang geübte Jägerleitverfahren der schnell steigenden und fliegenden Me 163 im Einsatz nicht gewachsen war. Wohl erfaßten die Freya-Geräte jeden hochfliegenden Gegner genau und sicher, und jede startende 163 bekam ihren Anfangskurs zum Start und Anflug, aber dabei blieb's. Sobald in größerer Höhe Kursänderungen nötig waren, und das war bei jedem Einsatz der Fall, scheiterte das ganze mühsam eingeübte System an der Eigenschaft des Flüssigkeitskompasses, sich wie ein Kreisel zu drehen. Man hätte praktisch nach jeder neuen Kursdurchgabe zuerst eine Weile ruhig geradeaus fliegen müssen, um den Kompaß zu beruhigen und dann den neuen Kurs finden zu können, aber darauf warteten die Mosquitos leider nicht. Das war ein Schlag ins Kontor, vor dessen Hauptbuch der Buchhalter mit vertrockneter Tinte saß. Fritz und die anderen waren in den letzten zwei Tagen bereits zwei- und dreimal täglich oben gewesen und jedesmal unverrichteter Dinge wieder heimgekehrt. Die Wut war einstimmig — die Ohnmacht auch. Da hatten wir nun monatelang den Kopf hingehalten und vermeintlich das 163-ABC vor- und rückwärts auswendig gelernt, und nun gab es diese lächerliche Panne. Es hatte keinen Wert, auf die Funkleute zu schimpfen, denn die konnten auch nichts dafür. Einen ganzen Abend hockten wir zusammen, um einen Ausweg zu finden, aber das war von heute auf morgen so gut wie unmöglich.

Am Tag darauf, ich hatte eben meine 110 zum Rückflug nach Zwischenahn wieder klar machen lassen, kam Voralarm und die Einflugmeldung eines größeren Bomberverbandes aus England. Otto Böhner hatte drei klare Me 163 am Start, der gemeldete Kurs der Bomber lag genau Richtung Venlo. Ich ließ meine 110 unter ein Tarnnetz schieben und fuhr hinaus zum Start, wo Fritz und die beiden anderen Sitzbereitschaft hatten. Fritz hatte seine Kabinenhaube wegen der Hitze noch offen, und ich hockte mich neben ihn auf die Tragfläche. Sein von der Sauerstoffmaske noch nicht verhülltes Gesicht schien weniger aufgeregt, als das eines Keglers vor dem letzten Wurf. Nur seine Lippen waren trocken, und er schob alle paar Sekunden die Unterlippe über die Oberlippe, während seine Augen unentwegt am Himmel hingen.

„Paß auf, Mano, heut klappt's, wenn die Burschen nicht abdrehen. Ich fliege nur auf Sicht und der Teufel soll's holen, wenn ich sie nicht finde."

„Sei nicht zu frech, Fritz! Ein Pulk ist kein Mädchenpensionat, und wenn's heut nicht hinhaut, dann eben morgen."

„Verlaß dich drauf, heut klappt's und mit dem Mädchenpensionat werde ich schon fertig."

„Nicht ehrgeizig sein, Fritz. Tu, was du kannst, aber mach' keinen Quatsch."

„Nie, Mano, aber meine Zigaretten liegen links oben im Spind", antwortete er und zwinkerte mit den Augen.

Da erschienen sie oben am Himmel, noch weit voraus über Hollands flacher Erde. Dünne weiße Striche in Reih' und Glied wie weiße Notenlinien auf blauem Papier, die Kondensstreifen der Viermotorigen. Die Maschinen selbst waren kaum zu sehen, als eingebildete winzige schwarze Punkte eigentlich nur zu ahnen, aber ihre silberne Spur zeichnete deutlich den Kurs in die hinter uns liegende Heimat. Fritz bekam durch FT eine Meldung, die ich nicht verstand. Er stülpte die Sauerstoffmaske über, gab mit der Hand das Zeichen zum Anlassen, während ich seine Kabine schloß. Bevor er die Brille über die Augen zog, zwinkerte er mir noch einmal zu, rührte zur Probe kurz den Knüppel und drückte den Anlaßknopf.

Sekunden später stach die spitze Flamme der Stufe drei aus seiner Brennkammer, die Räder sprangen über die Klötzchen, und die Maschine rollte fauchend über die Bahn. Ich verfolgte sie, bis sie meinen Augen entschwand, und starrte unentwegt auf die nun fast über der Platzgrenze stehenden Kondensstreifen der Bomber. Eine bange Minute verging, noch eine, die Streifen blieben parallel und ruhig. Die beiden anderen Maschinen waren ebenfalls längst gestartet, und auch von ihnen nichts mehr zu sehen. Ich fluchte, daß ich vergessen hatte, mir ein Glas mitzunehmen, aber daran war nun nichts mehr zu ändern.

Jetzt sah ich mit fast schmerzenden Augen, wie sich oben das bisher so saubere Parallel der weißen Streifen änderte, zwei nach links ausscherten und ein dritter nach rechts. Sekunden später traf der dumpfe Schall einer Kanonensalve mein Ohr, deutlich zu unterscheiden vom harten Blubb der platzenden Flakgranaten. Gleich darauf war noch eine Salve zu hören, nach der eine kurze Pause eintrat, bevor einige Flakkanonen wieder ballerten. Dann wurde es wieder für ein, zwei Sekunden ruhig, die Kondensstreifen hatten sich wie das Mündungsdelta eines Stromes auseinandergezogen, und da sprang es plötzlich in das makellose Blau des Himmels, tiefer und weit hinter der Spur der Kondens, ein weißer, sich bizarr verändernder Wolkenfetzen wie von Explosionen gesprengt, dann zwei, drei, vier Fallschirme, die nacheinander sich zu Pilzen bauschten. Über den Pilzen aber lösten sich aus dem weißen Rauchfetzen schwarze Brocken, schnell fallend, darüber wie ein Lindensamen herabwedelnd eine brennende Tragfläche mit einer Spirale schwarzen Rauches, trudelnd und sich überschlagend, der Rumpf mit der anderen Fläche und dem Leitwerk, bis sich ein Teil des Ganzen löste und — nun tiefer kommend, ein erkennbares Flugzeugwrack in steilem Winkel zur Erde schoß, weitab vom Platz aufschlug und auch dort einen brennenden Pilz gebar.

Das mußte ein Abschuß gewesen sein, der erste der Me 163, und so vollkommen, wie ein Abschuß nur sein konnte.

Wir warteten mit überzeugter Freude. Da kam nach wenigen Minuten die erste Me zurück, schwebte wohl tausend Meter hoch über den Platz, stach dann in steilem Gleitwinkel die Startbahn an, zog hoch und ging in die Landekurve. Aus ihrem Heck stob eine lange weiße Dampffahne.

Wir rasten mit dem Startwagen zur vermutlichen Landestelle, um sofort helfen zu können, die Feuerwehr kam von der anderen Seite, aber die Me setzte normal auf und rutschte normal auf der Graspiste aus. Es war Schametz, ein junger Feldwebel aus Wien, der halb wütend halb froh aus seinem Sitz sprang, während die Feuerwehr bereits ihre Wassersträhle über die dampfende Maschine ergoß. Mit von den Dämpfen hochrot gereiztem Gesicht und tränenden Augen gab Schametz zuerst einen Schwall von österreichischen Flüchen von sich, bevor er in Stichworten berichtete. Kaum tausend Meter hinter den Bombern war ihm das Triebwerk stehen geblieben, worauf er die Maschine angedrückt hatte, um es vielleicht wieder in Gang zu bringen, aber da hatte sich seine Kabine immer mehr mit Tränengas gefüllt, bis er kaum noch etwas sah und mit schmerzenden Augen zurückkehren mußte. Von Fritz wußte er natürlich nichts.

Dieser überflog knapp eine Minute nach Schametz' Landung den Platz und setzte sich ebenfalls ohne Zwischenfall aufs Gras. Auch die dritte Me kam heil zurück.

Fritz machte ein halb saures, halb unwirsches Gesicht.

„F. k., Mano“, sagte er zunächst nur zu mir. „Viel gelernt!“

Wir gingen um seine Maschine rum. „Schau dir das an!“

In beiden Flügelnasen waren zahlreiche Einschußlöcher, die gepanzerte Rumpfspitze wies ebenfalls mehrere Treffer auf.

„Wie ein Platzregen, sag ich dir!“ Er sah auf einen besonders gefährlichen Treffer, der das Quer- und Höhenruder gestreift hatte.

„Und wer hat die eine Boeing abgeschossen?“

„Die Flak, Volltreffer, war ein ausgescherter Bomber, dem ich grade nachflitzen wollte, als mir der Pulk den ganzen Laden vollgeknallt hatte.“

Wir gingen langsam über den Platz zurück.

„Von hinten kann man so einen Pulk nicht angreifen. Da kriegst du von einem halben Dutzend Vierlings-MGs einen solchen Segen vor die Nase, daß dir das Schnaufen vergeht. Aber ich hatte überhöht, das Triebwerk war alle, und ich konnte nur noch von hinten angreifen.“

Wir gingen eine Weile schweigsam nebeneinander her. Ich glaube, diese Viermotorigen mit ihrer geballten Abwehr beschäftigten unser beider Gedanken.

„Wir müßten mit Raketen schießen können“, sagte Fritz. „Auf größere Entfernung. Am besten von vorn oder von schräg unten.“

„Kaum dran zu denken“, erwiderte ich. „Hachtel probiert noch immer mit der Dreizentimeter alle Möglichkeiten aus, aber keine haut hin.“

Leutnant Hachtel war vor nicht allzulanger Zeit zu uns als Waffenerprobungsoffizier versetzt worden. Er hatte reiche Erfahrung bei Angriffen auf Panzer mit der Ju 87 gesammelt und sollte sie bei der 163 verwerten, aber bis jetzt war noch nichts besonders Brauchbares herausgekommen.

„Die Dreizentimeter ist zu unzuverlässig“, bestätigte Fritz. „Mal schießt nur eine von beiden Kanonen, mal gar keine. Man muß grade Glück haben, wenn ein paar Feuerstöße ordentlich kommen!"

Wir kamen zum Gefechtsstand, wo Otto Böhner eben in seinen Wagen stieg, um das von der Flak abgeschossene Boeing-Wrack zu suchen. Fritz verabschiedete sich und stieg zu Otto in den Wagen.

Zu gern wäre ich auch mit hinausgefahren, aber es war Zeit für mich, mit der 110 nach Zwischenahn zurückzufliegen. Dieser Besuch in Venlo hatte einmal mehr meine ganze Wut wachgerüttelt, nicht bei Fritz in der Staffel Böhners sein zu können. Ich war nun fest entschlossen, entweder direkt bei Thaler meine Versetzung nach Venlo zu erwirken oder aber im ablehnenden Fall Späte zu schreiben und ihn um seinen Einfluß zu bitten. Vergeblich versuchte ich, hinter Thalers Motive zu kommen, die mich bei der Aufstellung der beiden Staffeln unberücksichtigt gelassen hatten, aber ich fand außer unserem noch immer recht gespannten Verhältnis keinen Grund.

Gleich nach der Landung in Zwischenahn machte ich mich auf den Weg zu Thaler und traf auf halbem Weg den langen Feldwebel Nelte, der mit hängenden Ohren mir entgegen kam.

„Was ist los, Nelte, Sie machen ja ein Gesicht, als hätten Sie Sauerampfer gefressen?"

Mir ist auch ganz so zu Mute, Herr Leutnant. Unsere erhofften Einsatzflüge können wir zwei uns nämlich an den Hut stekken."

„Ich verstehe Sie nicht, Nelte, was soll das heißen?"

„Gehen Sie nur mal zum Alten, der wartet schon auf Sie. Wir beide sind nach Jesau versetzt — als Einflieger für die neuen 163."

„Reden Sie keinen Unsinn, Nelte. In Jesau sind doch jetzt Voy, Perschall und Lamm."

Nelte machte ein vielsagendes Gesicht. „Ach so, das können Sie ja noch nicht wissen, Herr Leutnant. Lamm ist gestern verunglückt, und Voy und Perschall schaffen es nicht allein. Wir beide, Sie und ich, sollen morgen nach Jesau fahren, um dort die neuen Maschinen mit einzufliegen."

„Gibt's ja gar nicht, Nelte!"

„Doch, doch, Herr Leutnant, beim Alten liegt schon der Marschbefehl für Sie.“

Während ich nun langsamer zu Thalers Schreibstube schritt, staute sich in meinem Hals ein Kloß, der mich kaum atmen ließ. Wenn das stimmte, was Nelte sagte, dann war es eine ausgesprochene Gemeinheit Thalers, denn es waren inzwischen außer Nelte und mir eine ganze Reihe später gekommener und ausgebildeter 163-Piloten da, die er zu dieser Aufgabe hätte abkommandieren können. Es war bei Nelte nicht anders, als bei mir, und Thaler wußte ganz genau, wieviel uns beiden daran lag, zu einer der Einsatzstaffeln zu kommen. Ich dachte plötzlich wieder an jene Szene: „Toni, zieh' die Stiefel aus, 's ist Feierabend!“ Ich dachte an Gespräche unter uns wegen Thalers immer auffälligerer Drückebergerei vom scharfen Fliegen. Es waren jetzt bald acht Monate her, seit er keinen Start mehr gemacht hatte. Die scharfe B hatte er überhaupt noch nicht geflogen. Er wußte, wie sehr wir alten 163er, vor allem Herbert Langer, Fritz Kelb und ich dieses Verhalten mißbilligten. Herbert war weg, Fritz auch, nun konnte er auch mich auf diese praktische Art und Weise aus seiner Umgebung entfernen.

Ich kochte wie ein vergessener Topf Kartoffeln auf dem Feuer, als ich in sein Zimmer trat, machte meine Meldung über meine Rückkehr aus Venlo und erwartete, daß er mich zu einem Bericht auffordere. Nichts dergleichen. Er schaute knapp von seinem Schreibtisch auf, streckte mir das Formular eines Marschbefehles entgegen und sagte: „Ziegler, Sie sind nach Jesau versetzt und melden sich übermorgen früh um 8 Uhr bei dem Chefpiloten Voy, dem Sie bis auf Abruf unterstellt sind.“

Das waren zwei Ohrfeigen mit einer Hand. „Soviel ich weiß, Herr Hauptmann, kann ein Offizier keinem Zivilisten unterstellt werden“, knurrte ich, ohne mir die geringste Mühe zu geben, diplomatisch vorzugehen. Thaler sah auch jetzt noch nicht auf. „Selbstverständlich bleiben Sie disziplinarisch dem Erprobungskommando unterstellt, Sie haben sich lediglich im fliegerischen Programm nach Voy zu richten, der die Verantwortung für die Einfliegerei in Jesau hat.“

„Herr Hauptmann, sowohl Nelte als auch ich wollen zum Einsatz und wir sind von Major Späte auch dafür vorgesehen."

„Ich kann's nicht ändern, Ziegler. In Jesau werden zwei erfahrene Piloten gebraucht, und als solche kommen nur Sie und Nelte in Frage, nachdem alle anderen dafür Tauglichen schon in Wittmundhafen oder Venlo sind."

Thaler wußte ganz genau, daß auch in Zwischenahn noch einige waren, die kein Haar schlechter flogen oder weniger Übung hatten als Nelte und ich, aber ich wollte keinen anderen Kameraden in diese böse Debatte hineinziehen. Thaler schien irgendeinen neuen Einwand von mir zu erwarten, denn er fuhr plötzlich fort: „Sie wissen, daß der Platz in Jesau nicht der beste und nur neunhundert Meter lang ist. Wir brauchen dringend Maschinen, und Voy und Perschall können das Programm allein nicht bewältigen." Er sah mich jetzt zum erstenmal voll an. „Außerdem ist Ihre Kommandierung ein Befehl, und ich denke, Sie wissen, was das bedeutet." Ich starrte ihn nur wortlos an, denn ich wußte, daß jeder Widerspruch sinnlos war. Wie um die Härte seiner Worte abzuschwächen, fügte er hinzu: „Schließlich ist es nur ein Kommando auf absehbare Zeit, sodaß ich Sie hoffentlich bald zu einer Einsatzstaffel versetzen kann. Wir verlegen sowieso in den nächsten Tagen nach Brandis."

Es klang wie Hohn, als er mir zum Abschied mit aufmunterndem Lächeln „Hals- und Beinbruch" wünschte. Ich war entlassen.

Mit meiner Wut allein, schritt ich ziellos auf den weiten Flugplatz hinaus, kam, ohne es zu wollen, an unseren Startplatz auf der Ostseite, von dem aus ich meinen ersten scharfen Start gemacht hatte, und dachte daran, wie ich von hier aus zum erstenmal hoch hinaufgeschossen war in die einsame Welt zwischen Erde und Sternen, spürte wieder die Angst um das unsichere Triebwerk und die Lust über dieses schönste Fliegen der Welt, dieses unendlich stolze Erhabensein über alles andere, das schnell und hoch den Äther durchmaß, und empfand den tiefen enttäuschenden Schmerz, daß all dies nun umsonst gewesen war und sinnlos blieb wie ein verflogener Pfeil ...

Ich ging mit langsamen Schritten hinüber zum Platzrand, an

dem hinter anfänglich niederem Gebüsch ein schütterer Hochwald begann, schritt an den mageren Stämmen vorbei bis zur Westseite des Platzes, wo die Funkbude stand, die die Jäger von drüben durchlöchert hatten, und der schwere Bunker, der uns in letzter Zeit fast täglich Zuflucht war, wenn wir glaubten, die Reihe wäre nun endlich an uns, an unserem Platz und seinen kostbaren Einrichtungen. Ein paar hundert Meter hinter dem Bunker stand die Werft, aus der es noch immer kochte und brodelte, jaulte und schrie, wenn auch seltener, seit die beiden Staffeln die Mehrzahl der Maschinen mitgenommen hatten. All dies sollte ich nun verlassen. Es war mir plötzlich, als ließe ich ein Haus zurück, das zu brennen begann, nachdem ich jahrelang in ihm gewohnt. — Jesau bei Königsberg in Ostpreußen! Das war ein sicherer Hafen. Weit vom Schuß. Ohne Alarme, ohne Sirenen — und ohne Kameraden. Harmlose neue Maschinen einfliegen, zwei oder drei Starts im Schlepp, einen oder zwei scharfe hinterher. Jeden Tag das gleiche. Und Abend für Abend einen Skat mit Karle Voy, Franz Perschall und Nelte in irgendeiner Bude, denn dort gab es nur Buden. Ich kannte den trostlosen Platz von früher. Von ihm aus hatten wir monatelang Me 109 nach Pori in Finnland geflogen. Jesau — Arsch der Welt — hart aber wahr! Meine Gedanken wurden grob, ausfallend, unanständig. So halt Gedanken werden, wenn sie eine Stinkwut haben. Ich ersann ein halbes Dutzend Arten, mich an Thaler zu rächen ... Aber warum eigentlich? — Natürlich, weil er mich um den Lorbeer betrog, der mir zustand wie allen anderen auch, die nach Venlo und Wittmundhafen gezogen waren, um ihn dort zu pflücken. Lorbeer! Abschüsse! Eisernes Kreuz, deutsches Kreuz, Ritterkreuz! Eichenlaub, Schwerter, Brillanten! Mehr gab es nicht, aber es war genug! — Pflichtgefühl, Vaterlandsliebe, Ehrgeiz — Neid! Dem Späte mit seinen fast hundert Abschüssen guckten die Weiber um die Ecken nach, und wenn er eine Wirtschaft betrat, stießen sich die Spießer die Ellbogen gegen die dicken Hüften: Ein Held! — Ein Held wollte man sein mit buntem Helmschweif und wiehernden Rossen. In die Arena reiten und stolz den Kopf neigen vor den herabfallenden Rosen ...

Da fiel mir Pitz ein. Der kleine, unscheinbare, bescheidene Rudolf Opitz und der Heini Dittmar, die beide im Krankenhaus lagen. Der eine mit halb gebrochenem Keuz und der andere mit halb verbranntem Rücken. Beide lächelnde Fallschirmverächter um jener Erkenntnisse willen, die unsere Flugzeuge flugsicher machten und den Frontpiloten die Sorgen abnahmen um gut funktionierende Triebwerke und anständige Zellen. Beide — Dittmar und Opitz — so selbstverständlich mit ihrer Aufgabe verwachsen, daß sie erstaunten, wenn man davon sprach . . .

Mensch, Thaler, du hast recht, ohne daß du es weißt, und ich fahre nach Jesau und fliege zusammen mit Voy, Perschall und Nelte die neuen Zellen und Triebwerke ein. Und erst, wenn wir sie auf Herz und Nieren geprüft und eingeflogen haben, wenn nichts mehr an ihnen fehlt, schicken wir sie nach Venlo und Wittmundhafen. Vielleicht explodiert dann nur noch jede zehnte, statt jede dritte. Fallschirme sparen! Das ist es! — Jawoll, Herr Hauptmann, ich fahre morgen nach Jesau mit einem fröhlichen Lied auf den Lippen, und Karl Voy werde ich auf die Schultern klopfen und zu ihm sagen: „Komm, Karle, gib mir den miesesten Schlitten, ich flieg ihn ein."

Aus einem der beiden Löcher in der Werftwand fuhr die weiße Glut eines Triebwerkstrahls, zischte über die verbrannte Spur und schrie hinaus in das dämmernde Licht. Ich stand hundert Meter dahinter und fühlte, wie der heiße Atem mich umfing und die Wellenschläge meine Brust berührten, mir in die Arme griffen und mich schüttelten. Auf diesem Feuer zu reiten, das war unsere Aufgabe, mehr nicht. Ich schritt auf das tobende Feuer zu, stemmte mich gegen die anstürmende Glut und den wütenden Laut ihrer Stimme, bis ich sie kaum noch ertrug. Aah, das tat gut! Da erstarb das Feuer mit dumpfem Knall, die Wellen verebbten, und das Heulen verscholl. Meine Wut aber lag vor mir am Boden wie ein folgsamer Hund . .

Auf dem Heimweg fiel er mir ein: Der Schnaps aus Bozen. Noch mehr fiel mir ein, was ich vor meiner Abreise noch zu erledigen hatte, aber der Schnaps war das wichtigste. Ich fuhr hinein nach Bad Zwischenahn und ging zu Hanna, in deren Keller der

Glasballon stand. Sie half mir, die achtzig Liter auf ebensoviele Flaschen zu ziehen, was lang dauerte und allein vom Geruch in den Kopf stieg. Hanna lachte gern und laut und am liebsten über Spässe, die sie nicht verstand. Sie war ein Dornröschen, das seinen Prinzen verschlief, ein Aschenputtel mit ein bißchen zu großen Füßen, aber ihre Aale schmeckten hervorragend ... Wir Flieger sind manchmal ein Sauvolk! Aber die Flaschen waren voll, und ich schenkte Hanna eine für kümmerliche Stunden. Dann ging ich heim zu Hilda und Helmut, die so traurig waren, als ich ihnen vom nahen Abschied erzählte, daß Helmut in den Keller stieg und in das kostbarste Fach griff. Es war, als schickten Eltern ihren einzigen Sohn in die Fremde. Stunden, die man nie vergißt. Aber am nächsten Morgen holten wir den Schnaps aus Hannas Keller und fuhren ihn hinaus in das Kasino des Fliegerhorstes.

Gegen zehn Uhr begann die Sirene ihr klagendes Lied. Wir rannten vom Platz, ich griff meine kleine DKW und fuhr hinüber zum jenseitigen Ufer des Sees. Da kamen sie an, schwarze Punkte vor dem Weiß ihrer Kondens, Drachenköpfe vor silbernem Schweif, und nun stand ein Christbaum grüner, auch im Tag leuchtender Kugeln über dem Platz. Christbaum — höhnendes Wort, Vorbote des Chaos, das ich mit aufgerissenen Augen sah. Die Drachenköpfe spien ihr Verderben, es grollte aus der zerwühlten Erde, es schrie aus Fontänen des Drecks, es gellte aus berstendem Stein und knirschte aus brechendem Wald. Drei Teppiche — kein sanfteres Wort ward je für die Tatze des Teufels geprägt — löschten das Leben unseres Flugplatzes aus. Keiner von uns aber schämte sich seiner Tränen ...

Plötzlich mußte ich lachen. So laut lachen, daß die anderen mich ansahen, als wäre ich übergeschnappt. Ich dachte an meinen Schnaps und an den Süßstoff für Valentini, der ein Regal tiefer auf seine Reise nach Südtirol wartete, und an Hanna, die den vielleicht teuersten Liter besaß, den man je in Bozen gebrannt ..

Der Schüttelzug von Königsberg nach Jesau trottelte wie eh und je durch die Gegend, die ich so gut kannte, daß ich kaum von meiner Zeitung aufsah, denn auch das Wiedersehen lockte mich nicht sonderlich. Erst die große Werfthalle und der Anblick von einem guten Dutzend neuer Me 163 im Parfüm ihres frischen Lacks vermittelten mir ein vertrautes Empfinden des Dazugehörens. Da tauchte Karl Voy, den ich hier suchte, zwischen den Flächen auf und streckte mir freudig die Hand entgegen. „Gut, daß Ihr da seid, Mano, wir schaffen den Laden hier nicht mehr allein. Wo ist Nelte?"

„Kommt mit dem nächsten Zug aus Königsberg. Hat dort eine Braut."

Karl lächelte. Er hatte für sowas Verständnis. Dann wurde er ernst. „Mach dich auf einiges gefaßt, Mano, der Platz hier ist eine einzige Sauerei. Viel zu kurz und rauh wie ein gefrorener Kartoffelacker."

„Wem sagst du das, Karl. Ich habe hier einige hundert Starts und Landungen mit der Me 109 gemacht. Mit guten Bremsen und einigem Glück steht man fünfzig Meter vor dem Zaun."

„Dann gewöhne dich dran, daß wir hier bei nassem Wetter froh sind, wenn wir zwanzig oder zehn Meter vor dem Zaun zum Stehen kommen. Bei trockenem Wetter geht's, da hast du gute zweihundert Meter Reserve, aber bei Regen setz' dich unbedingt ans Landekreuz oder besser noch zehn Meter davor, sonst hängst du mit dem Kragen zwischen den Brettern."

Ich blickte skeptisch hinüber zu dem Bretterzaun, der die nördliche Schmalseite des Landefeldes begrenzte. Es war der einzige übermannshohe Bretterzaun, den ich je auf einem Flugplatz gesehen, und über den sich jeder, der hier zu fliegen hatte, ärgerte. Vielleicht hatte man ihn aus rein optischen Gründen dahin gestellt, denn dahinter dehnte sich das zerfurchte Gelände eines alten Steinbruchs, der jede verlängerte Landung zu einem Selbstmordversuch machte, an dessen Gelingen kaum ein Zweifel blieb. Dieser Zaun war mir schon früher vorgekommen wie ein Paravent auf dem Matterhorn, und ich mußte jedesmal an mich halten, ihm die Zunge nicht heraus zu strecken, wenn meine 109 doch noch einige Meter vor ihm zum Stehen kam. Die 109 aber hatte Bremsen und Räder, die 163 indessen keines von beiden. Mahlzeit!

„Komm mit zum Start“, forderte mich Karl auf. „Perschall macht einen Schleppflug. Kannst dir die Chose gleich mal in Ruhe betrachten.“

Da die Schlepp-110 noch beim Tanken war, nahmen wir uns für den paarhundert Meter langen Weg Zeit, und ich erzählte Karl vom Ende Bad Zwischenahns.

Franz Perschall stand mit knitzen Augen neben seiner Me am Start. Ich mochte ihn gern. Er war einer von jenen Selbstverständlichen, die kein Aufhebens machen von dem, was sie tun. So behandelte er auch die Me 163 wie einen Regenschirm, den man aufmachte, wenn es an der Zeit war. Und Franz konnte fliegen! Er flog mit einer Ruhe und Sicherheit, mit der ein Bäkker seine Brote in den Ofen schiebt. Er wußte genau, wie hoch der Teig gehen mußte, und wie warm der Ofen zu sein hatte. Jedesmal, wenn ich in Zwischenahn Perschall hatte fliegen sehen, war mir die 163 wie ein frommes Lamm erschienen.

Als drüben am Tankplatz die Luftschrauben der Me 110 sich zu drehen begannen, stieg Franz in seine Maschine. Auch dies tat er mit jener Ruhe, mit der man sich zum Mittagschlaf vorbereitet. Das Seil wurde eingehängt, Franz blinzelte noch einmal aus der Kabine, dann wurde sein Gesicht straff, und auf ein Zeichen zog die Me 110 an.

Was nun sich in weniger als zwei Minuten begab, hat keiner von uns jemals verstanden. In der windstillen schwülen Luft dieses regnerischen Tages schien es, als klebe die 163 am Boden.

Die 110 hatte längst abgehoben, als Franz mit seiner 163 noch immer rollte, und es sah aus, als risse das Seil unwillig an seiner störrischen Last.

Da, kurz vor dem Platzende kam die 163 frei, aber es war, als quäle sie sich mühsam auf zehn, fünfzehn, zwanzig Meter Höhe. Gefährlich unsicher torkelte sie durch die Propellerböen der 110, zog aber nun flach jenseits der Platzgrenze dem Horizont zu, schien jetzt ordentlich zu steigen, ging aber plötzlich wieder tiefer und entschwand unseren Augen, während die 110 etwas höher stieg und nach einer Rechtskurve allein zum Platz zurückkehrte. Kein Zweifel, Franz hatte entweder ausgeklinkt oder aber das Seil war gerissen.

Wir rasten mit dem Startwagen hinaus, fanden etwa zwei Kilometer vom Platz die 163 verhältnismäßig unversehrt am Boden zwischen Gestrüpp und Gestein liegen. Franz hing leblos mit blutüberströmtem Gesicht über dem Steuerknüppel, und hinten an der Rückwand des Sitzes hingen die abgerissenen Fetzen der Schultergurte, die dem Stoß beim Aufprall nicht standgehalten hatten.

Armer Franz!

Sie brachten ihn ins Krankenhaus, wo er tagelang zwischen Leben und Tod schwebte. Er hatte zwei Rückenwirbel gebrochen, einen doppelten Schädelbruch und schwere Kieferverletzungen. Es reichte für einen Schleppflug, und uns für diesen Tag, dessen spätere Stunden Karl Voy dazu benutzte, Nelte und mich genau in das Programm der Einfliegerei einzuweisen.

Am nächsten Morgen begannen Nelte und ich mit den ersten Schlepps, während Karl sich eine scharfe Maschine vornahm. Ich verfolgte von oben seinen Start, während ich in etwa viertausend Meter Höhe mit einer geschleppten Maschine den Platz querte, sah ihn fast neben mir steil emporschießen und bemerkte plötzlich, daß sein Triebwerk rauchte. Ich ließ ab von meiner Einfliegerei, kurvte so, daß ich Karls Maschine im Auge behielt, sah, wie der Rauch am Heck sich vermehrte, der T-Stoff sprühend aus dem Notablaßstutzen entwich, das Kabinendach wegflog und die Me auf den Kopf ging. „Spring raus, Karl“, dachte

Pilot und Wart bei letzten Handgriffen.

Einsatzbereitschaft im Cockpit der M 163 B (Feldwebel Schubert mit kalter Pfeife als „Schnuller").

Feldwebel Ryll.

Tragischer, leider nicht einmaliger Zwischenfall:

Eine 163 B wird zum Startplatz geschoben.

Aufstellung am Start. Triebwerk wird angelassen.

Treibstoff-Explosion kurz nach dem Anlassen.

Rauchende Trümmer.

Die in kleinste Stücke zerrissene Maschine.

Der metertiefe Explosionstrichter.

Abschuß eines viermotorigen Bombers durch eine Me 163 B über Brandis bei Leipzig mit Aufschlagstelle und Brand im Wald.

Nachfolgerin der Me 163 B sollte die bei Junkers als Prototyp gebaute Ju 248 werden, die unter der Hauptdüse für längere Flugdauer eine Marschdüse hatte (oben).

Cockpit der Me 163 B

Gesamtansicht der „Ju 248“ (ursprünglich auch als „Me 263“ bezeichnet) mit einziehbarem Bugradfahrwerk statt der Landekufe.

Rumpfbug mit Cockpit und Bugrad der Ju 248.

ich, aber zunächst geschah nichts. Die 163 schien sich wieder zu fangen, machte ein paar komische Wellenbewegungen, und nun flog Karls Körper heraus und wenig später öffnete sich der Schirm. Mehr sah ich nicht, denn es wurde höchste Zeit zur Landung für meine tiefer und tiefer gegangene Me.

Natürlich fuhren wir mit hinaus, entdeckten nach einigem Suchen den Rauchpilz der abgestürzten Maschine hinter einem kleinen Waldstück und fuhren über hundsmiserable Feldwege darauf zu. Wo die Maschine lag, mußte auch Karl irgendwo gelandet sein. Wir fanden ihn und konnten bei seinem Anblick ein Feixen nicht verbergen. Er hockte mit verstauchtem Haxen am Boden, rieb sich den Knöchel und war pechrabenschwarz im Gesicht.

„Lacht nicht so dämlich, ihr Mameluken“, kiff er uns an. „Habt wohl noch nie einen alten Mann am Fallschirm hängen gesehen!“

„Das schon, Karl, aber noch nie einen Neger“, sagte ich und hielt ihm meinen Taschenspiegel vor die Nase.

„Jetzt wird mir alles klar“, antwortete Karl bedächtig, nachdem er eine ganze Weile seine schwarze Visage im Spiegel bewundert hatte. „Als ich hier gelandet war und mir im ersten Schmerz des verstauchten Fußes einbildete, der Knochen wäre ab, kamen zwei Bauernburschen auf mich zu gelaufen. Ein großer und ein kleiner, sie sahen aus wie Pat und Patachon. Zehn Meter vor mir blieben sie plötzlich erschrocken stehen, starrten mich an, nahmen die Beine unter den Arm und Reißaus. Ich schrie ihnen nach, dazubleiben und mir zu helfen, aber wahrscheinlich haben sie mich für einen gelandeten Marsmenschen gehalten mit Röntgenblick und Todesstrahlen.“

„Ich dachte schon immer, du kämst vom Mars“, sagte ich. „Nur dort können sie so blöd sein, im Zivilberuf 163-Einflieger zu spielen. Wärste Schuster geworden, hockste nicht hier!“

Karl wollte ausholen, merkte aber dabei, daß ihm auch die Schulter weh tat und ließ sich willig in den Wagen heben, wobei er reichlich angab, wie jeder, der sich einen Fuß verstaucht hat. Ein paar Tage länger als nötig ging er am Stock, dann flog er wieder mit uns. Ein paar Wochen passierte nichts Aufregenderes, als daß hin und wieder ein Triebwerk stank, und wir heulen mußten. Es gehörte zu den Alltäglichkeiten, und nur Oertzen, der dafür verantwortlicher Ingenieur war, schüttelte den Kopf und guckte verdrießlich. Es war da eine Stelle an der Rückwand des Cockpits in Kopfhöhe des Piloten, die uns verdächtig war, weil sich dort eine T-Stoffdichtung in einer Rohrverbindung befand. Von hier her stank es meistens, aber eben nicht immer. Der Teufel wußte, woran es lag. Leider wußte es Otto Oertzen noch nicht.

Eines Morgens stieg Nelte verheult aus einer Maschine. Die Tränen liefen ihm nur so übers Gesicht und seine Augenränder waren rot unterlaufen. Er hatte einen scharfen Start mit halbvollen Tanks hinter sich, war sauber gelandet, aber bereits beim Steigen vom beißenden Gas überfallen worden. Es war normalerweise so, daß jeder von uns möglichst die gleiche Maschine vom ersten Schleppstart bis zur Abgabe flog, aber für diesen Nachmittag hatte Nelte um Urlaub eingereicht und bat mich, den letzten Flug mit seiner Maschine zu machen.

„Das Triebwerk ist prima, Herr Leutnant. Wegen der Dichtungen habe ich Bescheid gesagt."

Am Nachmittag gegen drei bestieg ich die vollbetankte Kiste. Otto stand daneben und machte ein Gesicht, als wäre es ein Rolls Royce. „Triebwerk ist prima, Mano, kann gar nichts passieren, und die Dichtungen haben wir bis zum Stehkragen nachgezogen."

Ich drückte den Knopf, schaltete auf Stufe eins, Stufe zwei, kontrollierte die Uhren, ging auf Stufe drei und über die Klötze. Das Triebwerk rauschte wie ein Wasserfall, am Stau sprang der Zeiger auf hundert — zweihundert — dreihundert, ich hob ab, ließ das Fahrwerk plumpsen und zog hoch. In diesen Sekunden blickte man nur auf den Druckmesser und die Brandwarnung. Ich mochte knapp zweihundert Meter hoch sein, als die Brandwarnung stieg. Das kam schon mal vor und war meist schnell wieder vorbei. „Ab sechzig die Verheirateten, bei neunzig die Ledigen", so dachte ich an die Faustregel, ging in steilere Fluglage, um so viel Höhe wie möglich zu gewinnen. Der Zeiger kroch weiter, und in der Kabine fing es an zu stinken.

Wir verkehrten in Jesau mit Klartext im Funksprechverkehr und ich fragte bei der Bodenstelle an, ob meine Maschine brenne.

„Nichts zu sehen", kam es von unten herauf, aber mein Zeiger stieg weiter. Er stand fast auf neunzig, als ich die 5000-Meter-Grenze überschritt, aber das Triebwerk lief wie eine Lokomotive. Nun liefen mir die Tränen hinter die Brillengläser, und ein brennender Schmerz stieg in die Augen. Da blieb der Zeiger der Brandwarnung stehen, ging langsam zurück auf siebzig und dann schneller auf fünfzig, zwanzig und zehn. Dort blieb er. Ich hatte Vollschub drin gelassen, denn ich wollte den Sprit so schnell wie möglich verbrauchen. In achttausendfünfhundert Meter schaltete das Triebwerk ab, und fast in der gleichen Sekunde füllte sich die ganze Kabine mit weißem undurchsichtigem Dampf. Es war wie in der Waschküche dichtesten Nebels, ich sah meine Hände nicht mehr, geschweige denn die Instrumente.

„Kabine vernebelt", rief ich hinunter, „muß wahrscheinlich aussteigen."

„Warten, bis Kabine wieder klar und möglichst sitzen bleiben", kam es lakonisch herauf. Das war Otto, der um seine Maschine bangte.

Ich horchte angestrengt auf ein unregelmäßiges Geräusch, aber das Rauschen des Fahrtwindes ließ mich nichts vernehmen. Ich drückte die Maschine an bis zur Schallgrenze, kam herunter auf sechstausend Meter und zog wieder hoch auf fast achttausend, es rührte sich nichts. Ich hatte das kleine Fenster geöffnet und schob nun mein Brettchen vorsichtig hinaus in den Luftstrom, um ihn in die Kabine zu leiten. Der Dampf zerquirlte sich etwas und gab sekundenweise die Sicht auf die Erde frei. So sah ich kurz den Platz, änderte ein wenig meinen Kurs, dann war wieder alles dicht. Wenn ich wenigstens den Höhenmesser sehen könnte, um die Höhe zu wissen. Ich streckte mein Brettchen so weit wie möglich aus dem Fenster und erreichte schließlich eine spärliche Sicht, die mich den Platz und die Höhe erkennen ließ. Wenn ich jetzt sprang, fiel ich genau auf den Platz oder dicht daneben und die Maschine vielleicht auf die Häuser des Dorfes oder des Horstes oder auf die belebte Straße. Außerdem war ich noch nie gesprungen und hatte Schiß. Karl hatte beim letzten Sprung die Kabine kaum abgekriegt, und außerdem schrien sie wieder von unten, ich sollte landen, wenn möglich. Wenn möglich! Natürlich, die wollten wissen, was mit der Mühle los war, und wenn sie explodierte, war das ganze Wissen im Eimer. Und ich mit! Stieg ich aus, war das Wissen futsch, aber ich nicht. Voraussichtlich nicht!? Aber vielleicht ein paar andere. Frauen auf dem Feld oder Kinder in der Schule oder ein paar Männer bei der Arbeit.

Angst haben ist etwas sehr Dummes, besonders für einen Mann, der einer sein will. Wenn sich diese Angst aber erst mit Edelmut zu vermischen Zeit hat, dann entsteht ein seelischer Brei, der, oben mit Zucker bestreut, unten nach bitterer Galle schmeckt. Was sich da in Sekunden zusammenempfindet und — fühlt und — denkt, das geht in keinen Folianten. Dabei denkt man an gar nichts anderes, als an sich selbst. Man denkt nicht an die Geliebte und nicht an die Eltern, weder an die Frau noch an die Kinder, wie es oft so romantisch beschrieben. Man hat gar keine Zeit, an so viele zu denken, weil man an sich selbst genug zu kauen hat. Vielleicht war das anders in der Gewißheit des Todes, in den allerletzten Sekunden, wenn die Seele schon ins Jenseits flog mit den zögernden Gedanken an der Hand ... Vielleicht ist auch alles Unsinn, was ich da schreibe. Der Mensch ist ein Individuum. Weiß Gott!

„Nicht aussteigen“, kam es von unten herauf, „Maschine fliegt normal.“ Da packte mich die Wut. Diese Idioten hatten ja keine Ahnung. Maschine fliegt normal! Zum Lachen! Soll sich der Otto doch neben mich setzen und heulen wie ich. Soll er doch immer wieder mit der freien Hand durch den Nebel fahren, um für Bruchteile von Sekunden den Horizont zu sehen und die schräge Maschine wieder aufrichten. Ich schob die Brille über die Augen, die unerträglich brannten, hinauf auf die Stirn. Aber das Brennen wurde schlimmer, und ich zog sie wieder herab. Ich hielt mein Brettchen hinaus, daß es mir fast aus der Hand gezerrt wurde, bekam aber für einige Sekunden Sicht auf Boden und Instrumente. Ich war jetzt dreitausend Meter hoch, zum Aussteigen also noch mehr als genug. Wenn ich den günstigsten Gleitwinkel einhielt, hatte ich noch ein paar Minuten Zeit. Um die Fahrt brauchte ich mich nicht zu sorgen, die hörte ich am Rauschen des Luftstromes ab.

Aber nun wurde mir schlecht und schwarze Flecken traten vor die schmerzenden Augen. Das sah nach Ohnmacht aus und wäre das Ende. Ich biß mir auf die eingezogenen Backen, fing an zu schreien und zu singen und neigte Mund und Nase so weit wie möglich zum kleinen Fenster, um frische Luft zu schnappen. Blödsinn, ich hatte ja die Sauerstoffmaske noch auf. Vielleicht war mir davon schlecht. Ich riß den Schnorchel ab und holte mir Luft am Fenster. Sie schmeckte nach verbranntem Öl und Schwefel, aber auch das war vielleicht nur Einbildung. Ich mußte husten und spucken und würgen. Hätte ich nur die Sauerstoffmaske nicht abgenommen!

„An die Landeeinteilung denken“, rief es von unten in meine Ohren, und ich sah instinktiv auf den Höhenmesser. Noch zweitausend Meter und unten halbverschleiert die Straße. Ich war auf der Gegengeraden. Da kam mir der Gedanke, zu slippen und damit mein kleines Fenster direkt in den Luftstrom zu bringen. Kaum hatte ich das getan, zerwirbelte sich der Nebel in meiner Kabine und die Sicht wurde freier. Ich sah deutlich unter mir das Landekreuz, bog weit aus über einen frischgepflügten Acker, schwebte unsicher zur Landung an und setzte auf. Ein paarmal sprang meine Me ob der unsanften Landung, dann griff die Kufe ins spärliche Gras, knirschte über Steine und Kies und bremste heftig die schnelle Fahrt. Auf den letzten vierzig Metern des Ausrutschens zog ich den Öffnungshebel des Kabinendaches, streifte die Brille zurück und zog den Gurtverschluß auf. Da geschah es. Eine blitzhelle Stichflamme schoß vom Boden der Kabine her am Knüppel hoch, eine heiße Welle brannte mir ins Gesicht, ich zog die Knie instinktiv hoch, stemmte die Füße gegen den Sitz und sprang hinter der wegfliegenden Haube hinaus. Vielleicht landete ich Kopf voraus auf den Händen, vielleicht auf allen Vieren, ich weiß nur noch, daß ich den Boden spürte und nur einen Gedanken hatte: Weg von der Me.

Da krachte es ein zweites Mal hinter mir, ich sprang auf die Beine, rannte noch zwanzig oder dreißig Meter weiter und blickte mich um. Hinter mir qualmte die 163 mit aufgerissenem Kufenschacht und halb geborstener Kabine. Der Startwagen und die Feuerwehr kamen angefahren, ein Sanitätswagen hinterher. Wasserschläuche spien ihr Naß auf das Wrack, Karl Voy und zwei meiner Monteure sprangen vom Wagen her auf mich zu und Karl rief: „Mano, du lebst!"

„Soviel ich weiß", sagte ich und verfiel in jene Schnoddrigkeit, die einen nach solchem Geschehen oft überkommt. Mich wenigstens. Aber mein Gesicht und meine Hände brannten wie Feuer, und aus den Augen liefen mir die Tränen über die versengten Wangen, ätzend wie Säure.

„Los, sofort zum Arzt", meinte Karl, aber ich winkte ab. „Laß mal, ist halb so schlimm, brennt halt ein bißchen. Ich schickte den Saniwagen zurück. Ich konnte genau so gut mit dem Startwagen zur Unterkunft fahren. Ich wollte die Maschine noch sehen, wenn die Feuerwehr so weit war.

„Warum bist du eigentlich nicht ausgestiegen?" fragte Karl. Ich hob die Schultern. Ich wußte es wirklich nicht mehr. Nun gingen wir zur Me. Das Cockpit sah bös aus. Die beiden fingerdicken Panzerplatten am Boden waren umgeknickt wie Zeitungspapier und standen mit ihren scharfen Ecken nach oben. Blechfetzen hingen herum und die Gummileitungen waren verbrannt und verschmort, die Gläser der Instrumente gesprungen und die Panzerscheibe schwarz wie ein Stück Kohle und in der Mitte wie altes Holz geplatzt. „Schöne Bescherung", dachte ich und war froh, daß ich noch rechtzeitig herausgekommen war. Auf der Fahrt zur Unterkunft verflog der erste Schock und die Schmerzen kamen. Im Spiegel meines Zimmers sah ich, daß meine Augenwimpern und -brauen ganz und meine Haare zu einem guten Drittel abgesengt waren. Ich sah aus wie ein tibetanischer Mönch.

Unser Horstdoktor kam, schmierte mir irgendetwas ins Gesicht und verband meinen Kopf. Dann legte ich mich ins Bett, schluckte ein paar Pillen und schlief ein.

Nelte kam spät abends noch zu mir. Man hatte ihm wohl bei seiner Rückkehr gleich von meinem Pech erzählt und so stand er schuldbewußt an meinem Bett, nachdem er sehr vorsichtig die Tür meines Zimmers geöffnet und gesehen hatte, daß ich wach war. Ich konnte kaum reden, aber es verlockte mich doch, den Langen ein bißchen auf den Arm zu nehmen.

„Das Triebwerk war prima, Nelte", ulkte ich seine Feststellung vom Nachmittag nach. Er machte ein Gesicht wie ein Ministrant, der ein Glas Meßwein heimlich getrunken hat und dabei erwischt wurde.

„Mensch, Herr Leutnant, wenn ich das gewußt hätte, ich hätte Sie nie auf die Maschine gelassen."

„Mensch, Herr Oberfeldwebel, wenn ich das gewußt hätte, hätte ich Sie nie zu Ihrer Braut gelassen." Ich wollte lachen, aber es wurde nur ein Gekrächze. „Dort steht eine Flasche Kognac, Nelte. Schenken Sie ein und dann trinken wir ein Glas auf unser Triebwerk und Ihre Braut. Hoffentlich hat sie besser funktioniert."

„Klar, Herr Leutnant!"

Nelte goß ein. Mein Gesicht brannte noch immer, als hätte ich einen Tag lang auf einem Gletscher in der Sonne gelegen, und der durch Strohhalm geschlürfte Kognac tat gut. Wir tranken noch einige, bevor Nelte ging und ich leicht beschwipst einschlafen konnte.

Ich bekam vom Arzt vier Tage Flugverbot, während derer Voy und Nelte fast pausenlos in der Luft waren, um die angeforderten Maschinen abliefern zu können. Lamm hatte sich zwar von seinem Unfall wieder erholt, konnte aber wegen böser Magengeschichten nicht mehr einfliegen und wurde abgelöst. An Perschalls Rückkehr zum Dienst war auf Monate hinaus nicht zu denken, wenn er überhaupt je wieder die Me 163 fliegen konnte. So blieben wir drei allein und schleppten und flogen pausenlos tagein, tagaus. Von Kleinigkeiten abgesehen lief ein Triebwerk wie das andere. Die Aluminiumdichtungen an den Rohrverbindungen waren auf Anordnung Otto Oertzens nach meinem Unfall durch Bunadichtungen ersetzt worden, und das schien zu helfen. Wir machten wahre Lustflüge in diesen wolkenlosen Spätsommertagen. Einmal stieg ich noch abends kurz nach Sonnenuntergang mit einer Vollbetankten auf, holte in sechs- oder siebentausend Meter die Sonne wieder ein und schoß noch hoch bis fast fünfzehntausend Meter. Es war das beste Triebwerk, das ich je unter den Fingern hatte. In weiten Spiralen unter einem bennenden Himmel und über einer fast nachtschwarzen Erde zog ich meine Bahn, sah weit hinaus aufs Meer und die Küsten entlang, tauchte wieder ein in das Dämmern und landete, als schon längst die Platzlichter brannten.

Inzwischen hatte die Wittmundhafener Staffel sich in Brandis eingerichtet und Nicky kam eines Tages mit zwei Kameraden und einer 110, um eine 163 zu überführen. Ich erfuhr, daß in Brandis unter einem gewissen Hauptmann Fulda, einem Fallschirmjäger, die erste 163-Gruppe aufgestellt werden sollte, um das nahe Leuna-Werk vor Luftangriffen zu schützen. Also war der Plan des Küsten- und Grenzschutzes wohl bereits aufgegeben. Da packte mich die Wut wieder, hier in Jesau zu sitzen und einzufliegen, während die anderen in Brandis den Pulks auflauerten. Aber Thaler würde mich so schnell niemals zurückholen.

„Bleibt Thaler in Zwischenahn?“ fragte ich Nicky.

„Ach so, Herr Leutnant, das hätte ich ja beinahe vergessen. Thalers Zeit ist bald zu Ende. Späte ist wieder zu uns versetzt. Als Geschwaderkommodore! Wir heißen jetzt Jagdgeschwader 400.“ Nicky sagte das sehr stolz, in mir aber zündete ein Funke. Wenn Späte zurückkam, blieb ich auch nicht mehr länger hier. Ich setzte mich sofort in mein Zimmer und schrieb Späte einen Brief. Keinen sehr dienstlichen, aber vielleicht konnte ich ihn an der menschlichen Seite packen. Wenn er ein Geschwader aufstellte, brauchte er Leute, das war klar. Ich ließ Nicky schwören, den Brief sofort Späte zu übergeben, wenn dieser nach Brandis kam. Nicky schwor.

Bereits zwei Wochen nach Nickys Besuch erfuhr ich vom sauer blickenden Karl Voy, der mit Späte telefoniert hatte, daß ich mein Kommando beenden und nach Zwischenahn zurückkommen könnte. Dort bekäme ich dann meine Versetzung nach

Brandis. Vierundzwanzig Stunden später war der Befehl per Fernschreiber da, ich packte, nahm Abschied von Nelte, Karl Voy und seiner hübschen Sekretärin, versprach Nelte, ihn auch bald nach Brandis zu holen und fuhr ab. Ich war Jesau nicht mehr gram, denn die tägliche Einfliegerei hatte mir viele neue Erfahrungen im Spiel mit der Me 163 vermittelt, um die ich dankbar war.

Während unserer Jesauer Zeit hatte in Brandis eine neue Premiere stattgefunden, eine Welturaufführung sogar, deren letzten Akt ich noch miterlebte.

Einige Monate lang hatte sich nun unser Leutnant Hachtel als Waffenerprober die Fingernägel abgebrochen, ohne mit den üblichen 3-cm-Kanonen richtig fertig zu werden. Gewiß, sie waren nicht schlecht, aber das Angreifen der bis an die Zähne bewaffneten Bomber wurde mit dem herkömmlichen System immer problematischer. Ganz zu schweigen von der Übermacht der Begleitjäger. Dazu kam, daß das Erfliegen der richtigen Schußposition den Vorteil der überlegenen Geschwindigkeit der Me 163 zu einem Teil wenigstens zunichte machte, aber weder Hachtel, noch ein anderer von uns hatte bisher eine andere Möglichkeit gefunden.

Da erschien eines Tages in Brandis ein Mann, der den so gar nicht zu seiner Tätigkeit passenden Namen Dr. Langweiler trug. Dieser Herr Dr. Langweiler, ein Waffeningenieur von Ruf, war nämlich der Erfinder unserer ebenso berühmten wie berüchtigten Panzerfaust, und er war nach Brandis gekommen, um für die Me 163 eine neue Bewaffnung vorzuschlagen, deren Funktion für diese schnelle Maschine etwas geradezu Bestechendes hatte.

Dr. Langweilers Vorschlag war, in die verhältnismäßig dicken Flächen der 163 eine Senkrechtbewaffnung einzubauen, deren Geschosse beim Unterfliegen feindlicher Flugzeuge über zwei Selenzellen gezündet wurden und vertikal nach oben schießend den Gegner treffen sollten. Das war ein ebenso einfacher wie genialer Gedanke, doch erprobt hatte ihn noch niemand.

Zu einer solchen Erprobung aber hatte Dr. Langweiler bereits alles bei sich, und nach einer Besprechung mit dem General der Jagdflieger gingen Hachtel und der Doktor an die Arbeit. Zunächst bauten sie in die Flächen einer Focke Wulf FW 190 je Seite einen der Läufe senkrecht ein, die in ihrem geschlossenen unteren Teil die Zünder und die Treibsätze trugen, über die dann die eigentlichen Sprenggeschosse vom Kaliber 5 cm kamen. Im vorderen Teil der Tragflügel wurden die beiden Selenzellen auf je einer Seite angebracht, das notwendige Verstärkergerät kam in den Rumpf. Die Läufe der Geschosse wurden fächerartig nach oben leicht schräg eingeführt, um eine gewisse Streuung und damit höhere Treffsicherheit zu erzielen. Die Sprengwirkung der einzelnen Geschosse war so hoch, daß ein Flächentreffer genügte, um die Feindmaschine zum Absturz zu bringen.

Um einen zu unterfliegenden Gegenstand zu schaffen, auf den die Selenzellen reagieren konnten, verband man zwei kleinere Fesselballone mit einem etwa 50 Meter langen und zwei Meter breiten Tuch, welches zu unterfliegen einem geübten Piloten nicht schwer fallen sollte.

Die Vorbereitungsarbeiten dauerten nicht lange und eines schönen Herbstmorgens war es so weit. Wer Zeit hatte, stand draußen am Platz, sah abwechselnd zu den beiden Sperrballonen mit dem Tuch, das bei der herrschenden Windstille fast regungslos sich spannte, und zu der FW 190, die Hachtel eben bestieg. Kaum einer glaubte an das Gelingen, denn das Tuch sah so schmal aus wie ein Wäscheband, und es erschien absurd, es zu treffen.

Aber bereits dieser erste Versuch gelang. Hachtel startete, flog sich orientierend an den Ballonen vorbei, zog noch einmal hoch, ging dann nach einer weiten Kurve in Position, und kurz darauf jagte die FW 190 präzis gesteuert mit über 400 km/h unter dem Tuch und zwischen den Seilen hindurch, beide Geschosse zündeten, und als nach dem Flug das Tuch untersucht wurde, hatte es zwei Löcher.

Das war für alle, außer Dr. Langweiler, ein so verblüffender Erfolg, daß sofort weitere Versuche angesetzt wurden. Mit je zwei Geschossen in beiden Fällen erreichte Hachtel drei und vier Teffer, bei je drei und vier Geschossen wurden fünf und sieben

Treffer erzielt, doch zersprang beide Male infolge des stärkeren Luftdruckes durch den Mündungsknall das Plexiglas der Kabine.

Das Ziel der Versuche war, in die Flächen der Me 163 je fünf Geschosse einzubauen. Um den Luftdruck des Mündungsknalls dieser zehn Geschosse zu verteilen, wurden für je zwei Geschosse Verzögerungssätze eingebaut. Auch diese Versuche verliefen über Erwarten gut.

Nun wurde diese Vollbewaffnung in eine Me 163 eingebaut, doch bereits nach den ersten Versuchsflügen, bei denen lediglich die Zündfolge ohne scharfe Bewaffnung durchgeprobt wurde, verbot das RML die weitere Benutzung der ziemlich hoch schwebenden Ballone aus Tarnungsgründen und empfahl das Errichten von zwei hohen Stangen am Platzrand, zwischen denen man das Tuch spannen konnte.

Dies geschah.

Tags darauf startete August Hachtel zu seinem ersten 163-Flug mit voller Bewaffnung. Er hatte die Tanks nur halbvoll machen lassen, um nicht allzu hoch steigen zu müssen. Natürlich war jetzt alles viel schwieriger bei den nur dreißig Meter voneinander entfernt stehenden Stangen und dem knapp zwanzig Meter über dem Boden gespannten Tuch, aber die Sicht aus der Me 163 war nach vorn so einwandfrei, daß es gelingen mußte.

Der Tag war nicht ganz klar, und sich auflösende Hochnebelfetzen hingen allenthalben über dem Platz, wenn auch hoch genug, um den Start und den Flug nicht zu gefährden.

Hachtels Me stieg nach einwandfreiem Start steil hoch, verschwand ein paarmal zwischen den Nebeln, das Triebwerk verstummte, als der Treibstoff verbraucht war, und dann kam er im Sturzflug mit 900 km/h auf den Platz zugeflogen ... und nun soll er selbst erzählen, was kam:

„Ich hatte die Stangen genau im Visier, nahm die Maschine langsam aus dem Sturzflug heraus, um weit genug vor den Stangen im Tiefflug zu sein und schaltete nun die Selenzellen ein. Ich war noch etwa 300 Meter hoch, als es ohne jede erdenkliche Ursache einen Donnerschlag tat. Mein Kopf flog zurück, stieß heftig gegen das Rückpolster, meine Brille flog weg und ich hatte plötzlich das Gefühl, im Freien zu sitzen. Für den Bruchteil einer Sekunde benommen, merkte ich, daß das Kabinendach weg war und die Me völlig aus der ursprünglichen Bahn flog. Ich zog sofort hoch, konnte aber kaum etwas sehen, da meine Augen voll Dreck waren und heftig tränten. Ich sah keinen Platz mehr, ahnte nur, wo er sein mußte, ging in eine Kurve und achtete nur noch, so gut ich konnte, auf den Staudruck. Dann war der Platz unter mir, ich riß die Me in eine Verlegenheitskurve, kam viel zu hoch an, zog und drückte wieder, bis die Maschine heftig auf den Boden plumpste. Sie sprang sofort wieder hoch, fiel wieder herab, stieß sehr hart auf, ich verspürte einen heftigen Schmerz im Rücken und biß auf die Zähne, um nicht ohnmächtig zu werden. Nach ein paar rauhen Stößen stand meine Me still, ich riß den Gurtverschluß auf und sprang heraus und wurde nach wenigen Schritten ohnmächtig . . ."

So fanden sie ihn neben der stark zerstörten Maschine liegen, bewußtlos und mit angebrochenem Rückgrat. Das alte Lied.

Nie wurde dieser Unfall ganz geklärt. Man konnte nur feststellen, daß alle zehn Geschosse auf einmal gezündet hatten, weil vergessen worden war, die Verzögerung einzubauen. Das war bei allem Unglück noch Hachtels Glück; wahrscheinlich hatte ein Nebelfetzen über den Selenzellen die Zündung verursacht. Wäre es nicht zu der vorzeitigen Zündung durch Nebelfetzen gekommen, hätten die zehn Zünder ohne Verzögerung in wenigen Metern Höhe unter dem Tuch gezündet, und in der dann auf einen Schlag erfolgten Explosion der zehn Treibsätze in so tiefer Fluglage hätte Hachtel die Maschine nicht mehr halten können...

Ich selbst erlebte die erste Vorführung der neuen Senkrechtbewaffnung bereits einen Tag nach meiner Rückkehr aus Jesau. Fritz Kelb hatte für den verletzten Hachtel die weitere Erprobung übernommen. Bereits am ersten Morgen nach meiner Ankunft nahm er mich mit zur Werft und zeigte mir die senkrechtbewaffnete Me. Ich sah die in beiden Flächen etwa 75 cm rechts und links vom Rumpf eingelassenen Stahlblechhülsen, die oben ein bis drei Zentimeter aus der Fläche herausragten. In diesen Hülsen steckte je eine ebenfalls dünnwandige 5-cm-Granate, deren Wirksamkeit die eines 8,8 cm Geschosses war. Vor den Hülsen waren die Selenzellen wie zwei blinde Augen eingelassen, die durch einen Knopf am Steuerknüppel eingeschaltet und abgestellt werden konnten. Aus dem Verstärkergerät führte je ein Zündungskabel zu den einzelnen Hülsen.

Fritz erklärte mir alles bis ins Kleinste und redete wie ein Buch, als wäre er selbst der Erfinder. Als ich eine Einwendung machte, ob das nun wirklich immer funktioniere und man auch zuverlässig treffe, meinte er nur: „Komm nachher raus, wirst schon sehen wie's hinhaut!"

Zwei Stunden später stand er mit seiner Me am Start. Drüben an der Längsseite des Platzes standen die Stangen mit dem Tuch. Als ich das alles nun mit eigenen Augen sah, wurde ich trotz der Berichte über Hachtels Erfolge skeptisch. Ich stellte mich aber mit ein paar anderen neben die Stangen und wartete, bis Fritz startete, über die lange Bahn schoß, abhob und mit einer weiten Schleife kaum zweihundert Meter hoch ausholte.

Nur wenig höher als der Horizont kam er wie ein fliegendes Reptil auf uns zu, schoß in kaum zehn Meter Höhe über dem Boden dahin, ging kurz vor den Stangen noch tiefer, dann genau zwischendurch und an uns vorbei. Im gleichen Augenblick, als er die Stangen durchflog und der Krach des Triebwerkes unsere Ohren traf, zerfetzten die unsichtbaren Geschosse das Tuch. Fritz aber hatte seine Maschine hinter den Stangen schon hochgezogen und stieg senkrecht in den Himmel. Ich war so verdutzt, daß ich kein Wort hervorbrachte, denn wenn das, was ich da eben gesehen hatte, kein Zufall war, und diese neue Bewaffnung der Me 163 auch nur einigermaßen zuverlässig im Einsatz funktionierte, dann war es nur eine Frage der Maschinenzahl und der Strategie, die tödlichen Einflüge der feindlichen Bomber zu stoppen.

Fritz schwebte ein und landete glatt. Ich fuhr zu ihm hinaus.

„V. S. V. — Feine Sache, was?" sagte er und machte ein Gesicht, als habe er einen Elefanten geschossen.

„Und das klappt immer so?", fragte ich zweifelnd, denn ich konnte es mir noch immer nicht vorstellen.

„War mein dritter Flug. Der erste hat versagt, beim zweiten waren zwei Löcher im Tuch von vier Granaten. Wir probieren noch an der Streuung herum, aber ich glaube, wir liegen schon ganz richtig.“ Am Nachmittag wolle er den nächsten Flug machen.

Es war inzwischen neun Uhr geworden, und ich mußte mich in einer halben Stunde bei Späte melden, der am Vorabend aus Zwischenahn gekommen war. Als ich das alte Haus betrat, in dem der Geschwaderstab untergebracht war, wies mich ein Gefreiter zur Schreibstube, die vor Spätes Zimmer lag. Erstaunt hörte ich seine sonst selten laute Stimme streng und schneidend durch die geschlossene Tür, konnte aber zunächst nicht verstehen, was er sagte. Daß da drin aber „dicke Luft“ war, war unschwer zu erraten. Es dauerte keine Minute mehr, bis die Tür aufging, und Toni Thaler blaß wie ein Tischtuch aus Spätes Zimmer kam. Als er mich sah, schien es mir, als zwänge er sich zu einem Lächeln, während er mir die Hand reichte und fragte: „Na, Mano, aus Jesau zurück?“

Ich traute meinen Ohren nicht, das war seit vielen Monaten wieder das erste Mal, daß Thaler mich beim Vornamen nannte. „Klar, Toni, war prima“, erwiderte ich, konnte aber nicht hinzufügen, was ich wollte, denn Späte erschien in der Tür und rief mich zu sich. Da stand er wieder vor mir mit seinem kantigen, und immer um einen Zug zu spöttischen Gesicht und fast zwanzig Abschüssen mehr hinter dem Eichenlaub, und ich hatte das Gefühl, als hätten wir zwei uns am liebsten auf die Schulter geklopft, aber da stolperte die Herzlichkeit mal wieder über die verschiedenen Schulterstücke und fing sich erst über ein paar Zwischenahner Berichten und Erinnerungen.

Dann kam das Dienstliche. Daß ich als z. b. V. zum Geschwaderstab versetzt sei, erfuhr ich kurz einleitend. Danach, daß Thaler soeben den Befehl bekommen habe, binnen acht Tagen seinen ersten scharfen Start auf der 163 B zu melden. Das war nur gerecht, wenn es auch für den guten Toni eine harte Nuß bedeutete, nach monatelanger Pause nun doch noch eine scharfe B zu fliegen. Aber ich wußte, daß Späte in solchen Dingen niemals nachgab. Er verlangte von keinem mehr, als von sich selbst, und war dazu ein so fanatischer Flieger, daß er es einfach nicht verstand, wenn sich einer vom Fliegen drückte. Diese Einstellung mochte bei ihm sogar stärker sein, als das rein militärische Moment in dieser Sache, aber kam letzten Endes nicht überhaupt jeder Erfolg in der Luft ursächlich durch jene nur schwer zu erklärende Liebe zum Fliegen zustande? Man mußte als Reiter sein Pferd beherrschen lernen, um ein Ritter zu werden. Auch hier waren die Zügel wichtiger, als Schwert und Lanze ...

Doch es gab noch anderes zu besprechen. Oberleutnant Medicus hatte die Betreuung einer Gruppe neuer 163-Schüler zu übernehmen, und für den Nachmittag war eine japanische Offiziersabordnung zur Besichtigung eines 163-Starts angesagt. Ich sollte mich um beides kümmern und sorgen, daß alles in Ordnung ginge.

Es war ein bißchen viel auf einmal, aber besser als gar nichts. Fehlten eigentlich nur noch ein paar Feindflüge, um das Programm komplett zu machen, aber diese blieben trotz idealen Wetters aus. Umso pünktlicher kamen die Japaner, höflich lächelnd wie immer, aber dieses Lächeln verflog, als sie in der Werft die ersten scharfen Triebwerke im Standlauf brüllen hörten. Das eine davon stak in Fritzens senkrechtbewaffneter Me, und Fritz selbst saß in der Kabine und steuerte den Probelauf. Als der dumpfe Knall das Ende des Treibstoffes angezeigt hatte und der Dampf aus der Brennkammer quoll, sprang Fritz aus dem Sitz, kam zu mir und den Japanern und sagte sein unvergleichliches: „I. T. N. — Ist das nix?“ einem wieder lächelnden Japaner mitten ins gelbe Gesicht.

Während die Maschine neu betankt und für den Vorführflug fertig gemacht wurde, gingen wir langsam hinaus zum Start, Fritz gestikulierend mitten zwischen den Japanern, mit Händen, Füßen, Nase und Ohren redend, und alles lachte über Witze, die kein einziger verstand. Ich half Fritz beim Anschnallen, und er konnte es mal wieder nicht lassen, ehe er das Kabinendach schloß: „Mano, blaue Nelken mag ich am liebsten!“

„Schnittlauch kannst du kriegen!“ rief ich durchs kleine Fenster und sah ihm lachend nach, als er davonzischte. Er hob gut

(zu Seite 39)

(zu Seite 50)

ab, war schnell auf etwa 100 Meter Höhe, als wir plötzlich ein paar weiße Dampfbälle aus der Brennkammer spucken sahen und schließlich eine Fahne dichten schwarz-weißen Rauches hinter dem Heck von Fritzens Me. Kein Zweifel, die Maschine brannte, und Fritz stieg eben über den Waldrand hinter den Flugplatzgebäuden. Ich riß einem Japaner das Fernglas aus der Hand und sah, wie Fritz die Maschine hochzog und anscheinend versuchte, das Kabinendach abzuwerfen. Im nächsten Augenblick sprühte der T-Stoff aus dem Schnellablaßstutzen, dann neigte sich die brennende Maschine den Baumwipfeln zu. „Spring doch raus, Fritz!“ Ich weiß nicht mehr, ob ich es dachte oder schrie, aber weder Körper noch Fallschirm kamen zum Vorschein. Ein Drama zuckte durch zwei oder drei Sekunden, und wenn Fritz jetzt nicht sprang, war es zu spät. Noch ein paar Meter nur bis zu den Baumwipfeln, da sah ich etwas aus der Kabine fallen, nicht genau, aber es konnte Fritzens Körper sein, und nun fiel er neben der Maschine auf die Bäume zu. Da streckten sich die Leinen des Fallschirms, und der weiße Schlauch der Seide verschwand unentfaltet hinter dem Wald. Fritz! — Ich sah keinen Japaner mehr, rannte zum Startwagen, befahl dem Fahrer so schnell wie möglich in Richtung des Absturzes zu fahren, aber es war ein weiter, umständlicher Weg.

Der dumpfe Knall der aufschlagenden und explodierenden Maschine war längst verhallt, als wir das Flugplatz-Tor passierten und in weitem Bogen um den ganzen Wald herum die mutmaßliche Stelle suchten. Feuerwehr und Sanitätswagen blieben weit hinter uns zurück, und als ich glaubte, die Straße abschneiden zu können, ließ ich den Wagen querfeldein mehr springen als fahren. Ein Wassergraben zwang uns wieder aus der Richtung, bis wir endlich einen schmalen Feldweg fanden, der ihn mit einer morschen Brücke überquerte, die zwar unseren leichten VW-Kübel trug, vor der aber Feuerwehr und Saniwagen, die uns fast eingeholt hatten, umkehren mußten. Ein Waldstück über Wurzeln und Steine, dann noch eine nasse Wiese und dann sahen wir die geborstenen Trümmer der Me an einer Waldecke rauchen.

Ich sprang aus dem Wagen, suchte die Bäume ab und schrie so

laut ich konnte: „Fritz, Fritz, Friiiitz!“ — Nichts. Keine Spur von ihm. Mein Fahrer, der ein Stück in den Wald hineingelaufen war, brachte einen Teil des Fallschirmsacks. Das war doch nicht möglich! Wo der war, mußte doch auch Fritz sein!? Oder höchstens ein paar hundert Meter weiter. Natürlich tot oder bewußtlos, wenn er so viel Glück gehabt haben sollte, aber das war ja unwahrscheinlich.

Jetzt entdeckten wir hinter der nächsten Waldecke ein Haus, vor dem ein paar Menschen standen. Wir liefen hin. „Habt Ihr den Absturz gesehen? Wo ist der Flugzeugführer?“

„Der sitzt da drin in der Stube“, sagte einer, und ich hätte ihm um ein Haar eine runtergehauen, aber ich ging in die Stube, und da saß — Fritz. Weiß Gott, ich zögerte, ob ich ihn umarmen oder ihm an die Gurgel springen sollte, als ich ihn mit einem, wenn auch schmerzlichen Lächeln da sitzen sah, während ein nicht unedles Bauernmädchen zu seinen Füßen kniete, deren einer entblößt war, und um diesen einen ein nasses Tuch legte. Ein zweites Bauernmädchen, unverkennbar die Schwester, kam aus der Küche mit einer Tasse heißen Kaffees. Das war mir zuviel.

„Fritz, du bist die unglaublichste Kreatur, die mir je begegnet ist!“

„Fehlt dir nichts, Fritz?“ Ich ging zu ihm hin und besah mir seinen Fuß.

Fritz Kelb lächelte. „Fräulein Hilde (den Namen wußte er also auch schon), bringen Sie dem Mano doch auch eine Tasse Kaffee, damit er sich beruhigt.“

„Ob Dir nichts fehlt, Fritz, hab ich gefragt!“

„Doch, meine Brille! Muß irgendwo im Wald liegen. So eine kriege ich nie wieder, die so gut sitzt!“

„Mach doch jetzt keine Sprüche, ob du verletzt bist, meine ich. Tut dir das Kreuz weh?“

„Nee, bloß der Fuß. Ist vielleicht ein bißchen gebrochen oder verstaucht.“

Erst jetzt hupten draußen der Feuerwehr- und der Saniwagen.

„Da kommen noch mehr zum Kaffee, Fräulein Hilde“, sagte Fritz. Er war nicht klein zu kriegen . . .

Während ich rasch draußen die Feuerwehr einwies und die Bergung der Trümmer anordnete, kümmerte sich ein junger Arzt um Fritzens Fuß, der anscheinend nicht gebrochen, aber umso schwerer verstaucht war. Dann hatten wir Fritz langsam so weit, daß er seinen Absturz erzählte. Er hatte zuerst die Kabine nicht aufbekommen, da wohl die Absprengvorrichtung versagte, mußte nach dem Hochziehen sich losschnallen und das Kabinendach mit dem Rücken aufdrücken. Auch das ging langsam, sodaß er erst kurz über dem Wald aus der Maschine springen konnte. Wir hatten von unserem Standpunkt aus den Hergang unter einem anderen Winkel gesehen, und ich erfuhr nun, daß Fritz seiner Meinung nach noch etwa 30 bis 50 Meter über dem Wald war, als er springen konnte. Er fiel dann neben der Maschine der Erde zu und spürte im letzten Augenblick den Entfaltungsstoß des Schirms. „Mir war, als wäre ich von einem Kirchturm gesprungen, aber dann standen gleich Hilde und Anneliese vor mir, und so sind wir zusammen hierher gehumpelt. Aber so schnell hab ich noch keinen Fallschirm gezogen wie heut. Jetzt oder nie, hab ich gedacht, und es war halt wieder einmal jetzt." Und das alles im Salzburger Dialekt.

„Was war mit der Me?"

„Die hat ganz lustig gebrannt und gestunken und hat dann an der anderen Waldecke ziemlich geknallt. Gut, daß ich nicht mehr drin war, sonst hättest du blaue Nelken kaufen müssen."

Als ich zum Aufbruch mahnte, und wir Fritz zum Wagen trugen, da er nicht mehr auftreten konnte, sagte er zu den Mädchen: „Ich komm bald wieder, aber ohne Knall!"

Dann verflog seine gute Laune, denn das Schütteln des Wagens auf den ersten schlechten Wegen machte ihm heftige Schmerzen, und nachdem sie ihn im Horst geröntgt hatten, zeigte sich doch ein Knochenriß im Gelenk, der ihm einige Wochen zu schaffen machen würde. Seine erste Feststellung aber war, daß man wohl mit verbundenen Knochen auch fliegen könne." Erst spät in der Nacht, als ihn die Schmerzen plagten, und er über zwei Schlaftabletten eingeschlafen war, stand Fritzens Mundwerk still.

Ich ging in meine Stube, um ein paar Briefe zu schreiben, kam aber nicht dazu. Franz Rösle kam, kaum daß ich mich an meinen Schreibtisch gesetzt hatte.

„Laß die blöde Schreiberei, kommt ja doch nichts dabei raus", sagte er und lachte grimmig. „Oder schreib heim, daß sie dich bald in einer Tüte mit Patentverschluß hier abholen können."

Schweinitz erschien in der Türe.

„Habt Ihr Lust, einen Skat zu spielen?"

Ich packte resigniert mein Schreibzeug wieder zusammen und stellte eine Flasche Kognac auf den Tisch mit vier Gläsern, denn Hans Bott war ohne jede Bemerkung mit seinem ruhigen bleichen Gesicht auch hereingekommen und hatte sich zu uns gesetzt.

Ich schenkte ein, und wir hockten eine Weile schweigend beisammen. Dann fiel das Stichwort:

„Auf Fritz' Geburtstag", sagte Schweinitz und hob sein Glas, um es mit einem Zug auszutrinken.

„Wir werden bald aus dem Saufen nicht mehr herauskommen, wenn wir jeden Geburtstag begießen."

„Oder es sind in unabsehbarer Zeit keine mehr da, die überhaupt noch saufen können!"

„Macht nix, in der Hölle gibt's auch Schnaps!"

„Woher weißt du?"

„Kann mir nicht denken, daß der Teufel Wasser trinkt."

„Wollen wir nicht lieber doch einen Skat klopfen, als hier alberne Reden zu führen?"

„Was heißt alberne Reden, mir ist's bitter ernst. Wenn mit dem Triebwerk nicht einiges passiert, liegen wir in ein paar Monaten alle flach."

„Noblesse oblige, meine Herren Pioniere des Raketenfluges, die Geschichte der Luftfahrt wird euch ein ehrendes Andenken bewahren!"

„Zwiefacher Heldentod: a) für das Vaterland und b) für den Fortschritt der Menschheit . . ."

„Pfadfinder der Raumfahrt!"

„Scheiß auf die Raumfahrt! Hast ja gesehen wie Fritz heut durch den Raum fuhr."

„Wie ein Blitz mit Durchfall!"

„Geh mal zum Alten, vielleicht versetzt er dich zur Heilsarmee?"
„Schenk lieber nochmal ein, das Zeug tut gut."
„Na also."
„Was heißt ‚na also'? — Sie zieh'n dir den Stuhl unterm Hintern weg, und du hockst im Dreck."
„Schad um die Hosen."
„Prost, ihr Lieben, auf eine fröhliche Nacht bis zur Sitzbereitschaft morgen früh."
Noch während wir die Gläser hoben, begann das Getute der Sirenen.
„Geh'n wir zum Bunker?"
„Quatsch, nachts greifen sie keinen Flugplatz an!"
„Mein' ja nur, weil die Mädchen dort sind."
„Pfeif auf die Weiber! — Stell das Radio an, damit wir hören, wo sie hinfliegen."
Ich schaltete ein. Es rauschte eine Weile, dann kam die bekannte Stimme: „. . . starke feindliche Verbände im Anflug auf Hamburg und Berlin."
„Die armen Schweine, Nacht für Nacht geht das jetzt."
„Zur Nachtjagd sollte man gehen, da ist wenigstens was los, und man weiß, wofür man den Kopf hinhält . . ."
„Stimmt, bei der Nachtjagd haben sie grad auf dich gewartet."
Draußen begann die Flak aus allen Rohren zu ballern.
Wir zogen unsere Lederjacken über und gingen durch die dunklen Horststraßen zum Platzrand. Ein paar schlitzäugige Autotarnlichter begegneten uns, eine Gruppe von Nachrichtenhelferinnen hastete dem Bunker zu und eine Wachstreife kontrollierte streng die Verdunkelungen.
Als wir um die letzte Hallenecke bogen, breitete sich vor uns die Erde wie der schwarze Rücken eines schlafenden Riesen. Nirgendwo brannte ein Licht, und die Häuser und Hallen hinter uns standen wie leblose Quader zwischen dem farblosen Geäst der Bäume und Sträucher. Drüben aber, jenseits des Platzes bot sich ein trotz seiner fast allnächtlichen Alltäglichkeit immer wieder faszinierendes Schauspiel.

Die grellen Strahlen der Flakscheinwerfer durchstöberten den Himmel und glitten suchend an den vier Wänden der Welt entlang. Zwei der hohen Lichtfontänen kreuzten sich und hielten im Schnittpunkt ihrer Strahlen ein silbergrau blitzendes Flugzeug gefangen. Ein dritter Strahl schoß hinzu, und dort, wo die drei Lichtbündel sich trafen, waren keine Sterne mehr zu erkennen. Langsam, als klebe er in dieser dicken Flut von Licht, kroch ein viermotoriger Bomber mühsam, wie es schien, dahin und versuchte mit vergeblichen und plump aussehenden Bewegungen das verderbliche Licht zu fliehen.

Unten aber blitzte es da und dort auf, wenn die Flakgeschütze ihre Geschosse hochjagten, zuckte über den kaum erkennbaren Strich empor, der die Erde vom Himmel trennte, und klang Sekunden später als harter Knall zu uns herüber. Von oben drang ein dumpfes Patschen zu uns herab, wenn die Geschosse explodierten, und taten sie es in der Nähe der drei Lichtstraßen oder ihres Schnittpunktes, dann konnten wir die grauen Rauchbälle sehen, die sich immer näher an das fliehende Flugzeug drängten.

„Wenn der nicht gleich aus dem Scheinwerfer rauskommt, holen sie ihn herunter."

„Dazu müssen sie ihn aber erst treffen!"

„Sind über England oft so im Rampenlicht der Flak spazieren geflogen! — Ein blödes Gefühl, wenn man nichts anderes sieht als Licht. Keinen Himmel mehr, keine Erde, und die Knallerbsen platzen rechts und links, und man wartet mit gestrichen vollen Hosen, ob man eine vor den Latz kriegt oder nicht."

„Das ist so ähnlich wie in der Schule, wenn man nichts gelernt hat und eine Stunde lang wartet, ob der Lehrer auf die Idee kommt, einen was zu fragen oder nicht."

„So ähnlich jedenfalls, bloß nicht so harmlos."

„Ich würde langsam meine Gurte losschnallen, wenn ich die da oben wäre. Wenn sie einen Volltreffer kriegen, kommen sie nicht mehr raus."

„Du sprängst auch nicht, bevors nicht knallte!"

„Es knallt aber gleich, die Flak schießt immer besser."

„Ich hab schon Pferde kotzen sehen!"

„Da! — Mensch, um ein Haar!"
„Springt doch raus, ihr blöden Hunde!"
„Laß man, die wollen noch nach Hause!"
Wieder platzte eine Granate fast unmittelbar unter dem Bomber.
„Jetzt haben sie ihn gleich!"
„Vielleicht sind sie zu hoch?"
„Quatsch, es lagen ja schon ein paar Schüsse über ihnen!"
„Mensch, springt doch endlich!"
So flogen die Bemerkungen hin und her, gemischt aus den beiden Wünschen, den Bombenträger vernichtet zu sehen und die Flieger, die ihn flogen, gerettet zu wissen. Es war immer das gleiche, wenn man andere Piloten in Situationen sah, deren Gefährlichkeit man aus eigener Erfahrung so gut kannte. Dann waren das keine Engländer oder Amerikaner oder Franzosen mehr, sondern eben Flieger. Wäre es möglich gewesen, hätten wir sie gar vor dem Volltreffer zum Aussteigen veranlaßt.
Aber der Volltreffer kam noch nicht. Obwohl rings um uns das leise Klicken herabfallender Flaksplitter zu hören war, gingen wir nicht in Deckung, sondern verfolgten mit gespannten Augen den weiteren Verlauf des nächtlichen Schauspiels, das mehr und mehr in den Bereich jenes Sprichwortes von den vielen Hunden rückte. Aus den ersten zwei und drei Scheinwerfern waren fünf geworden, und die Zahl der Explosionswolken in unmittelbarer Umgebung der noch immer fliegenden Maschine mehrte sich von Salve zu Salve.
„Jetzt müßte man mit einer 163 aufsteigen und dem Drama da oben ein Ende machen."
„Viel Vergnügen bei der Landung im Dunkeln!"
„Wieso? Wäre mit Platzbefeuerung gar kein Problem."
„Malt den Teufel nicht an die Wand. Mir langt's bei Tag!"
„Jetzt hat sie's erwischt!"
Eine besonders starke Explosionswolke stand unmittelbar neben dem Bomber, der aber vorerst weiter flog, als wäre nichts geschehen. Doch fast im gleichen Augenblick hatte es den Anschein, als fiele ein Stück von der Maschine ab oder aus ihr her-

aus, und dann sahen wir auch schon, wie sich unterhalb, noch im Strahl des einen Scheinwerfers ein Fallschirm entfaltete.

„Sowas blödes, hätt' sich doch weiter durchfallen lassen können! — Wenn er Pech hat, kriegt er jetzt noch einen Flaksplitter ins Kreuz."

Der Schirm verschwand im Dunkeln. Wir konnten nicht erkennen, ob noch andere Insassen der Maschine gesprungen waren, sahen aber, daß das schwere Flugzeug jetzt in eine steile Rechtskurve ging.

In diesem Augenblick blitzte es auf, als habe da oben einer ein Feuerzeug angeknipst, dann glühte ein Flammenball auf, und während die Scheinwerfer Mühe hatten, zu folgen, brach der schwere Vogel vollends auseinander. Wie ein fallender Meteor fiel das Hauptstück, eine lange Flammenfahne hinter sich herziehend, in wirbelnder schräger Bahn zur Erde, während über ihm eine sich wie ein Lindensamen drehende Fläche noch ein paar Sekunden von den Scheinwerfern gehalten nach unten schraubte, bis sie im Dunkeln verschwand.

„Wieder einer weniger!"

„Sinnlos! Schlag eine Mücke tot, wenn dich tausend umschwirren."

Sinnlos! — Dieses Wort wurde immer häufiger in unsere Sätze aufgenommen, aber es war ebenso sinnlos, es zu sagen ...

Ich kam erst am kommenden Nachmittag dazu, Fritz Kelb zu besuchen und war nicht wenig erstaunt, als ich ihn vor seinem aufgeschlagenen Bett auf und ab humpelnd antraf.

„Was machst du denn, Fritz?"

„K. W. — wie du siehst. Gehversuche, Mano."

„Verrückter Hund, bleib lieber im Bett und schon' deinen Knochen."

„Der Knochen muß wollen wie ich will. Mir stinkt's hier rumzuliegen. Bringt bloß blöde Gedanken ein, sonst nichts."

Auf seinem Nachttisch lag der aufgeschlagene Nietzsche.

„Los, Fritz, geh' wieder ins Bett!"

„G. n. i. V., Mano, kommt nicht in Frage, sonst fliegt der Franz morgen meine Versuche weiter."

„Welcher Franz?"

„Der Rösle!"

„Na und? — Dann laß ihn halt ein paar Tage fliegen und nachher steigst du wieder ein. Komm, leg dich wieder hin."

Er fügte sich unwillig.

„Übrigens, Mano, der Franzl Medicus will dich sprechen. Er hat Kummer mit den Neuen."

Nun schlug Fritz die Bettdecke wieder zurück. „Und ich steh' doch auf, Mano. Pfeif auf den Fuß. Morgen wird wieder geflogen. Weiß der Teufel, wie lange wir überhaupt noch fliegen können?"

„Was ist denn nun wieder kaputt. Fritz?", fargte ich erstaunt über diese neue Redensart, die ich von Fritz noch nie gehört hatte.

„Vielleicht hat man zu viel Zeit für dumme Gedanken, wenn man so stundenlang im Bett liegt, Mano. Mir ist jedenfalls ein

Licht aufgegangen, wieviel Schwein wir so hintereinander haben. Jeden Tag so ungefähr ein bis zwei Starts. Haste Glück, dann geht alles glatt, haste nochmal Glück, dann stinkt die Kiste bloß, und haste ein drittesmal Glück, dann kommste, wie ich gestern, grad noch an der Gelegenheit vorbei, als Christbaumschmuck an ein paar Tannen zu hängen. Das geht vielleicht hundertmal gut so, aber einmal wird's jeden von uns derblättern. Ich komm mir manchmal vor wie einer, der über einem Abgrund an einem Seil hängt und ganz genau weiß, daß einmal die Sekunde kommt, wo die Finger lahm werden, die Fäuste sich langsam öffnen, ganz langsam, verstehst du, aber dann müssen sie loslassen, weil die Kraft einfach nicht mehr reicht. So ist das bei uns im Großen und im Kleinen. An so einem Seil hängt das ganze deutsche Reich und jeder einzelne von uns mit dabei. Fragt sich bloß, ob die Reichsfäuste sich schneller öffnen, als die unseren."

„Fritz, du spintisierst", antwortete ich ohnehin, obwohl ich wußte, wie recht er hatte. Wahrscheinlich war der Schock seines Unfalls erst im Alleinsein über ihn gekommen, und ich mußte alles tun, um ihn von diesen trüben Gedanken loszureißen. Das einzige, was wir brauchten, war Vertrauen zu uns selbst und zu jenem Begriff, den wir „Schwein" zu nennen pflegten, weil uns das Glück zu schwach dafür erschien, und weil wir vielleicht zu feige dazu waren, öffentlich dem lieben Gott ein Dankeschön zu sagen. Aber für Fritz waren solche Gedanken jetzt nichts.

„Denk an deine hübschen Bauernmädchen, Fritz, und wie stolz sie auf ihren vom Himmel gefallenen Flieger waren."

Fritz lächelte süßsauer. „Die Hilde! P. P. — Pfunds Frau! Hätt ich um ein Haar zum Altar geführt. Ob sie wohl zu meiner Beerdigung gekommen wäre?"

„'s ist gescheiter, du heiratest sie, wenn der Krieg vorbei ist. Die Augen waren schön genug, die sie dir gemacht hat." Ich war gespannt, ob mir mein Scherz gelang, aber Fritz winkte ab. „Unsereiner kann nicht mehr heiraten, Mano. Ich jedenfalls nicht. Erstens tät mir die Wahl weh, und zweitens werde ich gar nicht mehr wählen können. Mensch, Mano, heiraten, ein Angestellter werden von acht bis fünf, Kinder kriegen von zehn bis zwölf, in weichen Ehebetten schlafen und sonntags spazieren gehen. Hihi, kannst du dir den Fritz Kelb so vorstellen?"

Jetzt mußte ich lachen. „Nein, Fritz, das kann ich nicht. Aber du könntest ja Testpilot werden oder Verkehrsflieger oder Fluglehrer oder sowas."

„Als ob's bei uns nach dem Krieg noch sowas gäbe. Testpilot für Papierdrachen vielleicht. Das wäre überhaupt eine Idee, wir machen nach dem Krieg zusammen eine Fabrik für Raketenmodellflugzeuge auf. Marke ‚Kraft-Ei'. Wir nehmen den Bott und den Medicus dazu, die können solche Dinger bauen, und du und Rösle, ihr könnt sie als Vertreter verkaufen ..."

„... und du, Fritz, veramüsierst den Reingewinn, was?"

„Genau das meine ich. Der Späte muß aber auch noch in die Firma. Der kriegt eine Rente als Seniorchef!"

„Werde ich ihm morgen vorschlagen. A propos Medicus. Wollte mich der Franz heute noch sprechen?"

Fritz richtete sich ein wenig auf. „Himmel, ja, er hat mich extra darum gebeten. Ruf ihn doch mal an."

Ich war heilfroh, Fritz aus seiner Weltuntergangsstimmung herausgebracht zu haben, ging zum Telefon und ließ mich mit Oberleutnant Medicus verbinden. Er war schon am Schlafengehen, kam aber noch herüber.

„Was gibt's Franz?"

„Jo mei, Mano", begann er in seinem bayerischen Dialekt. „mit den Neuen ist vielleicht nicht viel los. Stücker sechs oder sieben sind schon wieder abgehauen, nachdem sie den Start von Fritz gesehen hatten."

„Wieviele sind denn noch da?"

„Genau noch achtundzwanzig. Du könntest denen morgen früh mal einen kleinen Vortrag halten. Dös kannst du besser als i. Vielleicht kriegen's dann an Schneid!"

„Gut, Franz, bestell sie um halb neun in den Frühstücksraum. Bis dahin habe ich meine Sachen bei Späte erledigt und komme schnell rüber. Anschließend wird wohl Franz Rösle seinen Start machen, und wenn der vorbei ist, werden wir sie fragen, wer bleiben will und wer nicht."

Es war eine verteufelt heikle Angelegenheit mit unserem 163-Nachwuchs. Einen zu zwingen, war sinnlos. Mit unüberwundener Angst konnte man keine 163 fliegen. Das wußten wir alle genau so gut wie Späte, der noch keinen gezwungen hatte, zu bleiben. Andererseits war es so sicher wie das tägliche Wecken, daß unser Nachwuchsprogramm immer dringender werden würde. Wir brauchten in Bälde hunderte von 163-Piloten, wenn die Einsätze überhaupt einigermaßen durchschlagenden Erfolg haben sollten. — Naja, kam Zeit, kam Rat, wenn die Amis nicht vorher kamen und uns diese Sorgen abnahmen.

Jetzt war es Zeit, zu schlafen.

Um halb neun stand ich im Frühstücksraum vor den achtundzwanzig Neuen, die teils ganz freiwillig, teils ein bißchen geschoben sich zur 163 gemeldet hatten. Es war gar nicht so einfach, ihnen einen Vortrag über ihre zukünftige Aufgabe zu halten, denn wenn ich ehrlich sein wollte, mußte ich ihnen sagen, daß sie im Begriff seien, sich einem Kommando zu verschreiben, bei dem es 90 zu 100 um Tod und Leben ging. Sie kamen fast ausnahmslos von der segelfliegerischen Vorschulung in Gelnhausen, wo das Fliegen mehr oder weniger noch eine reine Lust gewesen war.

Ich machte es kurz und keinen Hehl daraus, was ihnen blühte, wenn sie bei der 163 blieben. Ich sah in ihre verschiedenen Gesichter, die ebenso verschieden den Eindruck widerspiegelten, den meine Worte auf sie machten, und hatte während meiner letzten Sätze Spaß daran, sie insgeheim bei mir bereits einzuteilen in diejenigen, die bleiben und die, die wieder gehen würden. Dann machte ich Schluß und spazierte mit ihnen und Franz Medicus hinaus auf den Platz.

Franz Rösle stand noch neben seiner Maschine am Start und machte derbe Spässe mit seinen Mechanikern. Derbe Spässe waren Franz Rösles Spezialität. Er war einer von jenen, die vor nichts Respekt haben. Vor der 163 ebenso wenig wie vor den Frauen. Er stieg mit der gleichen lachenden Frechheit in eine Maschine, mit der er eine Stunde später ein Mädchen umarmte. Hemmungen kannte er nicht, weder da noch dort. Äußerlich war er eine Miniaturausgabe von Galland, unserem obersten Jägergeneral, und trug ein Bärtchen wie dieser. Aber Franz trug es sichtlich zur Hebung seines Selbstvertrauens, das ihm manchmal entglitt wie die zappelnde Forelle der Hand eines Fischers. Er war ein Zwitter aus Angst und Mut, wie wir mehr oder weniger alle es geworden waren, aber er gehörte zu denen, die der Angst Frechheiten sagten wie den Mädchen, und beide ließen es sich in den meisten Fällen gefallen. Dann lachte Franz, und es klang wie schepperndes Blech. Aber er war der Beliebtesten einer, denn er war ein bedingungsloser Kamerad, dem keine Jauchegrube zu tief war, den anderen herauszuziehen, und das wog mehr als seine Schwächen.

Franz stieg in die Maschine, äußerlich hastig und aufgeregt wie immer, schrie einen Mechaniker an, um im nächsten Augenblick einen Witz mit ihm zu machen, und drückte auf den Anlasser. Er wollte vor der ersten Schießübung einen Probeflug machen, kam gut vom Start, stieg wie ein Pfeil und zog oben seine Kreise. Der rechte Flug für unsere Neulinge, die jubelten, als Franz jetzt den Platz anstach, wenige Meter über dem Boden an uns vorbeizischte und wieder hochzog, um elegant in die große Landekurve zu gehen. Er setzte auf, rutschte aus und — da passierte es. Ich glaubte, eine Wiederholung meines Jesauer Unfalles zu sehen. Auf den letzten Metern beim Ausrutschen explodierte die Kufe, eine Stichflamme schlug aus der Kabine, Dampfwolken quollen hoch, und Franzens Körper flog mehr als er sprang aus der Maschine. Wir hatten keinen Wagen, um hinaus zu fahren, und ich sah weit und breit weder Feuerwehr noch Sanitätsauto. Das war noch nie pasisert. Ich schrie dem Mann am Starttelefon noch zu, so schnell wie möglich den Krankenwagen her zu rufen, und lief mit den anderen auf Franzens Unfallstelle zu. Hätte ich Franz tot vor mir liegend gefunden, ich wäre nicht erschrockener oder entsetzter gewesen. Der über den Platz rasende Feuerwehrwagen hatte ihn doch noch vor uns erreicht, und als wir an die Unfallstelle kamen, stand Franz schreiend und wieder stöhnend vor einem Feuerwehrmann, dem er immer wieder zurief, ihn mit Wasser zu übergießen oder zu bespritzen. Ich glaubte ein Gespenst zu sehen, als ich nun Franzens Gesicht sah. Da waren keine Haut, keine Augenbrauen oder Haare mehr, sein Bärtchen bis auf ein paar Stoppeln abgesengt, und das ganze Gesicht voll rohen, brandigen und da und dort blutenden Fleisches. Ich fühlte, daß mir schlecht werden wollte, schluckte, biß auf die Zähne und überwand.

„Kein Wasser, Franz, kein Wasser mehr", rief ich, nahm ihn mit einem anderen unter die Arme und führte ihn zum Feuerwehrwagen, da noch immer kein Sanitätswagen zu sehen war. So fuhren wir zurück über den Platz, stiegen vor dem Revier aus. Zwei Nachrichtenhelferinnen schrien bei Franzens Anblick laut auf und rannten weg. Franz schickte ihnen stöhnend einen Fluch nach. Dann übergaben wir ihn dem Arzt.

Schweigend ging ich mit Franz Medicus zum Gefechtsstand hinüber und wurde das Bild von Franzens Gesicht nicht mehr los. An seine Augen dachte ich, die hoffentlich keinen Schaden genommen hatten, wenn schon das Gesicht verloren war. Dieses immer lachende oder feixende, nie müde und auch in der Wut noch fröhliche Gesicht von Franz.

„Lieber tot", sagte ich zu Medicus, aber er schwieg, verabschiedete sich vom Gefechtsstand von mir und ging zu seinen Neuen.

Späte und Olejnik kniffen nur stumm die Lippen zusammen, als ich ihnen berichtete, daß Rösles Gesicht total von ausgelaufenem T-Stoff zerfressen sei.

„Wenn Oberleutnant Rösle vernehmungsfähig ist, lassen Sie sich genau den Hergang schildern, Ziegler, und machen schriftliche Meldung", sagte Späte nach kurzer Überlegung und wollte mich mit einer kurzen Geste entlassen, als die Sirenen heulten: Einflug!

Ich nahm mein kleines Motorrad und fuhr hinaus zum Start, wo Schubert, Ryll, Bott und Glogner Sitzbereitschaft hatten und nun gespannt und fiebernd in den Kopfhörern ihrer Fliegerhauben die ankommenden Meldungen verfolgten. Ich stellte mich auf die kleine Leiter an Botts Maschine.

„Sie kommen genau auf uns zu", sagte er nach einer Weile.

Leipzig oder Berlin. — Jetzt dreh'n sie etwas ab. — Nein, sie nehmen wieder Kurs auf Leipzig."

Der Himmel war blau wie eine Glaskugel, nur über dem nahen Leipzig und dem Komplex des Leuna-Werkes lag ein Schwaden braunen Dunstes. Da sahen wir hoch oben im Blau und noch sehr weit weg eine weiße Kondens-Straße auf uns zukommen, als striche einer mit breitem, weißen Pinsel über den Himmel.

„Ich werd verrückt, die meenen uns", sagte Kurt, ein Berliner Mechaniker, der am Startwagen stand und mit uns das drohende Schauspiel verfolgte.

„Einsatzbefehl", sagte Hans Bott, schloß schnell die Kabine und gab Kurt das Zeichen zum Anlassen. Auch die Anlasser der anderen begannen mit dem eigenartigen Summen und Zischen. Eine knappe Minute später brausten Schubert und Ryll kurz hintereinander los, und eine Minute danach wiederum Bott und Glogner. Keine der vier Maschinen streikte, alle hoben sie einwandfrei ab und die ausgeklinkten Fahrwerke tanzten trunken mit grotesken Sprüngen über den Rasen. Hoch oben am Himmel drehten die Bomber in einer weiten Kurve ab und nahmen Richtung auf Berlin. Aber das konnte ihnen nichts mehr helfen. In knapp zwei Minuten würden Schubert und die anderen bei ihnen sein und — hol's der Teufel — sie mußten ein paar von den Klavieren da oben herunter holen. Jetzt erschien die erste Kondens der beiden Me von Schubert und Ryll, zwei weiße Pünktchen, die schnell sich emporraupten und zu zarten Silberfäden spannen, schnurgerade zuerst, dann wellig gekraust und schließlich in feinen Kurven verweht. Aber ihre Spitze stieg pfeilgerade auf die breite, dem fernen Horizont zustrebende Straße der Boeings zu. Dann verloren wir sie aus den Augen.

Bange Minuten vergingen. Glogner, der zuletzt gestartet war, kam als erster zurück, stob tief über den Platz, zog hoch und landete. Er kochte vor Wut. Sein Triebwerk hatte in siebentausend Meter abgestellt. Auch Bott landete bald darauf wieder mit rauchendem Triebwerk, einer Kabine voll Dampf und verheultem Gesicht. Ein T-Rohr war undicht geworden. Aber dann kamen fast hintereinander Schubert und Ryll. Schubert zog in knapp sechshundert Meter Höhe über unseren Platz und wakkelte mit den Flächen. Seine Mechaniker warfen die Käppis in die Luft. Abschuß! Nach einer sehr engen Landekurve schwebte er an und setzte, von Ryll fast unmittelbar gefolgt, auf.

Er hatte den rechten Innenmotor einer Boeing in Brand geschossen, aber den wahrscheinlichen Absturz nicht abwarten können. Ryll mußte zwei plötzlich auftauchenden feindlichen Jägern das Feld räumen, die ihn, nachdem er sein Triebwerk bereits ausgeflogen hatte, zu einem schnellen Sturzflug zwangen.

„Man müßte unterwegs in eine 190 umsteigen können", meinte er trocken, während der bescheidene Schubert sich etwas verlegen unsere Glückwünsche gefallen ließ.

Inzwischen war eine zweite Rotte mit Husser und Eisenmann am Knüppel gestartet. Der Wind hatte gedreht, aber es war keine Zeit, den Start zu verlegen. Es mußte auch mit Rückenwind gehen. Es schien ein Daueralarm zu werden, denn immer neue Pulks wurden gemeldet, aber zunächst war keiner mehr, seit dem letzten, auf den Husser und Eisenmann angesetzt waren, vom Platz aus zu sehen. Glogner, Strasnicki und Rolly saßen noch in Sitzbereitschaft in ihren Maschinen am Start, als Husser und Eisenmann von ihrem Feindflug zurückkamen. Keiner wakkelte, sie hatten also nichts erreicht. Husser, der weit niedriger ankam, als Eisenmann, landete zuerst gegen die noch nicht umgelegte Startrichtung. Trotz unseres ungünstigen Blickwinkels sahen wir, daß Husser viel zu hoch war, als er die jenseitige Platzgrenze erreicht hatte, anscheinend die Maschine gewaltsam zu Boden drücken wollte, mit der Kufe die Erde berührte, wieder hochsprang und mit einer Affenfahrt auf uns zu kam. Erst ganz an unserem Platzende setzte er auf, raste aber über die Platzgrenze hinaus über einen Acker und dann in niedriges Gebüsch, wo sich die Maschine überschlug, aber nicht explodierte. Ich sah noch, wie einige Mann unseres Bodenpersonals mit einem Wagen zu Hussers Unfallstelle starteten, als mich einer herumriß und auf den nun ebenfalls anschwebenden Eisenmann zeigte. Eisenmann kam ebenfalls viel zu hoch, hatte seine Me aber in

(zu Seite 73)

(zu Seite 97)

einen sehr starken Slip gelegt und verlor schnell an Höhe. Die Fahrt konnten wir nicht beurteilen.

„Raus, Mensch“, schrie einer, als wir sahen, daß Eisenmann immer tiefer slippte, aber es schon zu spät war. Er schien den Boden berührt zu haben, aber auch seine Maschine sprang noch einmal hoch, schoß nun in Sekundenschnelle auf uns zu, legte sich plötzlich in einer halben Rolle auf den Rücken, drehte weiter, berührte mit der rechten Flächenspitze wieder den Boden und flog, wie ein Feuerrad sich überschlagend als grausiges Bild nun wieder direkt auf uns zu. Ich sah im Hinwerfen, wie Glogner und Rolly aus ihren Maschinen sprangen, aber da flog Eisenmann mit seiner krachenden und splitternden Me schon an uns vorbei und blieb einige hundertfünfzig Meter hinter uns als rauchender Trümmerhaufen liegen. Eisenmann selbst war mit seinem Sitz aus der Maschine geflogen und lag noch angeschnallt tot abseits vom brennenden Rumpf und den Flächen. Weiter hinten arbeiteten vier unserer Mechaniker bereits an Hussers überschlagen auf dem Rücken liegender Maschine, obwohl diese jede Sekunde explodieren konnte. Keiner von diesen braven Kerlen dachte an sich, keiner hörte das gefährliche Zischen auslaufenden T-Stoffes. Da lag einer unter den Trümmern und stöhnte, der mußte heraus. Sie schafften es und legten Husser mit ausgerenktem Arm, gebrochener Nase und über und über blutendem Gesicht auf eine Trage.

Für Gedanken war keine Zeit. Ich half Glogner wieder in die Maschine, sah wie daneben Strasnicki und Rolly sich ebenfalls wieder startbereit machten, als ein neuer Bomberpulk genau auf den Platz zuhielt. Kein Zweifel, der meinte uns. Vom Gefechtsstand her kam der Befehl für volle Deckung, denn es blieb keine Zeit mehr zum Start. Glogner, Nicki und Rolly wieder raus aus den Maschinen, aber wir liefen nicht zur Platzgrenze, sondern legten uns abseits von den Maschinen flach auf die Erde.

Da drehte der Pulk ab und nahm Richtung auf Leipzig. Zum drittenmal stiegen Glogner, Nicki und Rolly in ihre Maschinen, dann kam der Startbefehl. Rolly ging als erster weg, war aber nur knapp fünfzig Meter hoch, als seine Brennkammer eine weiße

Dampfwolke ausspuckte und das Dröhnen der Rakete verstummte. Er konnte noch bis auf etwa hundert Meter hochziehen und herausspringen, aber sein Fallschirm öffnete sich nicht mehr rechtzeitig.

Glogners helles Kindergesicht war schlohweiß, als er Sekunden später seinen Startbefehl bekam. „Ohren steif, Bubi", sagte ich zu ihm und schlug ihm auf die Schulter. Er lachte mich an. „Klar, Mano, wird schon schief gehen." Ich schloß seine Kabine und von innen schnappte der Riegel. Als er mit brüllendem Triebwerk davon stob, sah ich ihm nach, als wäre er mein eigener Sohn. Ich wußte von einem prächtigen Mädchen, das um ihn bangte, und das ihm versprochen hatte, bei ihm zu bleiben, wenn der Krieg zu Ende war. Ich wußte auch, daß Bubi nur an seine Ev dachte, wenn nicht gerade ein Triebwerk unter ihm zu streiken begann. Im Toben der Raketen Strasnickis, Rylls und Schuberts, die zum zweitenmal starteten, verfolgte ich oben den Kondensstreifen von Glogners Maschine, bis er meinen Augen entschwand.

Nicki kam als erster zurück. Er hatte nicht aufgepaßt, den Schub nicht herausgenommen, als er in den Horizontalflug übergegangen war und Macherscheinungen erlebt. Es hatte ihn bis auf sechstausend Meter von neuntausend wieder heruntergebeutelt, sodaß ihm nichts anderes übrig blieb, als wieder umzukehren. Nach ihm landete Glogner, auch ohne Erfolg. „Diese Idioten haben das FT abgeschaltet", schrie er, „da soll einer die Amis finden." Auch Schubert kam diesmal unverrichteter Dinge wieder, aber Ryll hatte eine B-17 erwischt, mit der ersten Garbe in Brand geschossen und einen Teil der Besatzung noch abspringen gesehen.

Das war der Erfolg dieses Tages: Zwei Abschüsse, zwei Tote, drei verlorene Maschinen, drüben über Leipzig standen Wolken schwarzen Rauches und im dämmernden Abend der Widerschein riesiger Brände. Unsere Stimmung war zerrissen in die Trauer um Eisenmann und Rolly, die beide vom ersten Tag an zu uns gehört hatten und in die Freude um Schuberts und Rylls Abschüsse, und wir feierten doch, wenn man es „feiern" nennen konnte, wenn wir einige Flaschen holländischen Genevers leerten, deren die Böhnerstaffel aus Venlo größere Mengen mitgebracht hatte. Im Kasino traf ich auch Franz Medicus wieder. „Na, was machen deine Junghühner?“, fragte ich ihn, aber er lachte nur. „Sind bis auf sieben alle wieder abgehauen.“ Das war der dritte Erfolg dieses Tages, aber ich glaube, ich wäre auch nicht dageblieben, wenn dieses Tages Schauspiel mich für die 163 hätte begeistern sollen.

Später brachte ich Fritz und Franz Rösle je einen Schnaps ans Bett. Es ging beiden gut. Fritz war am Schimpfen und wollte am nächsten Tag wieder fliegen. Rösle hatte noch arge Schmerzen und den ganzen Kopf bis auf drei kleine Löcher für Augen und Mund dick verbunden. Reden konnte er kaum. Als er trotz schmerzender Lippen durch einen Strohhalm ein Glas Schnaps leerte, sagte er so gut er konnte: „Das Saufen wird in Zukunft mein einziges Vergnügen bleiben.“ Obwohl er nicht imstande war, seiner Stimme einen Ausdruck zu geben, klang es wie bitterer Hohn. „Schwätz keinen Käs, Franz“, antwortete ich, in ein paar Wochen bist du wieder der Alte.“

Er schüttelte heftig den Kopf, legte sich aber von Schmerzen gepeinigt gleich wieder auf sein Kissen zurück. „Hör zu, Mano“, sagte er dann mehr lallend als sprechend, „sie wollen mich morgen in ein Krankenhaus nach Halle oder Leipzig bringen. Sorg bitte dafür, daß ich hier bleibe.“

Ich versprach es ihm und ging wieder zu den anderen zurück. Es war nicht mehr der alte vertraute Haufen, der hier zusammen saß. Die Aufstellung des Geschwaders JG 400 hatte viele neue Gesichter auftauchen lassen, sympathische und komische, ungute und nichtssagende. Eines der komischsten gehörte einem österreichischen Major des Namens Bazilla, ein Mann nicht ohne Meriten, aber so österreichisch, daß man glauben konnte, er sei dem alten Kaiser Franz Joseph aus der Westentasche gefallen. Bazilla spielte Geige so ausdauernd wie schlecht, war ein Nervenbündel und rauchte bis zu sechzig Zigaretten am Tag. Er war auch jetzt am Geigespielen, beugte sich da und dort wie ein Primas über die Tische und ließ seine Saiten jaulen. Wie er ausgerechnet zur 163 gekommen war, wußte keiner von uns, wie man vieles nicht wußte, was in diesen letzten Kriegsmonaten geschah, aber er war da, und unsere Gruppe um ein Original reicher.

Eben stimmte er die Zigeunerweisen von Sarasate an und so falsch, wie man sie selten in einem Kaffeehaus hört, schon gar nicht in einem wienerischen. Da drehte sich Graf Schweinitz, unser schlesischer Junker echtesten Geblütes, unwillig auf seinem Stuhl zwischen Medicus und Bott um und schrie: „Bazilla, schmeiß endlich deine nasse Geige weg, mir wird schlecht!"

Das war kein besonderer Witz, aber die „nasse Geige" war geprägt und wurde sofort Bazilla als Spitzname angehängt und blieb fortan Schlagwort für vieles, was nicht funktionierte. Bazilla aber packte tatsächlich sein beleidigtes Instrument ein, und wir hatten Ruhe.

Es mochte gegen Mitternacht gewesen sein, als Späte zu uns kam. Als er mich sah, winkte er mich beiseite. „Eine neue Aufgabe für Sie, Ziegler. Sie übernehmen ab morgen mit Oberleutnant Niemeyer zusammen die Nachwuchsschulung und später die Ersatzstaffeln, wenn das Ergänzungsjagdgeschwader aufgestellt ist."

„Werden eigentlich noch andere Plätze für die 163 eingerichtet, Herr Major?", fragte ich, denn ich konnte mir nicht vorstellen, wie in dem überlasteten Brandis noch mehr Staffeln untergebracht werden sollten. Eines Tages kam ja doch wieder ein Bombenteppich, und dann war die ganze Herrlichkeit zu Ende wie in Zwischenahn, Venlo und Wittmundhafen.

Aber ich schien eine Gkdos angerührt zu haben, denn Späte antwortete ein bißchen unwirsch: „Nicht Ihre Sorge, Ziegler", und wandte sich den anderen zu.

Die kommenden Tage brachten faustdickes Herbst-qbi, und es gab weder Feindeinflüge bei Tag, noch konnten wir auch nur einen einzigen Start machen. Als dann eines Morgens die Sonne wieder lachte und der Rauch aus den Leuna-Schornsteinen fast senkrecht in die sauber gewaschene blaue Luft stieg, war alles am Start, was fliegen konnte, wollte und mußte. Die Staffeln hatten neun einsatzbereite Maschinen draußen, und am Start in Einsatzbereitschaft standen, saßen oder lagen herum Nicki, Bott,

Mohr, Schubert, Ryll, Reukauf, Zimmermann, Andreas und Mühlstroh, unser Jupp, übernächtig wie immer, aber mit trotzdem gut ausgeschlafenem Mundwerk.

Niemeyer und ich hatten je eine scharfe B, zwei Schlepp-B und eine Schlepp-A am Start und begannen zu schulen. Und Fritz Kelb war auch wieder dabei. Er humpelte noch ein bißchen, war aber eifriger denn je um seine Me mit der Senkrechtbewaffnung bemüht, die startklar gemacht wurde.

Ich machte einen Probe- und Vorführstart für die jungen Piloten, die heute und in den nächsten Tagen ihren ersten scharfen Start machen sollten, und schickte dann, nachdem die Maschine wieder aufgetankt war, einen meiner Raketen-Zöglinge auf die erste scharfe Reise. Er hieß Ernst und war ein blonder, blutjunger Niedersachse, und einer von denen, die es nicht erwarten konnten. Das Triebwerk funktionierte bei ihm genau so gut wie bei mir, und als er das Fahrwerk sauber abgeworfen hatte, sah ich ihn erleichtert hochschießen, bis er meinen Augen entschwand.

„Hast du volltanken lassen, Mano?"

Ich fuhr herum. Fritz stand hinter mir und hatte, wie ich, der Maschine nachgeschaut. Und er wußte auch, wie ich, daß man einen Schüler beim ersten scharfen Start mit der B nicht mit Vollast fliegen lassen durfte. Und er wußte zum dritten, daß ich dran war, wenn Ernst was passierte.

„Erraten, Fritz", sagte ich nur.

„Warum?"

„Weil es meiner Ansicht nach egal ist, und ich dabei einen Schulstart einsparen kann und schneller mit meinen Schülern durchkomme. Ob sie beim ersten Start hundert Meter länger rollen oder nicht, ist ganz gleich und für die Landung haben sie dann eh dieselben Bedingungen.

„Hast recht, Mano, aber die Höhe, die zehn- oder zwölftausend Meter, die sie noch nicht gewohnt sind. Und heimkommen müssen sie ja schließlich auch wieder.

Natürlich hatte Fritz recht, und jeden würde ich auch nicht gleich vollbetankt losschicken, aber bei Ernst konnte nichts passieren, den kannte ich ...

Den kannte ich, den kannte ich, den kannte ich, dachte ich immer wieder, während Minute um Minute verging, ohne daß Ernsts Maschine wieder auftauchte. Noch eine Minute, noch eine, dann Fritz wieder. „Mano, ich glaube, du brauchst jetzt nicht mehr zu warten."

„Halt's Maul, Fritz", parierte ich wütend, aber ich wußte, wie recht er hatte. Ernst kam nicht zurück. Nach der Uhr war er zwanzig Minuten weg — nein, er konnte nicht mehr kommen, zumal der ganze Himmel blank war wie eine ausgewaschene Emailschüssel. Da schrillte das Starttelefon, und ein Gefreiter rief mich an den Apparat. Es war die Flugleitung, die soeben einen Anruf von Leipzig-Mokkau bekommen hatte mit der Meldung, daß dort eine Me 163 notgelandet und explodiert war. Der Pilot, ein junger Gefreiter namens Ernst sei unverletzt. Die Maschine wäre bei der Landung in einen Bombentrichter gestürzt ..."

In mir jagte ein Gedanken den anderen. Wie kam Ernst nach Mokkau? Warum war er nicht wieder bei uns gelandet, was bei der geringen Entfernung der Plätze völlig egal gewesen wäre. Wieso Maschine explodiert und er unverletzt, sowas gab es ja gar nicht. Ich übergab Niemeyer meine Gruppe, ließ mir einen Wagen mit Fahrer kommen und raste los. Die Fahrt dauerte nicht lange, dann standen wir vor dem Bombentrichter mit den Resten der wirklich explodierten Me. Und Ernst stand quicklebendig und mit noch nicht einmal schlechtem Gewissen neben mir. Dies aber war sein Bericht:

„In sieben- oder achttausend Meter Höhe kriegte ich keinen Sauerstoff mehr; die Atemmaske war wie verstopft. Ich riß die Maske ab und ging sofort im Sturzflug hinunter auf die Sicherheitshöhe von 4000 Meter, hatte nun aber den eigenen Platz aus den Augen verloren und sah nur den Platz von Mokkau unter mir liegen. So entschloß ich mich, da zu landen. Es ging auch alles gut bis auf die Bombentrichter, die ich zu spät entdeckte. Ich konnte mir noch einen schmalen Grasstreifen aussuchen, glatt aufsetzen, bin dann aber auf den letzten hundert Metern so mit knapp sechzig Sachen vielleicht in einen Bombentrichter gerutscht.

Dabei muß sich das Kabinendach verzogen haben, denn ich bekam es trotz heftigster Anstrengungen nicht auf. Da war aber auch schon von einem nahen Flakstand eine junge Flakhelferin da, die mit einer Axt das Kabinendach aufschlug, sodaß ich heraus konnte. Inzwischen waren Feuerwehr- und Unfallwagen und ein Dutzend Flakleute dazugekommen. Ich schrie sie an, sie sollten sofort volle Deckung nehmen, riß das Mädchen mit mir über den Rand des Trichters hinein in den nächsten, als es auch schon krachte.“

Das war Ernsts Geschichte, so kurz wie schmerzlos, denn außer der zerrissenen Me war alles heil geblieben. Sogar Ernsts Herz, obwohl seine Retterin ein auffallend hübsches Geschöpf war.

Wir alten 163er aber saßen an diesem Abend auf Botts Zimmer zusammen. Noch nicht amtlich, aber gerüchtweise hatte ich vernommen, daß das Ersatzgeschwader aufgestellt sei und auf ruhigere Plätze nach dem Osten verlegt werden sollte. Es hieß also wohl bald wieder Abschied nehmen von den Zwischenahner Kameraden, die sich doch irgendwie ans Herz gewachsen waren. Fritz Kelb, Hans Bott, Franz Rösle, Jupp Mühlstroh, Franz Medicus, Bubi Glogner, Günter Andreas, Nicki und die anderen, die zu meinem engeren Kreis gehörten und noch nicht gefallen waren. Es war wert, noch einen Abend mit ihnen zusammen zu sein, denn Gerüchte wurden erfahrungsgemäß oft grausam schnell in die Tat umgesetzt. Und in solchen Stunden nahm keiner mehr ein Blatt vor den Mund. Es waren Gespräche, die das Leben verachteten und die Angst auf den Misthaufen warfen, obwohl sie in jedem von uns wie hartnäckiges Ungeziefer hockte. Manchmal prahlten wir, weil anders diese Angst nicht mehr zu verbergen war. Dann fiel ein Name, der gestern noch ein Mädchen beglückt, heute ein paar welkende Rosen in den kalten Händen hielt, wenn die Hände überhaupt noch da waren. Dann wurden wir für zwei oder drei Minuten stumm, bis einer plötzlich wieder laut wurde, und die anderen mit einstimmten. Wir wußten alle, daß der Krieg verloren war, aber keiner glaubte es. Vielleicht waren wir zu eitel, um es zu glauben — wahr haben zu wollen. Dann träumten wir von tausend oder mehr Hundertdreiundsechzigs und ebensovielen Piloten. Dann sagte einer: Alles Schiete, sie kommen mit zweitausend Mustangs und schießen uns bei der Landung wie reife Pflaumen ab. Wir schmiedeten Zukunftspläne für die Nachkriegszeit. Einer der beliebtesten war, Flugtage mit der 163 zu veranstalten, obwohl wir wußten, daß längstens bei jedem dritten Flugtag einer von uns dran glauben würde müssen. Es war grotesk, aber es war so. Wir liebten diese 163 wie eine Frau, die einem unaufhaltsam Geld aus der Tasche zieht, einen betrügt und von der man weiß, daß sie jeden Tag Schluß machen konnte, aber man liebte sie. Nicht alle natürlich, die jetzt zu uns gehörten, aber alle, die aus den ersten Tagen noch übrig waren. Und ein paar neue dazu. Die meisten aber von den neu Ankommenden zogen ihre gewölbte Brust recht schnell wieder ein, wenn sie den ersten scharfen Start gesehen und gar eine Explosion miterlebt hatten. Und es war lustig, zu bemerken, wieviel schwieriger es ist, die Segel des Heldenmutes zu hissen, als sie wieder abzutakeln. Manch einer takelte erst in letzter Minute ab, aber den Rekord im Abtakeln in allerletzter Sekunde, den stellte unser Major Bazilla auf, unsere „nasse Geige", wie er nun hieß, als er am kommenden Morgen seinen ersten scharfen Start machen sollte.

Die Me stand halbvoll betankt am Start, und ich erklärte Bazilla noch einmal ganz ruhig alle Handgriffe und Notwendigkeiten. Er lief, ununterbrochen an einer Zigarette saugend und nervöse Wölkchen in die Luft pustend, so hastig um die Maschine herum, daß ich Mühe hatte, ihm zu folgen.

„Also, Herr Major, nach dem Anrollen Knüppel ganz ruhig in Normallage halten. Wenn Sie merken, daß die Maschine abheben will, ein klein wenig ziehen und ruhig kommen lassen. Nur aufpassen, daß sie nicht ausbricht, und wenn sie weg will, gleich mit dem Seitenruder ausgleichen. Nach dem Abheben nicht nachdrücken wie bei anderen Maschinen, sondern kommen lassen. Aber nicht zu stark ziehen, damit das Fahrwerk nicht zu hoch herunter fällt. In fünf bis zehn Meter Höhe Fahrwerk ausklinken und nun ein wenig mehr kopflastig trimmen. In dieser ganzen Zeit sehr aufmerksam den Brennkammerdruck beobachten.

Wenn er im Startvorgang unter 17 bis 18 atü fällt, dann sofort Schub rausnehmen und ausrollen lassen. Wenn Sie kurz hinter der Platzgrenze 800 km/h am Stau haben, dann ziehen Sie ruhig hoch bis auf fünf-, sechstausend Meter. In dieser Höhe etwa wird das Triebwerk abstellen. Dann nehmen Sie den Schubhebel zurück, machen im Gleitflug bis herunter auf zweitausend Meter ein paar Kurven, können auch mal kurz stürzen und wieder hochziehen und beginnen dann in zweitausend Meter Höhe langsam mit der Landeeinteilung. Leiten Sie den letzten Landekreis in etwa 800 bis 1000 Meter Höhe über dem Platz ein, dann kann nichts passieren."

Bazillas Hände zitterten, als er seinen ausgesogenen Stummel weggeworfen hatte und in die Maschine stieg, zogen die Anschnallgurte verkehrt über die Schultern, fanden den Verstellhebel des Sitzes nicht und suchten vergebens den direkt vor der Nase liegenden Knopf des Anlassers. Ich hätte ihn am liebsten wieder aussteigen lassen und für die nächsten zwei Stunden mit einem guten Buch beschäftigt, aber das ging nicht mehr. Er war in seinem früheren Geschwader ein guter und erfolgreicher Jäger gewesen, und ich konnte ihn von mir aus nicht bloßstellen, wenn er nicht selbst verzichtete. Dann schnappte die Kabine zu, Bazilla war allein mit sich und seiner Me. Er schien nun doch ruhiger geworden zu sein, denn er ließ das Triebwerk brav an, saß wie ein Rocher de bronce mit seinem scharfgeschnittenen, braunen Profil in seinem Sitz und sprang mit Stufe drei über die kleinen Klötze. Es schien alles gut zu gehen, die Maschine rollte kerzengerade die ersten fünfzig bis achtzig Meter über die Startbahn mit sogar ausgezeichneter Musik im Triebwerk, als dieses plötzlich abstellte, weißer Dampf aus der Brennkammer quoll und die Me seitwärts in einer weiten Kurve die Startbahn verließ und über den Rasen rollte. Uns standen Herz und Verstand still, die wir am Start zurückgeblieben waren, denn wenn jetzt sich die Me überschlug, dann war der gute Bazilla nicht mehr zu retten. Wir wagten kaum zu atmen, während die Maschine holpernd und schwankend und immer langsamer werdend über den nicht sehr ebenen Boden rollte und wie eine Ente wackelnd schließlich stehen blieb. Im gleichen Augenblick flog das Kabinendach auf, und Bazilla sprang mit einem Satz ohne die Fläche zu berühren heraus und lief so schnell er konnte weg von der rauchenden Me in Richtung Flugleitung. Wir aber liefen nun auch die paar hundert Meter hinter ihm her, bis wir ihn eingeholt hatten, und er, bereits wieder eine Zigarette zwischen den gelben Fingern, bebend vor Angst und Wut vor uns stand. Auf meine Frage, was denn eigentlich los gewesen sei, sagte Bazilla in unnachahmlichem österreichischem Dialekt: „Der Motor hot versogt, dös Scheißding hot gleich noch dem Start fünfzig Touren verloren, dös war unmöglich, da kan doch ka Mensch mit fliegen, dös is jo reiner Selbstmord!"

„Aber Herr Major, ich sagte Ihnen doch, daß Sie erst bei etwa 1700 das Triebwerk abstellen sollen. Zwischen 2100 und 2400 spielt ein leichtes Abfallen doch gar keine Rolle."

„Jo, glauben's denn, i wart bis i hin bin?"

„Im Gegenteil, Herr Major", antwortete ich halb belustig über seine Argumente, aber doch so wütend, daß ich ihm jetzt die Wahrheit sagen mußte: „Ich dachte, Sie wollten mit Ihrer 163 so eine Art raketentechnisches Harakiri einführen, denn das was Sie gemacht haben, war so ziemlich die sicherste Art, zu krepieren."

Er schaute mich verdutzt an. „Sie seh'n jo, daß i no leb!"

Jetzt platzte mir der Kragen. „Das haben Sie aber nur Ihrem unwahrscheinlichen Dusel zu verdanken und der Gutmütigkeit Ihrer Maschine, mit der Sie rumgespielt haben wie ein Kind mit einem schlafenden Tiger."

Ich sah, wie das Selbstbewußtsein seines Majorsranges sich langsam in ihm wieder aufrappelte, als er schnippisch erwiderte: „Das müssen'S mir überlassen, Herr Leutnant Ziegler!"

„Nein, das werde ich Ihnen nicht überlassen, Herr Major. Jedenfalls nicht, solange ich für Ihre Ausbildung verantwortlich bin. Außerdem geht's hier nicht nur um Ihre eigene Haut, sondern auch um die anderer Leute. Sie hätten ebensogut in die Häuser da drüben hineinrauschen können, und was dann passiert wäre, brauche ich Ihnen wohl nicht zu detaillieren."

„Ich hab' genau gewußt, was ich tat!" Er zündete sich bereits die dritte Zigarette an, verbrannte sich am zu lange brennenden Streichholz die Finger und riß sich mit der klebenden Zigarette ein Stückchen Haut von der Lippe, so aufgeregt war er. Eine Art Mitleid rührte sich in mir. „Jetzt legen Sie sich eine Stunde hin, Herr Major, und am Nachmittag machen Sie noch ein paar Schleppstarts."

„I brauch keine Schleppstarts mehr, wenn Sie mir eine saubere Maschine geb'n. I mach heut Nachmittag noch an scharfen."

„Kommt gar nicht in Frage, Herr Major. Fünf Schleppstarts und ein paar Standläufe, vorher kommen Sie mir nicht wieder in eine scharfe Maschine."

Nun wurde er wütend und brauste auf. „Dann können'S mi gern haben mit Ihrem Feuerdrachen, dann laß i mi ablösen und zu meiner alten Staffel zurückversetzen. Geht mir eh auf die Nerven, die Gammelei hier."

„Wie Herr Major wünschen", antwortete ich erleichtert, die Gelegenheit beim Schopfe packend. „Ich werde Sie zur Ablösung melden."

Ich ließ ihn stehen und seine Maschine so wie sie war nachtanken und wieder zum Start bringen. Kaum eine halbe Stunde später machte ein anderer Schüler vor den Augen Bazillas einen einwandfreien ersten Start und stieg nach wohlgelungener Landung mit vor Freude glänzenden Augen aus der Me. Unsere nasse Geige aber packte noch am selben Tag ihr Etui und ward nicht mehr gesehen.

Der riesige Feldflughafen Udetfeld im östlichen Schlesien wurde zum Ausbildungsplatz bestimmt, und wir mit zwei Schulstaffeln dorthin verlegt. Adolf Niemeyer, ein stämmiger Oberleutnant mit einer Brust wie ein Grizzly-Bär und entsprechendem Gemüt, übernahm die 13. und ich die 14. Staffel. Unsere Schüler, zum größten Teil junge, begeisterte Burschen, kamen aus der Segelflug-Vorbildungsschule in Gelnhausen, wo sie bis zum Stummel-Habicht ausgiebig auf schnelle Kufenlandungen trainiert waren. Unser Ausbildungsplan sah wie bisher einige Schleppstarts mit der A, dann einen bis zwei scharfe A-Starts vor, danach Schleppstarts mit der leeren und wasserbetankten schweren B und schließlich drei scharfe B-Starts. Mit diesem Programm sollten wir je Staffel je Monat neunzig Schüler einsatzreif machen. Das war ein aus zwei Gründen frommer Wunsch. Erstens war dieser Ausbildungsweg viel zu langwierig und zweitens fehlte es uns an allem. So nahm ich auf meine eigene Kappe eine Verkürzung des Ausbildungsablaufes vor und setzte meine Schüler gleich auf die schwere Schlepp-B und hinterher auf ein scharfes Triebwerk. Es ging ohne Unfall, und ich hatte viel Zeit gespart. Aber auch das half nichts, weil plötzlich wieder eine Woche lang kein T-Stoff da war oder sonst etwas fehlte.

Wir gammelten wieder einmal, und die Schüler bekamen nötigen und unnötigen Unterricht. Sehr nötigen jedoch von Hans-Ekkehard Bob, einem jungen Major, der von seinen Freunden mit dem Spitznamen „Bebs“ gerufen wurde. Ein Prachtskerl mit einem immer ebenso fröhlichen wie frechen Gesicht, der das Herz auf dem rechten Fleck hatte und mit seinem südbadischen Mundwerk lieber flachste als grollte. Sein Ritterkreuz trug er so lässig wie eine Nelke im Knopfloch und war von jener loyal-burschikosen Art, die das „Männchenbauen“ nicht kennt und von anderen nicht verlangt. Er war einer von denen, die den Respekt mit der Haltung verdienten.

„Bebs“ eigentliche Aufgabe war, mit der Me 163 ein neues Kreisel-Visier für schnelle Flugzeuge zu erproben. Da aber auch diese Erprobung wegen Spritmangels ausfiel, gab er uns wertvollen Unterricht im erfolgreichen Zielen mit schnellen Flugzeugen. Das hatte er immerhin 59 mal mit Erfolg exerziert, das heißt, beim letzten Mal hatte er einen viermotorigen Bomber gerammt, wonach er zuerst ins Lazarett und dann zu uns kam, um unter anderem zu . . . gammeln. Aber das hatte er auch verdient.

Auch Adolf Niemeyer stank das tagelange Gammeln und er schuf sich eine interessante Nebenbeschäftigung, als er entdeckt hatte, daß am Platz auch eine Art Raketenkommando lag. Er holte sich beim Geschwader die Erlaubnis dazu, von der E-Stelle 24 Raketengeschosse vom Typ R IV M an den Flächenunterseiten einer Me 163 A anzubringen. Kein Mensch wußte, wie die Me aerodynamisch auf diese Vergewaltigung ihrer Tragflächen reagieren würde, und Adolf, keß wie er war, versuchte es gar nicht erst im Schlepp, sondern ließ sich gleich die Tanks füllen und startete scharf. Und siehe da, die A blieb gutmütig wie immer, stieg mitsamt ihren Raketen steil in die Luft und landete brav wieder am Boden. In fast vier Wochen dauernden täglichen Schießübungen mit dieser unheimlichen Bewaffnung bewies Niemeyer ihre Möglichkeit und Wirksamkeit, und es war meines Wissens wieder mal eine Welturaufführung der Me 163, das erste Raketenflugzeug der Welt mit Raketenbewaffnung zu sein.

Dann kamen die Russen, und wir zogen westwärts nach Sprottau. Aber wie ein Schwarm lästiger Mücken folgten uns die Russen auch dorthin, so daß uns nichts anderes übrig blieb, als wieder nach Brandis zurückzukehren, von wo wir ausgezogen waren, das Gruseln zu lehren. Und Brandis wurde nun der Schauplatz des schaurigen Schlußakkords der Geschichte unserer Me 163.

*

Der Himmel um Brandis und Leipzig war zur Hölle geworden, das Land unter ihm ein Krater brennender Erde und ein Vulkan feuerspeiender Kanonen. Die Rauchschwaden aus der schwelenden Stadt stiegen fast pausenlos in die Höhe, manchmal in hastiger Geste vom Winde zerfetzt, manchmal ruhig mit leichtem Zittern wie flehende Hände. Die Bomberströme rissen kaum noch ab und gossen glühendes Eisen in offene Wunden. Wie Spielzeuge aber quirlten die feindlichen Jäger im hohen Blau, Tanz der Faune zur Hochzeit des Riesen.

Unser Einsatz wurde von Tag zu Tag schwieriger und gefährlicher. Blieb jetzt ein Triebwerk heil, so lauerte im langsamen Landeanflug hundertfach die Gefahr, nachdem unsere Achillesferse dem Gegner bekannt war.

Unser Platz, Brandis, war noch immer unversehrt. Warum, wußte keiner. Das weite Feld hätte längst zerwühlt, die Startbahnen mit Bombentrichtern zerstört und Hallen und Werften dem Erdboden gleichgemacht sein können, wie so viele andere. Hilflos wären dann auch unsere Vögel gewesen, deren wir mehr hatten denn je. Die wir brauchten, standen am Platz in Einsatzbereitschaft, die anderen in Vorbereitung in der Werft. Weit über hundert neue, noch nicht geflogene Me 163 B aber standen rings in den Wäldern versteckt und getarnt.

Das Gespenst des nahen Endes bestimmte die Tage, eines Endes, von dem nun jeder wußte und dem jeder entgegensah, wie neuem Land, zu dessen Ufern ein Sturm uns trieb. Es galt, durch die Brandung zu kommen, die hoch ging und gefährlich war, die Pulver verspritzte und Gift, den Mut zur Verzweiflung trieb und die Angst zur Feigheit, die Klugheit zur Tücke machte und die Lust zur Begierde. Denn die Moral war zaghaft geworden und scheu, und ihr Mantel zu dünn, die suchenden Leiber zu wärmen. Der wohlfeile Schnaps peitschte auf, der Tod stand daneben und lachte und füllte die Gläser. Trink aus, mein Freund, immer das letzte Glas!? Und die Lust schoß ins Kraut, berührte lockend die Lenden: morgen ist alles vorbei, noch einmal nur, einmal noch, noch einm . . .

Nur wenige blieben verschont.

Die Feigheit scheiterte an denen, die flogen. Sie saßen Tag für Tag mit der Angst auf dem rechten und dem Mut auf dem linken Knie in ihren Maschinen und spielten zu dritt schwarzer Peter. Ihre Finger spreizten sich über dem ruhigen Knüppel, griffen zu, probierten die Knöpfe und fielen herab. Manche schliefen, wenn die Sonne sie müde machte, schreckten hoch, wenn sie träumend einen Befehl vernommen oder lächelten, wenn das Bild ihres Mädchens deutlich geworden. Dann kam der Befehl und dann wurde geflogen. Allein, zu zweit, zu dritt höchstens, aber doch immer wieder allein in die Feuergarben der Bomber und wieder zurück mit der Mustang im Nacken. Fritz Kelbs letzte Einsatzmaschine stand drüben in der Werft. Einhundertsechsundvierzig feindliche Treffer zeigten wohlgezählt der Rumpf und die Flächen. Aber Fritz war gelandet und sagte, frech wie er war: D. i. K. — Treffen ist Glückssache.

Schubert hatte seinen dritten Abschuß gemacht, andere ihren ersten und zweiten. Viele waren's noch nicht, denen die Me 163 den Heimflug versperrt, aber das Dutzend wurde langsam voll.

An einem der nächsten Tage kam der Sturm. Pulk über Pulk rauschte über den Platz, es ging von morgens bis abends. Aber am Morgen begann's.

Schubert und Bott drückten zuerst auf die Knöpfe, und wimmernd surrten die Anlasser auf Touren. Schubert voraus, Bott hinterher, rollten sie an und schossen in den Platz, als Schuberts Triebwerk plötzlich eine grelle Stichflamme ausstieß und abstellte. Die Maschine mochte schon weit über 200 km/h Fahrt haben und war auf der Startbahn bis zum Platzende nicht mehr abzubremsen. Da ging Schubert auch schon in eine leichte Kurve, passierte schwankend den Rand der Startbahn und begann seinen gefährlichen Weg über den wohl schneller bremsenden, aber tückisch unebenen Rasen. Ohnmächtig vor Zorn, Wut und Angst folgten wir diesem Weg, seinem letzten. Noch in der weiten Kurve berührte plötzlich eine Fläche den Boden, riß mit dem Widerstand die Maschine herum, der Schwanz hob sich hoch, kippte über und dann kam jener dumpfe Knall einer schlecht geschwungenen Peitsche. Fetzen wirbelten hoch, Flammen und Dampf zischten in den Himmel, grausiges Feuerwerk zur verzehrenden Hochzeitsnacht von Pilot und Maschine . . .

Bott war gut abgekommen, hatte hoffentlich Schuberts Ende nicht gesehen und verschwand im Blau. Nicky und Bollenrath gingen als nächste Rotte hoch, hinter ihnen wieder zwei Maschinen und als letzte standen die beiden 163 von Günter Andreas und Bubi Glogner am Start.

Neben Andreas' Maschine stand dessen erster Wart, der Unteroffizier Ferdi Schmidt, auch einer von denen, die vom ersten Tag an bei uns gewesen waren, einer der Zwischenahn noch kannte mit seinen ersten Freuden, seinen ersten jauchzenden Flügen und ersten stummen Gesichtern. Nun stand Ferdi neben Günters Maschine, besorgt und kritisch und stolz, als habe er sie selbst gebaut. So wie dieser Ferdi waren sie fast alle, unsere Kerle vom Bodenpersonal. Immer saßen die Käppis zu schief, waren die Locken zu keß, und die Hosen zu weit. Aber eines saß — genau am rechten Fleck — und das war das Herz. Diese Burschen ließen einen nicht im Stich. Zur Hälfte Maschine und zur Hälfte Pilot opferten sie — wenn es sein mußte — unseren Maschinen die Nächte und taten es nicht weniger gründlich, als wenn sie sie dem Wein und der Liebe opferten. So stand Ferdi neben seiner Me, prüfte noch einmal die Bolzen des Fahrwerks, besah die Ruder, die Günter leicht bewegte, glitt mit den Blicken über den festen Rumpf und verhielt an der Düse. Ja, es war alles klar.

Glogner und Andreas bekamen Startbefehl. Der Himmel wimmelte von Jägern und Bombern, und die bizarren Straßen der weißen Kondens standen wie zartes Filigran unter blauem Glas. Ein seltsames Filigran, das nicht zerbrach, wenn tausend Geschosse es durchbohrten.

Dann kamen sie wieder. Nicht alle. Ein paar nur. Ryll mit einem Abschuß, Bott ohne, Glogner ohne, Nicky mit Abschuß, und dann sahen wir hoch oben einen anfliegen, Bollenrath oder Andreas, wir konnten es nicht erkennen, und hinter ihm, weiter oben noch, außer Schußweite noch immer, eine Mustang. Und da standen wir mit geballten Fäusten — irgendwo bellte die Flak — und schauten zu, wie die Mustang näher und näher kam, herunterschoß wie ein Bussard auf eine Taube, und nun war sie da. Noch flog die Me ihren Kurs, aber langsam ohne Triebwerk und

(zu Seite 161)

Kraft. Jetzt mußte die Mustang schießen. „Spring raus!" wollten wir schreien, aber das sinnlose Wort blieb in der trockenen Kehle. Da war es geschehen. Nicht einmal die Feuerstöße konnten wir sehen. Nur ein wenig Rauch, dann Dampf — das war die Explosion — und dann fielen und rieselten die Stücke zur Erde.

Es war Bollenraths Ende. Andreas kam per Auto nach Hause. Er hatte seinen Bomberverband in 6000 Meter Höhe passiert, auf 10000 Meter überhöht und war von dort mit fast ganz abgestelltem Triebwerk zum Angriff angeflogen. Er nahm eine etwas abseits fliegende Boeing aufs Korn und schoß. Da prasselte es im gleichen Augenblick in der eigenen Kiste. Splitter flogen ihm um den Kopf, von der Stirn über dem rechten Auge floß Blut und seine Kanonen taten nicht mehr mit. So setzte er sich ab und versuchte, für den Fall eines nachfolgenden Brandes, das Kabinendach abzuwerfen. Es ging nicht. Erst als er seine Fahrt bis auf 250 km/h weggenommen hatte, sich losschnallte und mit beiden Ellenbogen sich gegen das Dach stemmte, sprang es ab. Mit diesen Sorgen beschäftigt, hatte er die Mustang nicht bemerkt, die sich von hinten an ihn heranpirschte und ihm eine Garbe ins Heck jagte, deren Treffer die Maschine steuerlos machten. Seine Kiste stellte sich auf den Kopf und fiel senkrecht nach unten, was ihm wohl das Leben gerettet hatte. Als sie wieder Fahrt aufnahm und sich horizontal legte, war die Mustang weg und Günter konnte sich an den Fallschirm hängen.

Wir hatten es verlernt, den Tod wichtiger zu nehmen, als er es verdiente, und oft auch das Gefühl, ein fast körperlich sicheres Gefühl, daß es die besser hatten, die jetzt noch sterben durften. Und von denen, die flogen, kniff keiner.

Einer war da, der Feldwebel Klein, ein prächtiger junger Bursch mit blondem Haar und schmalem schönem Kopf. Ich hatte ihm in Udetfeld die ersten Flüge im Schlepp beigebracht, ihn in Sprottau zum erstenmal allein fliegen lassen. Er war frech wie ein Fuchs, hatte beim ersten scharfen Alleinflug von ganz oben den Platz angestochen, war in zehn Meter Höhe mit über neunhundert Sachen darübergefegt, hatte hochgezogen und eine prächtige Landung gemacht. Er flog wie ein Gott, aber ein junger. Ich verzieh ihm um der guten Landung willen seinen Übermut, sagte ihm aber, das ginge nicht immer so. Er lachte.

Sein dritter oder vierter Start an einem der nächsten Tage war sein erster Feindflug. Plötzlich sahen wir ihn mit einer Mustang kurbelnd wie zwei spielende Adler von seiner Einsatzhöhe herunterkommen. Er mußte wissen, daß eine Mustang hinter ihm her war, denn so kurbelte nur einer, der den Kampf wollte. Hätte er jetzt seine Me auf den Kopf gestellt und sein Tiefflugkunststück gemacht, wäre es ihm wahrscheinlich gelungen. Aber er kurbelte weiter mit der Mustang, Kreis um Kreis, wir konnten fast schon die Köpfe der beiden Piloten sehen, jetzt war er bestimmt schon unter tausend Meter. Herbert, Mensch, was machst du denn? — Noch ein Kreis und noch ein Kreis. Die Mustang mit laufendem Motor hatte Geduld, zumal die Flak um Herberts willen schweigen mußte.

Da sahen wir, wie Kleins Maschine eine leichte Verbeugung machte, während die Mustang aus allen Rohren schoß, wieder aufrichtete und im Gleitflug hinter dem waldigen Horizont verschwand . . .

. . . sie brachten ihn auf der Bahre, scheinbar unverletzt, aber tot. Auch seine Maschine hatte wie durch ein Wunder auf einem weiten Feld fast normal aufgesetzt und war kaum beschädigt. Im Sitz, den Knüppel fest in der starren Hand, mit leicht zur Seite geneigtem Kopf hatten sie ihn gefunden. In seinem Hinterkopf war ein ganz kleines Loch von einem Geschoß, das vorher die Panzerplatte durchschlagen hatte.

An einem frühen Morgen jener Tage war es, als ein plötzlicher Geschwaderbefehl die Flugzeugführer der beiden Me-163-Gruppen antreten ließ. Hauptmann Fulda, der Kommandeur der 1. Gruppe verlas ihn vor der Front. Der Befehl sprach von der Not der Heimat und der Frauen und Kinder, die den feindlichen Bombern mehr und mehr preisgegeben waren, er sprach von der Notwendigkeit, durch einen letzten, aufopfernden Einsatz diese Heimat, ihre Frauen und Kinder zu schützen, den Feind endgültig zu schlagen und den Sieg zu beschleunigen. Dieser Sieg aber verlange jetzt ganze Männer, und man brauche Piloten, die bereit wären, mit der Me 109 aufzusteigen, den schweren Bombern entgegen zu fliegen und sie zu rammen. Für diesen Einsatz erwarte der Führer die Meldungen von Freiwilligen. Unterzeichnet war dieser Befehl von Reichsmarschall Göring.

Keiner wurde gezwungen, nur Freiwillige wollte man haben, und Hauptmann Fulda meldete sich nach dem Verlesen des Befehls als erster. Hauptmann Fulda hatte eine Frau und drei Kinder.

Es blieben keinem mehr als einige wenige Minuten, sich für einen Einsatz zu entschließen, der unweigerlich das Leben forderte. Es war oft und auch in unseren eigenen Reihen vom Rammen gesprochen worden, und es gab bekannte Fälle, bei denen die Piloten nach dem Rammen am Fallschirm noch sicher die Erde erreicht hatten. Ebensosicher aber war auch, daß dies ein- oder auch zweimal gut gehen konnte, ein drittes Mal kaum.

So verlangte die Entscheidung doch nichts anderes, als den Willen, für die Sache zu sterben. Ob die Sache dadurch gerettet wurde, stand nicht zur Debatte. Der Endsieg, der vielzitierte, war zu einer Religion geworden, an die man glauben konnte oder nicht.

Und da meldeten sie sich.

Bott — Glogner — Löscher — und noch ein paar andere. Acht Mann an der Zahl.

Die Staffeln für diesen Einsatz sollten in Stendal aufgestellt werden.

Ich hatte diese frühe Morgenstunde in Brandis nicht miterlebt, da mich eine kurze Pflicht nach Berlin gerufen hatte. Erst am Nachmittag dieses Tages kam ich zurück.

Ein mächtiges Tief bedrückte das Land, und Nebel kroch über die Äcker. Die Bäume griffen mit ihren schwarzen, schlanken Fingern ins Leere und verschwanden im Nichts, ging man an ihnen vorüber. Der Himmel war ein graues Tuch, reif für die Wäsche, und greifbar nahe lag das Ende der Welt. Die gefrorenen Wege gaben den Tritt hart zurück, die schwere Luft drang naß und kalt in die Lungen, und alles Leben schien erloschen. Die Erde war unwirsch, abweisend und voll Verdruß.

Am Tor stand ein verfrorener Posten, sah mir mißtrauisch im Nebel entgegen, erkannte mich freundlich und grüßte. Sonst begegnete ich niemandem auf dem langen Weg zu den ersten Häusern. Auch sie schienen leer und verlassen.

Ich betrat das unsrige, brachte meine paar Sachen in mein Zimmer und suchte die andern. Ich klopfte bei Bott, bei Rösle, bei Kelb, schließlich bei Schweinitz. Keiner war da. Ich sah auf die Uhr. Es war noch zu früh fürs Casino, aber ich ging doch hinüber. Und dort fand ich sie alle. Teils im Casino selbst, teils in dessen Seitenflügel, wo ein paar Pilotenzimmer waren. Einige waren betrunken, Schweinitz lag abwechselnd singend und stöhnend in einem fremden Bett, fuhr sich mit dem Hemdsärmel über den feuchten Mund als er mich sah und sagte:

„Mano, da bist du ja! — Komm, hol deine Gitarre und sing — und sauf, Mano. Es ist alles so egal! Hörst du, Mano!?“

Er schrie mich laut an, als ich nicht gleich reagierte:

„Deine Gitarre sollst du holen, Mano! Wir wollen singen! Singen wollen wir!“

„Halt's Maul, Graf", fuhr Sturm dazwischen und schmiß, auch nicht mehr nüchtern, Schweinitz ein nasses Handtuch klatschend mitten ins Gesicht.

Schweinitz ließ sich erschöpft auf sein Kopfkissen zurücksinken, lachte und rief: „Ah, das tut gut!"

„Davon kannst du noch einige Portionen haben, Graf", lachte Sturm, nahm das Handtuch und warf es ins Waschbecken.

Sturm war ein Haudegen seltener Art, ein derber Reservehauptmann, der in Udetfeld als Schüler zu meiner Staffel gehört hatte. Ein hervorragender Pilot und besonders guter Segelflieger, der sich, wann er nur konnte, einen Habicht griff und Kunstflug in Bodennähe übte. Es war erst wenige Wochen her, da er mit einem solchen Habicht aus einem Looping in Bodennähe ungespitzt in die Erde gerammt war. Denen, die hinausfuhren zum jenseitigen Platzrand, wo der Kleinholzhaufen des weiland Habicht lag, blieb der Verstand stehen, als sie statt einer Leiche einem fröhlich grinsenden Hauptmann Sturm begegneten, der das Kleinholz um sich herum abgeschüttelt hatte und lachend davongegangen war. Er war einer jener Männer, deren Derbheit und Lautstärke mit ihrer Zuverlässigkeit Schritt hielten.

Als Schweinitz wieder aufbegehrte und nach der Gitarre schrie, sagte er nur: „Halt jetzt endlich's Maul, Graf, sonst singen wir zweistimmig", und zu mir:

„Mach dir nix draus, Mano, der Graf ist besoffen. Wir saufen ja auch schon seit dem Mittagessen!"

Ich ging hinunter in die kleine Halle vor dem Speiseraum. Dort fand ich Fritz Kelb, Hans Bott und ein paar andere, teils angebläut, teils nüchtern oder wieder nüchtern. Von ihnen erfuhr ich, was sich am Vormittag ereignet hatte.

Fulda schien eine seiner todernsten Reden gehalten zu haben, die seiner Härte und Unerbittlichkeit entsprachen. Er war damals das Non plus ultra preußischen Pflichtbewußtseins und jener Unbedingtheit, die Fanatismus ähnelte und verrückt schien. Er hatte sich bei den Fallschirmjägern das Ritterkreuz verdient und dort wohl auch die Strenge gelernt, die ihn leitete — und uns.

Aber ich hatte seine Rede nicht gehört und stand nur dem

nackten Sachverhalt gegenüber, der mir so absurd erschien, daß ich ihn nicht zu fassen vermochte. Aber die anderen blieben ernst.

„Na, und habt ihr euch etwa gemeldet?“ fragte ich.

„Ich nicht“, sagte Fritz Kelb, dem weiß Gott keiner Feigheit vorwerfen konnte.

„Acht Mann haben sich gemeldet“, sagte Hans Bott ruhig und zählte die Namen auf, den seinigen am Schluß. Es waren alle acht prächtige Kerle.

Ich begriff es nicht, aber es gab da wohl auch nichts zu begreifen. Wir waren dabei einen Krieg zu verlieren, so gründlich, wie je einer verloren wurde, wir wußten, daß wir nur noch mit Stecknadeln piekten, während man tonnenweise Stahl und Feuer auf uns warf, und wir hatten die Stirn, zu sterben. Freiwillig!

„Ihr seid verrückt“, sagte ich.

„Kann sein“, antwortete einer.

„Das ist doch das Hirngespinst eines Wahnsinnigen!“

„Möglich!“

„Glaubt ihr denn, ihr haltet mit den paar Hundertneun die Walze auf? — Was ist schon, wenn ihr hundert rammt und tausend kommen? Noch nicht so viel, als wenn ihr in einen Ameisenhaufen spuckt!“

„Reg dich nicht auf, Mano, ob wir hier explodieren oder dort vor die Hunde gehen, ist ja schließlich auch piepe“, meinte Löscher ungerührt.

„Es geht nicht ums Krepieren, es geht um den Sinn oder Unsinn des Geschehens. Was hier geschieht, hat einen Sinn, auch wenn wir dem Krieg nicht eine Stunde abgewinnen. Aber wir fliegen immerhin die erste Rakete der Welt und, wenn nicht für uns, dann eben für diese Welt. Aber nachts in eine alte Me 109 zu hocken und einem Klavier da oben in die Tasten zu springen, das ist doch nur noch Angabe ...“

„Wer angibt, hat mehr vom Leben“, sagte Bott ungerührt.

Wir schwiegen eine Zeitlang. Ich grübelte und scharrte im Sand meiner Gedanken ohne zu bemerken, daß das Loch immer wieder zurieselte, wenn ich es halbwegs geöffnet. Hier war etwas

Unfaßbares geschehen, das man weder mit Tapferkeit, noch Gleichmut, noch Dummheit, noch Opferwillen bezeichnen oder rechtfertigen konnte. Keiner war so tapfer, freiwillig vor den Tod zu treten, keiner so gleichmütig, Fatalist zu sein, kaum einer so dumm, die Wirklichkeit nicht zu sehen, und der Wille zum Opfer hatte kein Gefäß mehr.

Auch mich kam es jetzt an. Aber Fritz Kelb hatte sich auch nicht gemeldet. Hatte er recht oder die anderen? Wir verloren einen Krieg, so oder so, und jeder Tag, den wir ihn früher verloren, war gewonnen. Wozu sein Ende verzögern?

Vielleicht waren wir stolz? Zu stolz noch, um verlieren zu können. Besonders wir Flieger, die kein Dreck in die Knie zwang und kein Granatwerfer verschüttete. Noch keiner von uns war um sein Leben gelaufen oder hatte die Hände in den Boden gekrallt, um die Erde festzuhalten, die unter ihm barst. Wir hatten einen anderen Tod zum Gevatter, der uns die Angst ersparte ... der zuschlug, wenn es soweit war, kaum, daß wir es merkten. Wenn wir Angst hatten, dann war es nur die vor dem eigenen Mut. Und diese war vielleicht verklungen oder zur nicht mehr fühlbaren Gewohnheit geworden. Unbeachtet und selbstverständlich wie das Wasser.

Wir hatten fünfeinhalb Jahre Krieg hinter uns. Ein Krieg mit Ferien, die immer wieder ihr Gutes hatten. Nach jedem Einsatz gab es ein Haus, eine Baracke oder wenigstens ein Zelt. Und jeden Morgen noch immer eine Zahnbürste. Flieger bekriegten sich nur bei Tag oder nur bei Nacht, aber nicht bei Tag und bei Nacht. Wir hatten noch eine Ordnung, die nicht einmal mehr die Zivilisten hatten, die sie Tag und Nacht in die Keller hetzten. Wir hatten Atempausen sozusagen. Gesetze und Ordnung mitten im Chaos. Vielleicht lag da der Schlüssel, daß wir uns dieser Ordnung widersetzten, wo Unordnung die Regel war. Daß wir unsere Pflicht dieser Unordnung gegenüber tun wollten. Und es war unordentlich, mit einem Flugzeug ein anderes zu rammen!

Was konnte es sonst sein?

Helden waren wir keine, nicht einer! Vielleicht Fulda? Ja, der war wohl einer, aber er zählte nicht. Nicht mehr ...

Es konnte auch der Reiz des Unbekannten sein, vermischt mit unserer Wut auf die Bomber. Auf diese Heuschreckenplage hatten wir eine ehrliche Wut, weil sie jene gefährdete, die uns Briefe schrieben und an uns dachten. Diese Bomber zu erledigen, war einen solchen Einsatz wert.

Und schließlich hatten wir eine Geschichte, die uns so viele Fälle von Opfermut gelehrt. Troja — Sparta — Rom — und die Schlachtfelder vom Teutoburger Wald bis zu den Masurischen Seen ...

Und es war das Recht, dieser verbissenste Grund des Krieges. Wir fühlten uns im Besitze dieses Rechtes genau so wie die anderen. Wer dieses Recht uns nahm, war unser Feind. Um dieses Recht zu verteidigen, war alles rechtens zu tun ...

So reihten sich die Gedanken aneinander, paarten und entzweiten sich, zerrten einer den anderen und ließen keinem das letzte Wort.

Dieses war bereits gesprochen. Acht Mann hatten sich gemeldet, und alles Nachdenken darüber war sinnlos. Nachts um zwölf, wie die anderen mir sagten, würde ein Lastwagen kommen und diese acht Mann abholen. Acht der besten Piloten, die wir besaßen, die man hochgepäppelt hatte wie kostbare Pferde, um jenen kostbaren Preis mit ihnen zu gewinnen, um den es in diesem Rennen ging. Und diese kostbaren acht Mann jagte man nun einem Abgrund entgegen, dem sie sich blind entgegenwarfen. Nein, nicht einmal blind, denn sie wußten es ja, aber doch sinnlos. Wenn nichts anderes, war das das Ende, das absolute Ende unserer Zeit. Ein Grund zum Saufen — einer zum Heulen — es war egal.

Dabei war nicht ein einziger etwa niedergeschlagen oder traurig. Auch die, die noch nichts getrunken hatten, waren bestenfalls sachlich.

Ich schickte eine vorbeikommende Ordonnanz, meine Gitarre zu holen, und wir gingen nach und nach ins Casino hinüber. Dort schwätzten wir weiter, begannen Lieder zu singen, es gab Zoten und gute Geschichten und die Stimmung wuchs mit der Zahl der geleerten Gläser.

Unsere Rammjäger waren so fröhlich, als ginge es anderen Tages zur Kirmes aufs Land. Sie besprachen eifrig ihre Methoden.

„Kurz mit der Fläche über das Leitwerk der B-17, das hält die 109 aus, und wenn du Schwein hast, kannst du noch landen."

„Bestimmt aber noch aussteigen!"

„Ich reiße ihnen mit der Latte das Seitenruder weg."

„Das kann aber schief gehen, wenn du nicht ganz genau fliegst."

„Im Messerflug kurz in die Querruder!"

„Verrückt, das hält die Me nie aus . . ."

„. . . aber prima aussteigen kann man danach."

„Oder auch nicht!"

Dann sangen wir wieder.

Und tranken.

Manche mußten hinaus, kamen bleich, aber lachend wieder herein, und die Zeiger auf den Uhren rückten unerbittlich vor. Je später es wurde, umso kälter griff uns die Nüchternheit an den Hals. Schließlich standen die Gläser wie Schierlingsbecher herum, keiner rührte mehr daran. Der Tabakrauch wiegte sich in immer ruhigeren Schwaden unter den grellen Leuchtern, und die kleinen, von vergossenem Wein herrührenden Pfützen auf den Tischen blinkten wie Spiegelglas.

Ich nahm meine Gitarre von den Knien unter den Arm, zupfte ein paar wahllose Töne und sah ihnen nach, wie sie, fühlbaren Gedanken gleich, durch den stillen Raum schwebten. Keiner verklang ganz, und es war seltsam, wie sie sich fast von selbst zu Akkorden fügten, sich gleichsam die durchsichtigen Hände reichten und zu einem Lied sich fanden. Es war der Anfang meines Lieblingsliedes von den drei Zigeunern, und ich zupfte ruhig und mit zögernden Intervallen die schwermütige Melodie, in Dur zuerst, dann noch einmal und behutsamer in Moll, und sang leise die ersten Verse. Und leise summten die anderen mit und es klang wie ein in der Ferne verhallender Chor. Erst zum letzten Vers hob ich die Stimme, und die wenigen, die das Lied kannten, fielen kräftig mit ein:

Dreifach haben sie mir gezeigt,
wenn uns das Leben umnachtet,

wie man's verraucht, verschläft und vergeigt ...
wie man es dreimal verachtet.

Wie leicht hatte sich dieses Lied in jenen Jahren gesungen, in denen man das Leben in der Hosentasche mit sich herumgetragen hatte wie einen gefangenen Maikäfer! Oder am Lagerfeuer der Wandervögel unter blankem Sternenhimmel am Vorabend eines hellen, sonnigen, lachenden, sorglosen Morgens. Und wie grausam wurde das Verzichten, wenn es einen beim Wort nahm ...

Sie holten ihre gepackten Säcke und Koffer, die acht Mann, und wir brachten sie unter fröhlichen Reden zum Auto, das mißmutig, mit trüben Schlitzaugen im Nebel stand. Sie stiegen auf die ungepolsterten Holzbänke der Pritsche, deren wacklige Spriegel eine zerschlissene Plane trugen. So schlecht gefedert fuhr man sie selbst in den Tod. Löscher steckte seinen Kopf noch einmal durch ein tellergroßes Loch der grauen Zeltbahn und rief: „Nach dem ersten kriegt ihr eine Postkarte aus dem Himmel!"

„Geht nicht, hat kein Postamt", antwortete einer.

„Dann aus der Hölle!" parierte Löscher lachend.

„Mit Winterhilfsmarken, sonst holt dich der Teufel", ein dritter. Da ruckte der alte Wagen an und war nach wenigen Metern im drüben Dunst verschwunden.

„... und wie man es dreimal verachtet!"

Wir Zurückgebliebenen stiegen langsam und wortlos die paar Treppen zum Casinosaal hinauf und setzten uns stumm auf unsere Plätze. Nur einer ließ Wein aus der Flasche in sein leeres Glas laufen und das Glucksen im Flaschenhals hörte sich an wie hölzernes Klopfen. Ich nahm die Gitarre wieder und zupfte die letzten Töne:

„... und wie man es dreimal verachtet."

Da riß ein Faustschlag die Stille entzwei. Der harte Hauptmann Sturm schlug mit solcher Wucht zu, daß die Gläser fielen und schrie mich an: „Hör auf, Mensch!"

Dann fiel sein Kopf schwer auf den Tisch.

Als habe die verhaltene Wut dieser Nacht den Himmel blank gefegt, strahlte am nächsten Morgen die Sonne vom wolkenlosen Himmel. Ich hatte mich nach dem Frühstück gerade über einen Haufen Papierkrieg gesetzt, als mich Fritz Kelb anrief und fragte, ob ich Lust hätte, mit ihm zusammen einen Werkstattflug zu machen. Zwei Maschinen aus der Werft müßten probegeflogen werden. Und ob ich Lust hatte. Ich holte Kombi, Haube und Handschuhe und traf Fritz auf dem Weg zum Start.

„M. V.“, sagte er, „Mordswetter“, und schlenderte mit seinem schlaksigen Schritt über den dünnen Schnee, aus dem die bereiften Gräser hervorlugten wie die Stoppeln eines grauen Bartes. Es schien ihm so wohl zumute wie mir. Irgendwo hatten uns die letzte Nacht und der Abschied von den Kameraden das Herz aufgetan. Auch jenes beklemmende Gefühl, das sonst unwillkürlich vor jedem 163-Start die Brust umfing, war nicht mehr da. Es war vielleicht die Selbstverständlichkeit, mit der die Freiwilligen ihre nächtliche Fahrt angetreten hatten, die unsere Stimmung hob, die Angst verscheuchte und noch nicht einmal den Mut bemühte. Als ob es harmlose Ruderboote eines Parkwassers wären, bestiegen wir die beiden Maschinen am Start, drückten die Knöpfe kurz hintereinander und rollten über die Klötze.

Fritzens Triebwerk schien kräftiger, als das meine, denn er lief mir auf der Startbahn davon. Ich warf das Fahrwerk so bald wie nur möglich ab und holte ihn im Steigflug wieder ein. Fläche an Fläche schossen wir hoch, blauer und blauer wurde der Himmel und kam auf uns zu wie eine leuchtende Kornblumenwiese. Wir hatten eben die 7000-Meter-Marke passiert, als Fritz' Maschine mit einem Ruck abfiel, während ich noch ein Stück hochschoß, bis mein Triebwerk ebenfalls abstellte.

Das war programmgemäß, denn die Tanks waren nicht vollgetankt worden. Ich ging über einen Turn wieder nach unten und sah Fritz wohl tausend Meter unter mir langsame Kreise ziehen. Ich drückte im Sturz auf ihn zu, er kippte ab und nun begann ein wildes Kurbeln. Diese Hunderdreiundsechzig war ein wunderbarer Vogel, wenn das Triebwerk nicht muckte und — leergeflogen — seiner möglichen Launen beraubt war. Forellen konnten sich bei ihrem flinken Spiel im Wasser nicht wohler fühlen als wir mit unseren wendigen Mes in der Luft. Oder war das nicht überhaupt schon schwereloser Raum, durch den wir schwebten? — Die Staudruckmesser schwankten zwischen zweihundertfünf und neunhundertfünfzig, je nachdem, ob wir stürzten oder hochzogen und in die Strömungsfreiheit hineintaumelten, abkippten und wieder in Schuß kamen. Jubelnde Schwalben, besenreitende Hexen und trunkene Kobolde zugleich. Man konnte die Erde vergessen und die Erinnerung verlieren, je ein Mensch gewesen zu sein. Diese Me 163 war kein Flugzeug mehr, überhaupt kein Zeug. Sie war ein Flaum im Spiel des Windes, sie war das Flügelpaar eines Märchenvogels, so glitt sie - schwingende Lust — durch den Äther...

Doch, da war sie wieder die Erde, dieses unerbittlich geizige Biest, das nichts verschenkte, was es einmal besaß. Das den Staub zur Erhabenheit hob, um sie im Staub zu ersticken...

Ich drückte mehr Fahrt an, ging mit wackelnden Flächen an Fritz vorbei, um ihm das Zeichen zur Landung zu geben. Ich sah ihn einkurven, verfolgte seinen Anflug aus überhöhter Lage und ging dann selbst in die Landeeinteilung. Ich war zu hoch, nahm soviel wie möglich Fahrt weg und begann früher als sonst die Landeklappen auszufahren. Kaum geschehen, legte sich meine Me stark auf die Seite, holte Fahrt auf und fiel schräg nach unten. Kreuzpfeffer, was war los!? Ich holte die Landeklappen wieder ein, kam in Normallage und fuhr die Klappen wieder aus. Da war der Mist klar. Eine Landeklappe versagte, und nun peitschten die Sekunden. Geradeaus kam ich nicht mehr auf den Platz, sondern sicher dahinten ins Gebüsch, wo der Überschlag lauerte. Also Linkskurve, nochmal weg vom Platz, ausholen und quer reinlanden. Aus der Linkskurve wieder nach rechts, hart an den Platzrand, sonst reicht die Schmalseite nicht aus. Aber ein Güterzug stand an der Längsseite des Platzes, und ich mußte genau über ihn hinweg. Andrücken, mit letzter Fahrt hochheben und dann fuhr mir der Schreck ins Genick. Knapp über den Güterwagen sah ich keine zwanzig Meter vor mir auf einem zweiten Gleis drei T-Stoff-Kesselwagen stehen, die nun auch noch zu überfliegen mir unmöglich schien. Aber überlegen half nichts mehr, also komm her, Glück. Obwohl die geringe Fahrt kaum noch ein Ziehen vertrug, nahm ich den Knüppel zurück, peilte die Lücke zwischen zwei Wagen an und kam eben mit den Flügeln über die Kessel. Dann war die Fahrt weg, die Me — noch vor Minuten so leicht wie ein Hauch — sackte durch und krachte auf die harte unerbittliche Erde.

Ich spürte nichts. Aber als die Stille da war, lagen das schwere Funkgerät und das halbe Instrumentenbrett auf meinen schmerzenden Beinen, von irgendwo aus meinem Gesicht tropfte Blut und ein ausgebrochener Zahn hing mir wie ein kalter Stummel zwischen den Lippen. Außer den Beinen tat mir nichts weh, und auch dieser Schmerz war weg, als ich die scharfe Kante des Eisenkastens vom Funkgerät etwas anhob und zur Seite schieben konnte.

Daß dieser harte Aufschlag auf die Erde außer dem blutenden Gesicht und abgebrochenen Zähnen keine anderen Folgen für mich gehabt haben sollte, schien mir unwahrscheinlich, und ich tastete mit beiden Händen vorsichtig meine Beine ab, bewegte, als ich nichts fand, meine Füße und Knie und schüttelte unwillkürlich den Kopf. Nichts passiert, beide Beine waren heil.

Ich war so mit mir selbst beschäftigt, daß ich jetzt erst die drei Wagen bemerkte, die vor und neben meiner Maschine angefahren waren und hielten. Techniker, Sanitäter und Feuerwehrleute sprangen auf mich zu, zwei Warte öffneten mühsam das verklemmte Kabinendach und halfen mir heraus.

„Los, Herr Leutnant, das Ding kann noch explodieren, qualmt ganz schön hinten raus“, sagte einer. An diese nächstliegende Möglichkeit hatte ich überhaupt nicht gedacht und merkte, wie mir's kalt über den Rücken lief. Aber die Wasserstrahlen der Feuerwehr waren schon am Werk, und ich saß ein paar Sekunden später im Saniwagen auf der Fahrt ins Revier. Das Rückgrat wäre leicht angestaucht, meinte der Arzt und ich sollte ein paar Tage Ruhe halten und möglichst viel liegen.

Schwarze Tage kamen. Die Luft über unserem Horst wurde zum Tummelplatz der amerikanischen Jäger, die sich ein Vergnügen daraus zu machen schienen, auf wehrlos landende oder nach dem Einsatz heimwärts fliegende 163 zu warten und diese abzuschießen. Unser Stern ging unter mit der Zeit, in der er geboren war. Der prächtige Ryll wurde nach dem dritten Abschuß selbst das Opfer eines feindlichen Jägers, auch der immer so fröhliche Nicky und der unentwegte Rolly kamen eines Tages nicht zurück. Dazwischen gab es ein großes Hallo, als Bott, Löscher und die anderen sechs unverrichteter Dinge aus Stendal zurückkehrten. Über das, was sie in Stendal erlebt hatten, könnte man heute noch ein Lustspiel schreiben, wäre das Ganze nicht rein menschlich so bitter ernst gewesen. Man hatte den dort versammelten „Todeskandidaten" tatsächlich in feierlichen, tagelangen Reden klargemacht, daß ihr Einsatz eine Wende im Kriegsgeschehen bedeuten könne, ja sogar würde, hatte sie mit allem nur möglichen verwöhnt und zum letzten Einsatz vorbereitet, um schließlich festzustellen, daß dieser Einsatz über ein paar klägliche Versuche hinaus gar nicht möglich war, weil weder genügend Maschinen noch Brennstoff zur Verfügung standen. So wurde aus diesem geplanten Drama opferbereiten Einsatzes eine Posse der Kopflosigkeit oder auch des Geltungsbedürfnisses einiger jener Unentwegten um Hermann Göring.

Um so froher waren wir, daß unsere Kameraden wieder bei uns waren. Es war einsatzmäßig nun still geworden in Brandis. Nach den großen Verlusten verbot uns ein höherer Befehl den Start gegen einfliegende Bomberverbände mit Jagdschutz. Erlaubt waren nur noch Angriffsflüge gegen einzelne Aufklärer, denen wir nun Tag für Tag auflauerten.

Mit Ausnahme von mir, der ich ein kleines Leukoplastkorsett bekommen hatte, waren alle wieder einsatzfähig. Franz Rösle hatte wie je sein gutes altes Gesicht mit Bärtchen, und auch Fritz Kelb humpelte längst nicht mehr. Obwohl fast nichts los war, saßen sie jeden Tag in Einsatzbereitschaft draußen. Da wurden eines Abends ein paar Lightnings gemeldet. Es war kurz vor Sonnenuntergang und höchste Zeit, wenn überhaupt noch etwas erreicht werden sollte. Ein paar Minuten nach der FT-Meldung erschien hoch oben in acht- bis neuntausend Meter ein feiner, im späten Sonnenlicht golden glänzender Kondensstreifen. Bott und Rösle bekamen Startbefehl. Rösle startete zuerst, dicht hinter ihm Bott, beide auf nichts anderes versessen, als so schnell wie möglich die Aufklärer zu erwischen. Beide Triebwerke liefen einwandfrei, die Maschinen hoben normal ab, die Fahrwerke tanzten über das Feld, während Rösle und Bott steil nach oben schossen. Aus dem einen Kondensstreifen waren vier geworden, und sie standen als leicht erkennbares Ziel im abendlichen Violett des Himmels. In achttausend Meter Höhe ging Rösle, mit beiden Augen nur noch die feindlichen Maschinen beobachtend, die jetzt deutlich als Lightnings zu erkennen und nur noch knapp zweitausend Meter horizontal entfernt waren, in den Horizontalflug über, um in wenigen Sekunden die eine Lightning im Visier zu haben, als sich seine Me 163 plötzlich fast senkrecht aufbäumte, sich unwillig zu schütteln begann und so hart auf den Kopf ging, daß es Franz den Knüppel aus der Hand riß. Da sah er den Zeiger des Staudruckmessers auf 1050 km/h stehen und wußte, daß er in die Grenze des Überschallbereiches eingeflogen war. Bott hinter ihm erging es nicht anders. Auch seine Maschine, da er ja Rösles Tempo gehalten hatte, bäumte sich auf, machte einige heftige Wellenbewegungen und ging dann nach rechts auf den Kopf. Natürlich rissen beide sofort den Schubhebel zurück, verloren aber bei diesem Mannöver so viel Zeit und Höhe, daß die Lightnings längst auf und davon waren, gerettet gleichsam von dem Überschallvorwitz der Me 163. Es hörte sich fast wie ein Ulk an, als die beiden wieder gelandet waren und wutschnaubend von ihrem Pech erzählten.

Doch schon am nächsten Morgen hatte Bubi Glogner mehr Glück. Es war so früh, wie es am Abend zuvor spät gewesen war.

Eine englische Mosquito machte, wie so oft, ihren Morgenflug, wahrscheinlich um die in der Nacht angerichteten Bombenschäden zu fotografieren. Bubi bekam Startbefehl und stieg hoch. Es war kein ganz hasenreines Wetter, und es gab reichlich viele Wolken zwischen Himmel und Erde, sodaß wir Bubis Maschine nicht lange verfolgen konnten. Nachdem er seine Mosquito ein paarmal aus den Augen verloren hatte und kurz vor seiner Gipfelhöhe so gründlich, daß er es schon aufgeben wollte, sah er plötzlich den schnellen englischen Vogel aus 14 000 Meter Höhe tief unter sich. Der Engländer schien überhaupt nicht bemerkt zu haben, daß eine 163 in der Luft war, denn er flog seelenruhig seinen Kurs weiter, auch als Glogner im Sturzflug schon recht dicht zu ihm aufgerückt war. Aber kurz bevor Bubi in Schußposition kam, schlug die Mosquito einen Haken und ging in schrägen Sturzflug über. Glogner hatte nun Mühe, ein zweites Mal den schnellen Engländer ins Visier zu bekommen, mußte die 163 fast senkrecht andrücken, um ohne Triebwerk Fahrt aufzuholen, dann so geschickt hochziehen und wieder nachgeben, daß er dicht hinter die Mosquito kam. Nun aber hatte er sie. Nach drei Feuerstößen spukte der linke Motor Rauch und Feuer und beim vierten blätterten ganze Teile von der Tragfläche ab. Im Abschwingen sah Bubi noch die beiden Insassen herausspringen. In diesem Augenblick tauchte er mit seiner Me in eine große Wolke ein oder dachte wenigstens, sie müsse sehr groß sein, denn er sah keinen Meter weit aus der Kabine. Plötzlich bemerkte er aber, daß das gar nicht mehr die Wolke war, sondern daß sich der Innenteil der Kabinenhaube mit einer dicken Reifschicht überzogen hatte. Wegwischen konnte er das Eis nicht, so begann er fieberhaft zu kratzen, bekam aber nicht mehr frei, als kleine schmale Striche, die zunächst auch immer wieder zugingen.

Bubi, damals ein Jüngling von knapp zweiundzwanzig Jahren, wußte, worum es ging. Kabine vereist, nichts mehr sehen, Platz nicht finden — dann konnte er gleich die Augen schließen und auf den Knall warten. Er kratzte, riß sich die Nägel ab, bog die Fingerspitzen krumm, daß sie schmerzten und kratzte weiter. Es ging um sein junges Leben. Seine Augen sahen nichts anderes, als

(zu Seite 175)

(zu Seite 210)

den Staudruckmesser, der 800 km/h zeigte, den Höhenmesser, der viel zu schnell von siebentausend Metern abwärts kletterte und Pinsel und Kugel, die ihm seine Fluglage zeigten. Jetzt hatte er ein kleines Loch frei, konnte zwischen den Wolkenbergen hindurch die Erde sehen; dort das Häusermeer war sicher Leipzig, aber vom Flugplatz Brandis keine Spur. Nun ging das Loch wieder zu, und Bubi krümmte wieder seine Finger über das kalte Eis. Vielleicht ging es ab, wenn er in die unteren wärmeren Luftschichten kam, aber dann mußte er in ganz langsamem Gleitwinkel fliegen, sonst war die Zeit zu kurz. Er nahm die Fahrt weg bis fast auf 200 km/h, kippte einmal ab, fing sich wieder und hatte ein zweites kleines Loch geschafft. Der Höhenmesser zeigte 4000 Meter und dort — Bubi schrie jubelnd auf — dort war ein Stück von der Startbahn in Brandis sichtbar. Er stellte die Maschine schnell auf den Kopf, sah noch, wie er in eine Wolkendecke eintauchte, dann war die Sicht wieder weg. Aber es schien draußen jetzt wärmer zu sein, denn die Löcher in der Scheibe wurden größer, und das Kratzen hatte Erfolg. Dafür war er aber mitten drin in einer Wolkensuppe, die nicht aufzuhören schien. Der Höhenmesser fiel rapide ab. Dreitausend — zweitausend — tausend Meter und noch immer keine Erdsicht. Achthundert — sechshundert — vierhundert — jetzt wurde es hell und nun lag der Flugplatz vor ihm. Aber er hatte viel zu viel Fahrt, um in der gleichen Richtung landen zu können, machte eine Schleife über den nahen Ort Zeidlitz, schwebte mehr auf Verdacht als mit Sicht auf den Platz zu und landete mit einigen kriminellen Sprüngen, aber heil auf dem heimatlichen Rasen. Und noch am Boden waren die Bugspitze ganz und die Kabinenhaube zum größten Teil auch von außen mit Eis überzogen. Es gab mal wieder zwei Gründe zum Feiern: Bubis erster Abschuß und sein „Geburtstag" nach dieser gelungenen Landung.

Glogners Flug war einer der letzten scharfen Starts überhaupt und, wenn ich mich recht erinnere, auch der vorletzte Abschuß. Die Tage der Me 163 gingen im westlichen amerikanischen und im östlichen russischen Feuer langsam aber sicher ihrem Ende entgegen. Die ersten Gerüchte flogen an, daß die Maschinen gesprengt und wir im Erdkampf eingesetzt werden sollten. Ein anderer Plan hieß, wir würden auf die Me 262 umgeschult und weiter in der Reichsverteidigung eingesetzt. Wir kümmerten uns eigentlich nur am Rande um all diese Meldungen, solange sie keine klaren Befehle waren. Auch in diesen Tagen wurden jeden Morgen die Einsatzmaschinen am Start aufgestellt, junge Flugschüler geschult und in der Werft gearbeitet. Fritz Kelb schoß mit seiner Senkrechtbewaffnung trotz Verbots einen Bomber ab. In jenen Tagen startete auch Franz Rösle zu seinem letzten Me-163-Flug, der ebenso schnell wie unglaublich endigte. Der ganze Flug spielte sich so dicht am Platz und in so geringer Höhe ab, daß wir ihn in jeder seiner gefährlichen Phasen genau beobachten konnten. Anlassen, Anrollen und Starten verliefen normal, die Maschine hob gut ab und ging nach Abfallen des Fahrwerkes sofort in den Steilflug. Da setzte in etwas über 400 Meter Höhe das Triebwerk mit einem Schlag aus. Franz zog die Maschine noch so hoch wie es eben ging, ließ durch den Schnellablaßstutzen die T-Stofftanks leerlaufen und wendete zum Platz zurück, während wir von der Erde aus eine schwarz-weiße Wolke aus dem Heck des Flugzeuges herausstoßen sahen. Unmittelbar danach hörte Franz einen zweiten Knall und fühlte den Kabinenraum heiß werden. Jetzt war es höchste Zeit zum Aussteigen. Er riß den Nothebel zum Abwurf des Kabinendaches, aber dieser rührte sich wieder einmal nicht. Franz schnallte sich los, drückte mit beiden Händen gegen das Dach, das endlich nachgab, aber nur nach oben aufklappte. Immerhin war die so entstandene Öffnung nun groß genug zum Abspringen, aber als Franz sich seitlich aus der Me herausfallen lassen wollte, ging diese in den Messerflug, wobei das Kabinendach wieder zuklappte und beide Unterschenkel Franzens einklemmte. So hing er in der abstürzenden Maschine, die kaum noch zweihundert Meter hoch war und machte verzweifelte Anstrengungen, seine Füße aus der tödlichen Zange heraus zu bekommen. Zum Glück hatte er Pelzstiefel an, die sehr weit waren und ihm nun ermöglichten, mit größter Anstrengung einen Fuß aus dem Stiefel zu ziehen, sich mit diesem freien Fuß gegen die Bordwand zu stemmen und den zweiten Fuß auch frei zu bekommen. Als sein Körper sich von dem Flugzeug löste, war er höchstens 120 Meter hoch. Er zog sofort die Fallschirmleine, und wir sahen ihn fallen und fallen bis sich kurz über der Erde der Schirm eben noch öffnete. Wir rannten und fuhren zum Platzrand, wo der Schirm noch wie ein weißer Pilz über dem Boden stand. Darunter lag Franz, regungslos, aber noch atmend.

Die Röntgenaufnahme zeigte einen gebrochenen ersten Lendenwirbel, und Franz bekam, nachdem man ihm noch vor gar nicht langer Zeit seinen Kopfverband abgenommen hatte, nun ein gehöriges Gipskorsett, das er nach seinem Erwachen böse schimpfend zur Kenntnis nahm.

Dieser Flug Franz Rösles war einer der letzten bemerkenswerten Starts der Me 163, denn nun reiften die Gerüchte langsam aber sicher zu Tatsachen. Die Me 262 hatte inzwischen in der Reichsverteidigung ihre ersten Erfolge erzielt und jener Verband wurde aufgestellt, in den die erfolgreichsten Jagdflieger zusammengezogen wurden, und in dem die Kommodore vieler Geschwader und Träger großer Namen wie Galland, Steinhoff, Lützow und viele andere als einfache Flugzeugführer in der Rotte oder im Schwarm flogen. So schloß sich der Kreis von jenen erfolgreichen Anfängen über der Nordsee und über England zum tragischen Ende der deutschen Jagdfliegerei und vielleicht dieser Art fliegender Jagd überhaupt. Es war ein letztes Aufbäumen, ein Gang in die letzte Runde dieses nun aussichtslosen Ringens und ein dramatisches Finale eines in seiner ursprünglichen Art ausgestorbenen Kampfes. Sinn aber dieser letzten Einsätze war nichts anderes mehr, als die aus tausend Wunden blutende Heimat zu schützen, aber selbst dieses Ziel blieb den letzten Jagdfliegern versagt.

Auch unser Kommodore ging zu jenem Geschwader, und er nahm einige der Erfahrensten von uns mit. Wenige nur kehrten von dort zurück, und Fritz Kelb, der einer unserer besten gewesen war, fehlt seit seinem letzten Einsatz am letzten Tag dieses Krieges . . .

Die Me 163 aber, unser Kraftei, ging in die Geschichte der

Luftfahrt ein. Amerikaner, Russen, Franzosen und Engländer holten sich die vor der Sprengung bewahrt gebliebenen Maschinen und nahmen sie mit als Beute und — Muster.

Der Ruhm der Me 163 ruht nicht in ihren Erfolgen, und die Zahl der Abschußbalken an ihrem Rumpf blieb gering. Aber sie war es, die ein neues Zeitalter des Fliegens eröffnete, und alle heute raketengetriebenen Überschallflugzeuge haben in ihr ihren Keim. War sie ein Teufel im Zorn, so war sie, sich fügend, in ihrer Zeit die höchste Erfüllung ikarischer Sehnsucht.

Erprobungskdo. 16 Zwischenahn O.

Geheime Kommandosache

Flugbericht Nr. 163 68/44

Ltn. Ziegler Flugzeugf. Blatt 1

Br. B. Nr. Geh. Kdos. 16 II + 5 Ausfertigungen

Flugzeug: Baumuster: Me 163 B Werk. Nr. 10050 Kennzeichen PK+QL V 41 k

Triebwerk: Baumuster: 109.509 Werk. Nr. 781

Zweck des Fluges: Erprobungsflug (scharfer Start)

I. Zustand des Flugzeuges:

Rüstgewicht	1780	kg
Flugzeugf. mit Fallschirm	100	kg
Treibstoff (T u. C)	1950	kg
Munition	./.	kg
Fluggewicht	3830	kg

Erprobungskdo. 16 Techn. Offz.
Dat. .. FEB. 1945
Br.B.Nr. 21/45 g. Kdos.

Schwerpunktslage bei Abfluggewicht	470	mm ht MVH
Ballast in Rumpfspitze	./.	kg
Druck: Dämpfungszylinder	32	atü
Druck: Laufräder	5,5	atü
Druck: Sporn	4,5	atü

II. Startverhältnisse:

Startplatz:

Wetter:

Wolken: Bedeckung 4/10. Höhe 800 m. Sicht 20 km

Wind: Stärke 10 km/h aus Süd-Ost Richtung

Niederschläge : Böen bis km/h

III. Ergebnis:

Start: 16.13 Landung: 16.32 Flugzeit: 19 Min.

Trimmstellung im Start 6 ° kopf-/schwanz-lastig

Steigflug mit 800 km/h bis 11 000 Höhe m. Kammerdruck 21 atü

Max. Steiggeschw. m/s bei km/h Bahngeschwindigkeit

Horizontalgeschw. km/h in m Höhe m. Kammerdruck atü

Max. Geschw. km/h in m Höhe m. Kammerdruck atü

Schubende atü. Kammerdruck in m Höhe, b. Fluglage

Verteiler:

1 x Prüfgruppe

Prüfgruppe:	Bearbeiter:	Tag:	Ort:
E. K. 16	Hacker	2.7.44	Bad Zwischenahn

Kennzeichen PK+QL V 41 k Werk Nr.: 10050 Bericht Nr. 163 Bl. 2

	T kg	C kg
Betankung	1480	530
Restmenge	480	60
Verbrauch	940	470
Verhältnis C -T	0,50	

Verbrauchsmessanlage
Restanzeige 350 kg

IV. Bericht des Flugzeugführers:

Bei Start ging Triebwerk nicht über 17 atü, nach Abheben auf 21 atü. Dann Flug bis 11 000 m Höhe mit 800 km/h normal. Plötzlich schü... das Flugzeug heftig. Ich stellte Schubhebel sofort auf Leerlauf, ... Maschine ausschiessen. Nach späterem Wiedereinschalten kam Triebw... noch kurz wieder und stellte dann ganz ab.
FT-Verständigung war in 11 000 - 12 000 m sehr schlecht.
In Bodennähe tadellos.

Ltn.

Folgende Beanstandungen wurden nach dem Fluge festgestellt:

1.) Spornlaufdecke durchgeschliffen.

Beanstandungen behoben : am 2.7. Fh.

Flugtechnische Grundlagen für Projekt P 15 "Diana".

Die höchsten Geschwindigkeiten wurden mit dem schwanzlosen Flugzeug Me 163 (Konstr. Dr. Lippisch) erflogen. Untersuchungen in Hochgeschwindigkeitskanälen zeigen eindeutig die Überlegenheit dieser Bauform im Bereich hoher Geschwindigkeiten.

Die Flugeigenschaften sind in allen Flugbereichen wesentlich besser als die der modernsten Normalflugzeuge. Diese Feststellung wurde übereinstimmend von sämtlichen Erprobungsstellen bestätigt.

Die Entwicklung von Hochgeschwindigkeitsjagdflugzeugen auf der Basis des Normalflugzeuges führt nicht zu den aus taktischen Gründen notwendigen Grenzgeschwindigkeiten (1000 km/h).

Es erscheint deshalb naheliegend, die bereits vorliegenden Ergebnisse und Erfahrungen an schwanzlosen Baumustern für diese neuen Aufgaben zu verwenden.

Der vorliegende Entwurf ist bestimmt durch Forderungen, die sich aus der Notwendigkeit kürzester Entwicklungszeit und schnellsten Serienanlaufes ergeben.
Es wurde deshalb die Aufgabe so gestellt, dass aus den Bauteilen der Baumuster Me 163 B u. C, He 162 und Ju 248 bzw. 263 ein neues Muster zusammenzustellen ist.

Die gestellten Forderungen sind:

Fluggewicht	3,6 to
Flugzeit	45 min
Höchstgeschwindigkeit	1000 km/h
Bewaffnung und Ausrüstung	wie He 162 bzw. Me 163 B
Bugradfahrwerk	wie Me 263 bzw He 162
Triebwerk	He S 11 (BMW)

Es sind folgende Baugruppen ungeändert zu übernehmen:

Baugruppe: Flügel	Me 163 C ungeschraubter Pfeilflügel
Kanzel und Führerraum	He 162
Rollwerk	He 162 bzw. Me 109 G
Steuerung	Me 163 B
Waffeneinbau	He 162 oder Me 163 B

Als Grundlage des aerodynamischen Entwurfes gelten folgende Richtwerte:

Umspülte Oberfläche $<$ 62 m²
Grösster Querschnitt senkrecht zur Strömungsrichtung $<$ 3,2 m²
Rumpf + Leitwerk + Flügel

Daraus ergibt sich der Flügelinhalt des ideellen, durchgehenden Flügels von ~ 20 m² bei einer Spannweite von ~ 10 m.

D.h., unter Verwendung gleicher Grenzwerte wie für He 162 ist eine Vergrösserung des Flügelinhaltes um 1 : 1,8 und eine Vergrösserung der Spannweite um 1 : 1,4 möglich.

Gegenüber der Me 163 oder ähnlicher Entwürfe auf der Basis des Normalflugzeuges ist bei Gleichheit der umspülten Oberflächen eine wesentliche Steigerung der Schnellflugleistung zu erwarten, weil

1. der Pfeilflügel im Bereich hoher Mach'scher Zahlen überlegen ist,

und weil

2. der Interferenzwiderstand durch eine geschlossene Bauform unter Vermeidung aller Überschneidungen und toter Winkel auf ein Mindestmass herabgesetzt wird.

Andererseits ist der Flügel so wie die ganze Bauform eingehend erprobt und weist gegenüber allen anderen Mustern eine klare Überlegenheit in den Flugeigenschaften auf.

Es wird deshalb vorgeschlagen, dieses Muster schnellstens zu erstellen, was unter Verwendung der bereits in anderen Fertigungen laufender Teile und Baugruppen in kürzester Zeit zu erreichen ist.

Wien, den 4. März 1945

Daß ein so eigenwilliges Flugzeug wie die Me 163 nicht der spontan aufgetauchten Idee eines Konstrukteurs oder Entwicklungsingenieurs entstammt, wird jedem einleuchten, dem die Fliegerei nicht überhaupt ein Buch mit sieben Siegeln ist.

Sucht man den eigentlichen Ursprung dieser ersten bemannten Rakete der Welt, dann findet man ihn in einem Gespräch mit Alexander Lippisch, dem heute Achtzigjährigen, das bereits im Jahre 1920, also vor mehr als fünfzig Jahren stattgefunden hat.

Damals lernte Lippisch einen jungen, ebenfalls für die Segelfliegerei begeisterten Mann kennen, der Fritz Wenk hieß und nach dem Vorbild eines Möwenflügels ein motorloses Flugzeug ohne Leitwerk gebaut hatte. Der schwanzlose Vogel hatte 16 Meter Spannweite und wurde mit gleich- oder gegenseitiger Verwindung der Flügelenden gesteuert. Erste Gleitflüge auf dem Feldberg im Schwarzwald waren gut gelungen, und so zog man zur Wasserkuppe in der Rhön, wo Pilot Leusch im frischen Wind vor einer Gewitterwand von einer Helfermannschaft gestartet wurde. In diesen Tagen lernten sich Wenk und Lippisch kennen. Lippisch wurde Augenzeuge dieses nach seiner Ansicht überhaupt ersten wirklichen Segelfluges. Leusch stieg mit dem schwanzlosen Vogel vom Start weg immer höher, kam bis dicht an die Gewitterwand heran, und begann nun, als wolle er wieder ausweichen, nach Norden abzudrehen, um möglichst zu seinem Landeplatz zurückzukehren.

Da sahen sie von der Startstelle am Boden aus, wie der von Leusch eingeleitete Gleitflug immer steiler wurde, in einen regelrechten Sturzflug überging und sehr hohe Geschwindigkeit erreichte. Noch hofften sie unten, daß Leusch langsam abfangen könne, als in etwa zweihundert Metern sich die Flügel vom kleinen Rumpfboot lösten und der nun senkrechte Absturz in eine von Felsbrocken übersäte Waldlichtung dem jungen Piloten keine Chance mehr ließ.

Nach diesem Absturz eines schwanzlosen Seglers schloß man nach eingehenden Untersuchungen, daß doch wohl eine genügende Stabilität bei solchen Vögeln nicht zu erreichen sei, zumal andere Konstruktionen von Gleitflugzeugen ohne Leitwerk ähnlich abgestürzt waren. Niemand kümmerte sich um die Stabilitätstheorie eines Nurflüglers. Niemand – außer Alexander Lippisch. Lippischs Interesse an Nurflügel- oder auch »schwanzlosen« Flugzeugen wurde erstmalig wachgerufen durch die Etrich-Taube, die im Jahre 1911 über dem Johannisthaler Flugplatz erschien. Fasziniert betrachtete der junge Alexander Lippisch den der Zanonia-Form nachgebauten Flügel, der für Etrich das Vorbild gewesen war. Der Biologe Professor Ahlborn hat die Welt der Flugtechnik als erster auf den Samen der tropischen Kürbispflanze Zanonia macrocarpa aufmerksam gemacht, dem die Natur echte Segelflugeigenschaften verliehen hatte.

Auch Hugo Junkers besaß ein Nur-Flügel-Patent, nach welchem alle Lasten, Passagiere und Geräte in den Flügeln eines Nur-Flüglers Platz finden sollten. Auch in der Abteilung Aerodynamik bei Dornier, wo Lippisch später arbeitete, kam das Gespräch immer wieder auf die Nurflügler. Aber Leuschs zunächst wunderschöner Flug mit dem dann so tragischen Ausgang bestimmte eigentlich Alexander Lippischs spätere Lebensaufgabe.

Noch immer fasziniert von dem prächtigen Steigen und Segeln des Möwenflügels baute er in den folgenden Monaten ein schwanzloses Modell nach dem anderen und drang mit seiner ganzen Neugier und forschendem Wissensdurst in die Theorie des Fliegens dieser ungewöhnlichen Flugzeuge ein. Ein sehr junger Mann namens Espenlaub kam zu ihm in die Weltenseglerbaracke auf der Wasserkuppe; er wollte auch Segelflugzeuge bauen. Gemeinsam froren und hungerten sie den unbändig harten Winter 21/22 hindurch, aber gemeinsam konstruierten und bauten sie auch.

Nach den Modellen entstand zunächst ein bis heute namenloses, ebenfalls schwanzloses Flugzeug ohne Motor, denn Motorflugzeuge waren damals von den Alliierten noch streng verboten. Ein unbequemes Flugzeug, denn Espenlaub hockte beim Start rittlings mit herunterbaumelnden Beinen auf einem harten Holm, um in dieser wenig stabilen Sitzhaltung auch noch einen schwergängigen Hängeknüppel zu steuern.

Nach einem mehr als kriminellen Start stieg der seltsame Vogel auch, aber Espenlaub bekam mit Recht Respekt vor dem zu starken Gegenwind und steuerte seinen Apparat wieder zur Erde zurück. Da bohrte sich das einzige vorhandene Rad unter der Kufe in die weiche Erde, so daß sich das Fliegegestell überschlug und zwei Sekunden später nur noch einem Haufen Brennholz glich.

Espenlaub fühlte sich nach Monaten vergeblicher Arbeit bedient und gab den Bau von Schwanzlosen auf.

Lippisch, hartnäckiger und eigensinniger, sagte: Nun erst recht.

Volle zwei Jahre trieb er nur theoretische Studien, soweit sie schwanzlose Flugzeuge betrafen. Vor allem kümmerte er sich um die Theorie des dynamischen Segelfluges bei der Beobachtung der Flugzeuge von Fritz Harth und dem damals noch sehr jungen Willy Messerschmitt. Ein anderer, ebenfalls noch sehr junger Mann hatte gemeinsam mit der Berliner Gruppe ein schwanzloses Flugzeug mit dem hübschen Namen »Charlotte« entwickelt. Er hieß Kurt Tank und wurde später der berühmte Vater der FW 190 und des Focke-Wulf »Condor«.

Über zwei Jahre hindurch ging nun Lippisch weiter den Weg theoretischer Forschung und praktischer Modellversuche mit Schwanzlosen. Während einer Tätigkeit in Winterberg in Westfalen entwickelte und baute er mehr mit der linken Hand die Übungs- und Schulflugzeuge »Baby« und »Hangwind«, der der direkte Vorläufer des späteren »Prüfling« wurde.

Seine Gedanken aber gehörten unaufhörlich den Schwanzlosen. Schließlich entschloß er sich, einen Motorsegler ohne Leitwerk zu bauen. Er tat es mit allerdings zwiespältigem Erfolg. Zunächst wurde der Vogel viel zu schwer, um fliegen zu können. Er nahm ihn von Winterberg zum Rhönwettbewerb 1925 mit auf die Wasserkuppe und hatte eigentlich Glück, daß wegen des Dauernebels nicht geflogen werden konnte. So blieb ihm wenigstens eine Blamage erspart.

Nach Winterberg zurückgekehrt baute Lippisch den schwanzlosen Motorsegler »Experiment« in ein möglichst einfaches Gleitflugzeug um. Mit diesem Nurflügler gelangen ihm auch mehrere Versuchsflüge. Weitere Versuche mußten nur deshalb abgebrochen werden, weil nach der damaligen Währungsreform die bisherige finanzielle Unterstützung ausblieb.

Da kam Oskar Ursinus als Retter in der Not. Der berühmte Rhönvater verpflichtete Lippisch als Leiter der neugegründeten technischen Abteilung des Forschungsinstitutes der Rhön-Rositten-Gesellschaft, und so kam Lippisch zurück in seine geliebten Rhönberge.

Neben seiner Hauptaufgabe, die technische Weiterentwicklung der zu Schulungs- und Übungszwecken verwendeten Gleitflugzeuge der Segelfliegerschule der Rhön-Rositten-Gesellschaft voranzutreiben, verwendete er seine ganze Freizeit dazu, die Probleme der Nurflügler zu verfolgen und fand bald in Richard Mihm einen sehr tüchtigen Mitarbeiter, der Lippischs Konstruktionen in musterhafter Weise in große Flugmodelle umwandelte.

In einer der Hallen auf der Wasserkuppe richteten sie sich eine kleine Sonderwerkstatt ein und bauten mit größter Sorgfalt ein fast vier Meter spannendes Nurflügelmodell. Es bestand aus einem Pfeilflügel ohne jedes Beiwerk mit einer weit nach vorn herausragenden Kufe.

An einem noch hellen Sommerabend starteten sie es hangabwärts und verfolgten mit staunenden Augen seinen in herrlicher Ruhe verlaufenden Gleitflug. Mit dem gepfeilten Flügel und der weit vorausragenden Kufe sah es aus, meinten sie, wie ein Storch, und da war auch schon der Name gefunden: »Storch!«

Diesen »Storch« kann man mit allem Recht als den ersten Vorläufer der späteren Me 163 bezeichnen. Aber der Weg bis dahin war noch weit.

Das Storchmodell flog zwar bei Windstille oder sehr leichtem Wind im Gleitflug einwandfrei, wollte sich aber durchaus nicht mit stärkerem und gar böigem Wind befreunden. Schiebe- und Rollbewegungen brachten es außer Stabilität, welch schlechte Eigenschaft jedoch bald durch den Anbau nach unten angelenkter Flügelendscheiben behoben werden konnte.

All dies geschah noch vor dem Rhönwettbewerb 1926, für welchen Lippisch den Vorschlag gemacht hatte, außer dem rein fliegerischen Wettbewerb auch einen technischen durchzuführen. Dies vor allem, um zu neuen technischen Ideen Anregung zu geben.

Bei diesem technischen Wettbewerb, zu dem beim erstenmal allerdings nur wenige Wettbewerber erschienen waren, gewann Alexander Lippisch mit seinem Storch-Modell den ersten Preis, der ihn zwar nicht reich machte, aber doch die Grundlage für weitere Arbeit am Problem der Schwanzlosen wurde.

Nun konnte er ein echtes Versuchsflugzeug in Angriff nehmen und zuvor an einem 1 : 10-Modell in Göttingen die notwendigen Windkanalmessungen durchführen lassen.

Während sie auf diese Messungen warteten, machte er zusammen mit Mihm ein Modell nach dem Ententyp fertig, dessen Kopfsteuerung sich, weil sie zu leicht beschädigt werden konnte, als unvorteilhaft erwies; aber dies führte dann zu der Idee, den nächsten Flügel ohne das Höhenleitwerk, dafür aber mit gerader Hinterkante fliegen zu lassen, an der man ja auch die Ruder würde anbringen können.

Die Versuche mit diesem Flügel verliefen so gut, daß man sie heute als den erstmaligen Übergang zum Entwurf des Deltaflügels und dem Bau der späteren DELTA I bezeichnen kann.

Aber noch war es nicht soweit.

Zunächst entstand nach der Auswertung der Göttinger Meßergebnisse das Versuchsflugzeug »Storch«, das von Bubi Nehring, einem der damals erfolgreichsten Segelflieger, eingeflogen wurde.

Neue Schwierigkeiten tauchten auf. Der Schwerpunkt lag zu weit vorn, die Kursstabilität und anderes ließen sehr zu wünschen übrig, bis schließlich dieser erste Storch unter Nehrings Führung bei einer Rückenwindlandung mit anschließendem Kopfstand zu Bruch ging und zur Reparatur wieder in die Werkstatt mußte.

Eine harte Zeit vieler Enttäuschungen folgte, und wenn auch ein zweites Versuchsflugzeug mit Kopfsteuerung und daher dem Namen »Ente« so gut flog, daß man sogar talentierte Schüler darauf fliegen lassen konnte, war es doch kein Nurflügler im eigentlichen Sinne. Aber diese »Ente« wurde unter Fritz Stamers Führung das erste mit Raketen angetriebene Flugzeug mit dem Startdatum vom 11. Juni 1928.

Der schwerste Schlag traf Alexander Lippisch, als Bubi Nehring mit seiner Junkers A 20 tödlich abstürzte. Das war im Jahre 1928.

Nach einer längeren Zwangspause fand sich ein neuer Testpilot, ein damals noch unbekannter junger Mann, wenig später der weltberühmt gewordene Segelflieger Günther Groenhoff.

Der »Storch« bekam einen Zweizylinder-DKW-Zweitaktmotor mit Luftkühlung. Diese war wegen der Anordnung als Druckschraubenmotor am Rumpfheck notwendig.

Am 17. September 1929 machte dieser »Storch« unter Günther Groenhoff, mit laufendem Motor und Startseilmannschaft gemeinsam gestartet, seinen ersten Flug und damit den ersten Flug eines motorgetriebenen Nurflüglers überhaupt. Während sich die Flugeigenschaften dieses ersten motorisierten »Storchs« recht gut erwiesen, machten Motor und Luftschraube große Schwierigkeiten, vor allem in ihrer Abstimmung. Nachdem es endlich gelungen war, diese Schwierigkeiten einigermaßen zu beheben, entschloß sich Lippisch zu einer Vorführung vor Regierungsvertretern auf dem Tempelhofer Feld in Berlin.

Diese Vorführung wurde insofern ein Mißerfolg, als Groenhoff zwar den von der Regierung und der Deutschen Versuchsanstalt für Luftfahrt erschienenen Herren zwei imposante Flüge zeigte, mit Achten und Steilkurven die großartige Wendigkeit der Maschine demonstrierte und am Ende des zweiten Fluges mit abgestelltem Motor eine einwandfreie Landung vorführte, aber seine Zuschauer nicht begeisterte. Außer ein paar höflichen Redensarten hatte man nichts übrig für diesen komischen, schwanzlosen Vogel.

Nur die Presse war begeistert, und der damals führende deutsche Luftjournalist Walther Kleffel erreichte bei seinem Ullstein-Verlag, daß die »BZ am Mittag« einen namhaften Geldpreis für den ersten Dreistundenflug eines schwanzlosen Flugzeuges aussetzte.

Um eine Enttäuschung reicher fuhren Lippisch, Groenhoff, Mihm und seine Helfer zur Wasserkuppe zurück. Lippisch hatte so gut wie keinen Pfennig Geld mehr, und der Traum vom Weiterentwickeln der Nurflügel-Flugzeuge schien ausgeträumt.

Aber wieder geschah ein kleines Wunder.

Der Ozeanflieger Hermann Köhl, dessen Frau den Vorführungen in Tempelhof beigewohnt hatte, war von dem Bericht seiner Frau so angetan, daß er nach Darmstadt fuhr und sich dort den »Storch« von Groenhoff vorfliegen ließ. Obwohl Groenhoff Pech hatte und bei der Landung wegen sehr heftiger Windböen den »Storch« zu hoffnungslosem Kleinholz machte, selbst aber fast unverletzt blieb, erklärte sich Köhl bereit, den Bau einer Weiterentwicklung zu finanzieren.

Mit dieser Hilfe konnte Alexander Lippisch die später berühmte DELTA I bauen. Aber zunächst gab es Rückschläge über Rückschläge.

Ein erstes, größeres Modell erbrachte nur mäßige Flugeigenschaften, die sich allem Anschein nach durch den kurzen, über dem Flügel angeordneten Rumpf ergaben.

Ein neues, größeres Modell in Dreiecksform und ohne diesen Außenrumpf, der in den nun dickeren Flügel hinein verlegt worden war, folgte. Es flog einwandfrei nach nur geringfügigen Änderungen. Nach diesem Modell ging Lippisch mit den Seinen an den Bau der ersten DELTA, den Dreiecksflügel mit gerader Hinterkante. Zu diesem Satz hat Alexander Lippisch eine Korrektur ins Manuskript geschrieben, die ich wörtlich wiedergeben möchte: »Diese ›Seinen‹ waren Hans Jacobs, Fritz Krämer, Billy Hubert, Beverly Shenstone, ein kanadischer Ingenieur, der aus reinem Interesse bei uns mitarbeitete und später viele bedeutende Aufgaben in England und in den USA übernahm. Außerdem in der Werkstatt Richard Mihm, Willi Elias, Max Kropp und Alex Schleicher. Lauter ganz hervorragende Ingenieure und Handwerker. Ohne diese tüchtigen Männer wäre es nie zu einer DELTA I, geschweige denn zur Me 163 gekommen.«

Den ganzen Winter 29/30 über wurde gebaut, so daß diese erste Segel-Delta im Rhönwettbewerb 1930 eingeflogen wurde und sehr gute Flugeigenschaften erbrachte.

Köhl war zufrieden und schlug vor, das Flugzeug gleich mit einem Motor auszurüsten. Auch den Motor, einen englischen Zweizylinder Bristol Cherub 4-Taktmotor, besorgte Köhl über seinen Freund, den Chef der Bayerischen Luftverkehrsgesellschaft, Groneis.

Diese erste Motor-DELTA wurde an Pfingsten 1931 eingeflogen und ein voller Erfolg. Ihre Flugeigenschaften waren einwandfrei, nur beim Starten kam sie unmittelbar nach dem Abheben sehr leicht in das sogenannte »Pumpen«, das nur durch sehr feinfühlige Knüppelreaktionen zu vermeiden oder zu stoppen war. Wieder entschloß man sich zu einer Vorführung in Berlin, ließ aber diesmal Groenhoff das Flugzeug auf dem Luftwege dorthin bringen, da ein Landtransport zu kompliziert und auch zu teuer geworden wäre.

Diese zweite Vorführung in Berlin-Tempelhof am 25. Oktober 1931 wurde deshalb eine noch größere Enttäuschung als die erste, weil Groenhoff nun ein Flugzeug zu zeigen hatte, mit dem er Loopings, Turns und seine große Wendigkeit im Tiefflug zeigen konnte, ja sogar in ein ungewolltes und noch gar nicht erprobtes Trudeln kam, aus dem er die DELTA leicht wieder herausnehmen und glatt landen konnte. Die Begeisterung bei allen Zuschauern, und auch wieder bei den Vertretern der Presse, war groß und ehrlich, nur die Herren vom Ministerium blieben ein zweites Mal höflich kühl, keiner sagte weder ein negatives noch ein positives Wort. Das einzige, was sie sagten, war, daß man das alles zuerst besprechen und überdenken müsse.

Nur Ernst Heinkel, der zufällig in Berlin war und der Vorführung beiwohnte, erkannte die großen Möglichkeiten, die in diesem Flugzeug steckten und bot Lippisch an, ihn in Warnemünde zu besuchen, damit sie über eine eventuelle Zusammenarbeit in Ruhe sprechen könnten. Da Heinkel jedoch einen schwanzlosen Doppeldecker haben wollte, von dem Lippisch nichts hielt, kam es zu keiner Zusammenarbeit.

Walther Kleffel erinnerte Lippisch an den BZ-Preis und machte darauf aufmerksam, daß der Dreistundenflug bis zum 31. Dezember erflogen sein müßte, um nicht zu verfallen.

So arbeiteten sie auf der Wasserkuppe fast Tag und Nacht, um einen »Storch«, den Groenhoff sehr viel privat flog, für den Dreistundenflug fertig zu machen. Trotz vieler Schwierigkeiten gelang dieser Flug von der Wasserkuppe nach Berlin-Tempelhof Günther Groenhoff noch im Dezember 1931 mit einem Bristol Cherub-Motor, wie ihn auch die DELTA I hatte, in 1 Stunde 55 Minuten. Die Strecke führte von der Rhön um den Thüringer Wald herum nach Berlin. Der ansehnliche Geldpreis sicherte zunächst die Weiterarbeit.

Statt des Geldmangels gab es aber bald andere Widrigkeiten. Zunächst eine unerfreuliche Auseinandersetzung wegen einer recht ungeschickten Zeitungsnotiz von Hermann Köhl, die der Zusammenarbeit ein Ende setzte.

Dazu einen schweren Autounfall Günther Groenhoffs, bei dem dessen Braut tödlich verletzt wurde und er selbst schweren Schaden erlitt, von dem er sich nie wieder ganz erholte. Und schließlich Groenhoffs Absturz und Tod am 23. Juli 1932. Von diesem schweren Verlust wurde auch die an sich erfreuliche Tatsache überschattet, daß im Frühjahr 1932 die Regierung in Berlin doch einen Geldbetrag für den Bau eines neuen Deltaflugzeuges bereitstellte. Diese DELTA III sollte auf der Wasserkuppe konstruiert und bei Focke-Wulf in Bremen gebaut werden. Leider verzögerten die mit dem Auftrag verknüpften Bedingungen die Durchführung unnötig lang.

Bald darauf gab die Zigarettenfabrik Haus Bergmann dem kleinen Flugzeugwerk Gerhard Fieselers auch einen Auftrag, ein DELTA-Flugzeug zu bauen. Es wurde nach der Lizenz von Lippisch die DELTA IV, die aber, ohne die Mitwirkung Lippischs gebaut, während der Flugerprobung so viele Schwierigkeiten zeigte, daß Fieseler schließlich den Nachbau aufgab.

Lippisch war natürlich inzwischen wieder das Geld ausgegangen, und er wandte sich wegen weiterer Unterstützung noch einmal an das Ministerium in Berlin. Es war inzwischen 1933 geworden, und das Reichsluftfahrtministerium war mit großem Aufwand dabei, die neue deutsche Luftwaffe wieder aufzubauen. Lippisch rechnete ziemlich sicher mit einem weiteren Auftrag, als von Berlin die ebenso niederschmetternde wie unglaubliche Ablehnung mit der Begründung kam: Tiefdeckerflugzeuge seien jetzt uninteressant geworden, da sie für militärische Zwecke unbrauchbar wären! Diese knappe vier Jahre vor der epochemachenden Geburt des erfolgreichsten Tiefdeckers Me 109.

Nun kam eines Tages Gerhard Fieseler, Deutschlands damals berühmter Kunstflugweltmeister, mit dem Wunsch, in seinem Werk für die Zigarettenfabrik Haus Bergmann eine Delta-Flugzeugstaffel von drei Flugzeugen für den Europaflug und andere Rundflüge zu bauen. Obwohl die Entwicklungszeit sehr knapp bemessen war, übernahm Lippisch den Auftrag, da er es ihm möglich machte, wenigstens weiter zu arbeiten.

Diese DELTA IV, auch Fieseler-Wespe genannt, wurde einer seiner schwersten Fehlschläge, und nachdem auch Groenhoffs große Erfahrung im Einfliegen mit seinem Tod begraben wurde, war über die DELTA IV der Stab gebrochen.

Lippisch und seine Männer aber gaben noch nicht auf. Sie brachten eine fertige Zelle der DELTA IV nach Darmstadt, wo Lippischs neuer Testpilot Heinrich Wiegmeier alles versuchte, um der vielen Unarten der mit einem Motor ausgestatteten Maschine Herr zu werden. Da passierte es zu allem hin auch noch, daß ihm bei einer Landung ein Schulflugzeug in den Weg kam und einen Überschlag der DELTA IV mit völligem Bruch verursachte. Wie durch ein Wunder blieb der Pilot unverletzt; aber wenig später hatte Wiegmeier auch noch das Pech, die im Auftrag Berlins bei Focke-Wulf inzwischen fertiggestellte DELTA III nach einem Kavalierstart vor dem Flugzeugwerk Halle (Saale) restlos zu zerlegen. Damit waren zwei der letzten Delta-Flugzeuge wegen »mangelnder« Flugeigenschaften zu Bruch gegangen. Was Wunder, daß ein Gremium aus erstklassigen Fachleuten zusammengestellt wurde, um über die Weiterentwicklung von Deltaflugzeugen bei der Deutschen Forschungsanstalt für Segelflug zu entscheiden.

Das unschwer vorauszuahnende Urteil lautete: Arbeiten an Delta-Flugzeugen würden keinerlei Vorteile für die weitere Entwicklung des Flugzeugbaus bringen, sollten also abgebrochen werden. Unterzeichnet war dieses Urteil von so manchem heute noch recht berühmten Namen. Damit war die Auflösung der Abteilung Nur-Flügel bei der Forschungsanstalt eine beschlossene Sache und Alexander Lippisch drauf und dran, als Konstrukteur zum konventionellen Flugzeugbau zurückzukehren.

Aber da gab es noch den Direktor der DFS, den Professor Dr. Walter Georgii, der die Dinge sachlicher und weitblickender beurteilte. Ihm gelang es mit viel Diplomatie und dem Gewicht seines Namens als Wissenschaftler, doch noch eine bescheidene Hilfe vom Ministerium in Berlin für die Schwanzlosen zu bekommen. Alexander Lippisch sagt heute noch, daß diese durch Professor Georgii erlangte Hilfe die eigentliche »Geburtsstunde« der Me 163 geworden ist, und daß es ohne das Eingreifen Georgiis nie zu diesem Flugzeug gekommen wäre. Zunächst aber erhielt das neue Projekt mit der Bezeichnung »DFS 39« auch einen neuen Namen.

Mit dieser DFS 39 wurde eine sehr gründliche Flugerprobung durchgeführt, und was Günther Groenhoffs großartige Testpilotenleistungen in der ersten Zeit für die Entwicklung der Nurflügelflugzeuge bedeutet hatte, setzte sich nun fort in Heini Dittmars überragenden Leistungen während der schwierigen Endphase dieser Erprobung.

Heini Dittmar hatte bereits zu Groenhoffs Zeiten in der Werkstatt Lippisch gearbeitet und sich als Autodidakt zu einem ebenso erfolgreichen Konstrukteur wie Segelflugpiloten hochgearbeitet. Er hatte sich gleich nach dem Tode seines Freundes Groenhoff angeboten, in die Flugerprobung der Schwanzlosen einzusteigen, aber zunächst hielt Lippisch seinen jüngsten Mitarbeiter für noch zu unerfahren.

Erst mit der DFS 39 gab Lippisch dem Drängen Heini Dittmars nach und sollte es nicht bereuen. Es war unstreitig das Verdienst dieses jungen Piloten, die bei Hochgeschwindigkeiten noch immer nicht geringen Schwierigkeiten der DFS 39 in Hunderten von Erprobungsflügen so genau analisiert zu haben, daß sie von Lippisch in der Werkstatt korrigiert werden konnten. Auch Lippisch selbst setzte sich mehrmals an den Knüppel seines Flugzeuges, bis es schließlich alle in es gesetzte Hoffnungen erfüllte.

Die DFS 39, vormals DELTA IV, erhielt als erstes Deltaflugzeug sogar eine amtliche Zulassung, was für jene Zeit ein großartiger Erfolg war, und wurde von Heini Dittmar und Alexander Lippisch als so eine Art »Mädchen für alles« eingesetzt. Sie flog sich handlich und harmlos, reagierte weich aber prompt auf alle Ruder und war nun so stabil, wie man es sich nur wünschen konnte. Und dies sprach sich natürlich herum.

An einem jener Tage nun, im Jahre 1937, geschah es, daß zwei Herren vom Reichsluftfahrtministerium aus Berlin auf der Wasserkuppe erschienen, und der eine von ihnen, der Lorenz hieß, dem etwas verblüfften Lippisch erklärte, sie wollten bei ihm ein Spezialflugzeug in Auftrag geben. Es müßte auch ein solches schwanzloses Flugzeug sein wie die DELTA IV zum Beispiel, aber dieses Flugzeug müsse besonders gute Flugeigenschaften haben, müsse sich sehr gut starten und landen lassen und sollte auch sehr wendig sein. Man könne etwa die gleichen Flügel verwenden wie bei der DELTA IV, aber man brauche einen anderen, vielleicht etwas geräumigeren Rumpf, an dem aber »hinten« nichts dran sein sollte, weil dieser Rumpf ein Sondertriebwerk aufzunehmen habe.

Lippisch spitzte die Ohren. Eine ganz ähnliche Rede hatte er bereits einmal vor bald zehn Jahren gehört. Genau wie hier waren zwei geheimnisvoll redende Herren auf die Wasserkuppe gekommen, hatten sich den Storch und die Ente angesehen und waren dann mit der Sprache herausgerückt. Sie hießen Max Valier und von Opel, hatten auf der Avus bei Berlin ein von Raketen getriebenes Auto fahren lassen, hatten sogar 250 km/h erreicht, und wollten das gleiche nun mit einem Flugzeug versuchen. Es war damals soweit gekommen, daß Fritz Stamer mit der raketenbestückten Ente gestartet und geflogen war, kurze Flüge freilich, wenn auch die überhaupt ersten in der Fluggeschichte, aber der gute Stamer riskierte bei der Explosion einer der 20 kg-Raketen nach dem Start Kopf und Kragen, und Lippisch hatte weder eine gute Erinnerung an jene primitiven Versuche noch eine solche an die beiden Herren, denen es viel mehr um die Sensation als um einen ernsthaften, wissenschaftlichen Versuch gegangen war.

Da saßen nun also wieder zwei solche Herren vor ihm, taten geheimnisvoll und redeten von einem Sondertriebwerk, und Lippisch konnte es sich nicht verkneifen und sagte in seiner trockenen Art: »Sie wollen also mal wieder einen Raketenmotor einbauen, was?«

Er hätte genau so gut sagen können: Morgen bringe ich den Führer um, die beiden aus Berlin wären kaum erschrokkener gewesen. Lorenz fuhr entsetzt hoch, und Lippisch hatte das Gefühl, er wolle ihm an den Kragen. Dann kam es heraus, daß das alles furchtbar geheim sei, strengstens geheim, höchste Geheimhaltungsstufe, aber Lippisch sagte nur: »Aha, also vor dem Lesen zu verbrennen!« Das war damals so die Redensart, wenn die ganz geheimen Dinge von Berlin kamen.

Nach der ersten Aufregung unterhielt man sich, und einige Zeit später hatte Lippisch den Auftrag zum Bau eines voll einsatzfähigen Raketenflugzeuges.

Das Wort Gekados – geheime Kommandosache – stand über allem. Bei der DFS in Darmstadt wurde ein Sonderraum mit dicken Eisentüren geschaffen, in dem nur vereidigte Männer arbeiten durften. Es stellte sich schließlich heraus, daß Lippisch mit seinen Leuten nur den Flügel bauen sollte, während bei Heinkel in Warnemünde der Rumpf entstehen und das Triebwerk eingebaut werden sollte. Heinkel arbeitete zu jener Zeit bereits mit von Oheim an einem Raketentriebwerk und hatte auch das Raketenflugzeug He 176 schon in Entwicklung. So bestand bei ihm eine eigens für die Raketenversuche eingerichtete Sonderabteilung, die nicht weniger geheim war, als die nun in Darmstadt entstandene.

Die Folge dieser räumlich so weit getrennten gemeinsamen Arbeit war, daß nichts mehr richtig lief und weiterging. Dazu von allen Seiten die immer deutlicher werdenden Zeichen des nahen Krieges und schließlich auch die Mobilmachungsbefehle, die ein Verbleiben der Lippisch-Abteilung in der Deutschen Forschungsanstalt für Segelflug in Darmstadt ohnehin verboten.

Da war sich Lippisch darüber im klaren, daß er sich einen anderen Platz werde suchen müssen, und er entschloß sich nach Verhandlungen mit Heinkel einer- und Messerschmitt andererseits für die Messerschmitt AG in Augsburg. Ausschlag für diese Wahl hatte nicht zuletzt seine gute Freundschaft mit Groneis gegeben, der der erste Mann bei der Messerschmitt AG geworden war.

Er nahm zwölf seiner Männer mit nach Augsburg, wo die »Abteilung L« (Lippisch) eingerichtet wurde. Nun auch wurde das »Projekt X«, wie man es zunächst in Darmstadt in Verabredung mit dem Reichsluftfahrtministerium getauft hatte, mit der neuen endgültigen Bezeichnung »Me 163« versehen.

Die Wahl dieser Bezeichnung entbehrt nicht einer gewissen Komik. Man hatte mit dieser Kennzeichnung einen Messerschmitt-Entwurf für ein ausgesprochen langsam fliegendes

Flugzeug mit Kurzstart- und Landeeigenschaften versehen, das mit dem später so bekannten Fieseler »Storch« in Konkurrenz treten sollte. Daraus wurde zwar nichts, weil der »Storch« den Zuschlag vom RLM erhielt, aber man machte in der Messerschmitt AG weitere Versuche mit diesem Projekt, bis es schließlich stillgelegt wurde. Ein Herr Schmedemann, der damals Assistent von Professor Messerschmitt war, hatte dann die, auch für die Geheimhaltung innerhalb der Werke gute Idee, da Signum »Me 163« auf das Projekt X zu übertragen, womit das später schnellste Flugzeug der Welt den Namen seines Vorgängers erhielt, der sicher eines der langsamsten Flugzeuge der Welt geworden wäre.

Das war sehr praktisch, weil nun alle Zeichnungen aus Lippischs Projektbüro mit »Me 163« gezeichnet werden konnten, und die Leute, die mit diesen Zeichnungen der vielen Einzelteile in Berührung kommen, in Wirklichkeit keine Ahnung hatten, worum es sich handelte.

Außer seinen zwölf besten Mitarbeitern hatte es Lippisch bei Professor Georgii erreicht, daß seine nun zu Messerschmitt gehende Gruppe auch die Flugzeuge DFS 39 – das »Verkehrsflugzeug« –, und die noch nicht fertiggestellte Zelle des Versuchsflugzeugs DFS 194 – eines Druckschrauben-Mitteldeckers für gewisse Flugmessungen – mitnehmen konnte, da man bei der DFS damit doch nichts mehr hätte anfangen können.

Als nun im September 1939 der Krieg kam, und an eine Weiterarbeit an der Me 163 vor der Hand nicht zu denken war, entschlossen sich Lippisch und seine Leute, wenigstens die zwar für andere Zwecke ursprünglich ausgelegte DFS 194 mit einigen Änderungen soweit umzubauen, daß es möglich war mit dieser Zelle einige erste Flugversuche mit einem kleineren Raketentriebwerk der Firma Walter, Kiel, durchführen zu können.

Man konnte dann doch vorab einige Erfahrungen mit den besonderen Eigenschaften solcher Triebwerke und auch deren Handhabung machen.

Da die Zelle der DFS 194 auch ziemlich geräumig war, konnte sogar ein Mehrfachschreiber eingebaut und eine Reihe sehr aufschlußreicher Flugmessungen durchgeführt werden.

Im Sommer 1940 begannen diese Vor-Versuche des Raketenantriebs mit der umgebauten DFS 194, und mit viel Glück und einer hervorragenden Versuchsmannschaft gelangen eine ganze Anzahl sehr eindrucksvoller Flüge, die auch dazu beitrugen, daß man dem Projekt Me 163 ein größeres Interesse entgegenbrachte.

So gelang es die Zelle der Me 163 im Frühjahr 1941 fertigzustellen und als Gleitflugzeug mit der amtlichen Bezeichnung KS-WE zuerst auf dem Flugplatz Lechfeld und später auch in Augsburg-Haunstetten zu erproben. Die Maschine wurde natürlich wieder von Heini Dittmar eingeflogen. Dies jedoch noch nicht mit Triebwerk, sondern im Gleitflug nach Hochschleppen der Schwanzlosen mit einer Me 110.

Schon während der ersten Flüge zeigte die Me 163 A über Erwarten gute Flugeigenschaften und Leistungen. Da war vor allem der sogleich festgestellte Gleitwinkel von 1 : 20, den man mit ruhigem Gewissen als eine Sensation bezeichnen konnte, die übrigens Heini Dittmar keine geringen Schwierigkeiten machte. Gleich bei der ersten Landung, zu der er wie immer eine Landeeinteilung geflogen hatte, die ihn keineswegs zu kurz ankommen und etwa schon vor der Platzgrenze zu Boden kommen ließ. So hatte er ein wenig zu hoch angesetzt, mit dem Erfolg, daß er kaum mit dem Lechfelder Platz auskam. Als er dann wenige Tage später mit diesem ersten Prototyp, der unter dem Kennzeichen D – KE + SW zugelassen war, nach dem Hochschleppen den nahen Werksflughafen der Messerschmitt AG in Augsburg-Haunstetten ansteuerte, verschätzte er sich bei dem Einschweben auf diesen viel kleineren Platz so sehr, daß er, um nicht hoffnungslos zu weit zu kommen, eine Querkurve einleiten mußte, um Höhe zu verlieren. Plötzlich sah er sich im letzten Anschweben vor zwei dicht beieinander stehenden Hallen, deren Seitenwände keine 163-Spannweite breit Raum ließen. Ein Überfliegen dieser Hallen war aber auch nicht mehr möglich. Da steuerte Heini in letzter Sekunde die 163 in einen sekundenlangen Messerflug, flutschte so durch die schmale Lücke zwischen den Hallenwänden, richtete seinen Aeroplan kurz vor der Bodenberührung wieder auf und landete ohne Schaden.

Keiner der zufälligen Zuschauer hätte für Heini und sein

Flugzeug auch nur einen Haarschopf verwettet, aber Heini stieg übermütig lachend aus seiner Schwanzlosen.

Wie sehr er bei der nun täglichen Einfliegerei mit seiner 163 verwuchs, wie gut er fliegen konnte und wie großartig die Flugeigenschaften dieses Flugzeuges waren, erfuhr einige Wochen später auch Ernst Udet. Er hatte seinen Besuch in Augsburg angemeldet, um an einer Besprechung über die Me 109 teilzunehmen und bei dieser Gelegenheit auch die 163 zu sehen.

Als er mit Lippisch auf den Flugplatz kam, hatten Heini und seine 163 eben im Schlepp 5000 Meter erreicht und oben ausgeklinkt, um zum Sturzflug anzusetzen. Udet zeigte mit dem Finger nach oben.

»Was ist das, Lippisch?«

»Die Me 163, Herr General.«

In diesen Sekunden schoß Dittmar steil von oben herab, jagte mit 800 km/h im Tiefflug über den Platz und schoß steil wieder hoch.

»Was hat die für einen Motor?« fragte Udet staunend.

»Keinen«, antwortete Lippisch lächelnd.

»Keinen Motor?« rief Udet zweifelnd. »Lippisch Du lügst!«

Heini hatte hochgezogen, schoß wieder über den Platz und umrundete ihn solange der Fahrüberschuß reichte und er reichte beachtlich lang.

»Das gibt's ja gar nicht«, rief Udet wieder. »Du lügst, Lippisch . . .«

Dann sah er Heini landen und lief schnurstracks zur Maschine und sah vorn und hinten rein, lief nocheinmal um die ganze Me herum und sagte dann verblüfft: „Tatsächlich, da ist nichts drin!«

Er war so beeindruckt von dieser Flugleistung, daß er sich nun mehr als bisher für die Weiterentwicklung der Me 163 einsetzte, ihr zu einer höheren Dringlichkeitsstufe verhalf und ihr weiteres Werden bis zu seinem Tode mit größtem Interesse verfolgte.

Lippisch fiel allein wegen der Anordnung einer höheren Dringlichkeitsstufe ein Stein vom Herzen, denn was auch immer sie in den letzten Monaten gebraucht hatten, Geld oder Material, immer hatte es geheißen: Das pressiert ja gar nicht so, es drängt Sie ja kein Mensch, das Flugzeug übermorgen fertig zu haben.

Weitere Testflüge wurden von Heini Dittmar durchgeführt und immer wieder kamen Abordnungen von der Luftwaffe oder aus dem RLM. Alle diese Besucher, zu denen oft recht einflußreiche Beamte des Ministeriums gehörten, waren ebenfalls sehr beeindruckt von den Leistungen dieser Maschine und sorgten über ihre positive Meinung auch für Verbesserungen in den Dringlichkeitsstufen.

Nach dem Udet-Besuch kam die KE + SW bald nach Peenemünde, wo das Walter-Raketentriebwerk mit 750 kp Schub eingebaut und zunächst Probeläufe gefahren wurden. Es wurde Herbst 1941 bis Heini Dittmar zu den ersten Versuchsflügen mit Triebwerk starten konnte. Das war eine mehr als lebensgefährliche Einfliegerei, denn oft recht verhängnisvolle Triebwerksstörungen blieben natürlich nicht aus. Es war mehr als einmal nur Heini Dittmars unwahrscheinlicher Knüppelbeherrschung, seinem unbeugsamen Mut und selbstverständlich auch reichlichem Glück zu verdanken, daß Mann und Maschine hierbei überlebten.

Schon nach den ersten Flügen erreichte Dittmar imponierende Geschwindigkeiten. Die Staudrucknadel stieg von Flug zu Flug, ohne daß das Flugzeug irgendwelche Unregelmäßigkeiten zeigte. Noch bei den Erprobungsflügen in Augsburg und auf dem Lechfeld war bei den Gleitflügen Querruderflattern und auch Flattern im Seitenruder aufgetreten. Beides konnte durch Gewichtsausgleich behoben werden, so daß es in Peenemünde in dieser Richtung keine Anstände mehr gab.

Die jüngeren Leser müssen nun wissen, daß zu jener Zeit eine Geschwindigkeit von 450 km/h auch für ein Kampfflugzeug schon sehr viel war. Die auf Spezialmaschinen von Messerschmitt und Heinkel erflogenen Weltrekorde lagen bei 750 km/h, einer Geschwindigkeit, von der ein noch so schnelles Jagdflugzeug jener Tage in keinem Land noch nicht einmal zu träumen wagte.

Heini Dittmar hatte bei seinen letzten Erprobungsflügen mehrfach Geschwindigkeiten erreicht, die bereits im Grenzgebiet dieser Geschwindigkeiten lagen. Dann erreichte er 800 km/h und schließlich auch die 900 km/h-Grenze.

Nun setzte sich Lippisch hin und rechnete wieder. Wenn alles gut ging, mußte die Me 163 A in 4000 Metern Höhe die Traumgrenze von 1000 km/h erreichen können. Allerdings war dies mit einem scharfen Bodenstart nicht möglich, da nach dem Steigflug der Treibstoff nicht mehr für den Schnellflug ausreichen würde. Auch das Triebwerk zeigte immer wieder Mucken, aber nun soll Heini Dittmar selbst erzählen:

»Noch drei bis vier weitere Flüge waren notwendig, um das gesteckte Ziel zu erreichen, weil bis dahin das Triebwerk des öfteren, wenn ich an die 500 km/h-Grenze kam, ausgesetzt hatte. Nach dem nächsten Start ließ ich mich 4000 Meter hochschleppen, schaltete das Triebwerk ein und flog über die vorher festgelegte Meßstrecke. Bereits im Anflug stieg der Geschwindigkeitsmesser auf 910, dann auf 950, 970 und schließlich 980 km/h, dann kam die Meßstrecke. Das Triebwerk verließ mich diesmal nicht. Als ich wieder auf die Instrumente sah, waren die 1000 km/h überschritten, aber der Fahrtmesser schwankte, das Höhenruder fing an zu vibrieren und im gleichen Augenblick ging das Flugzeug in eine nicht mehr steuerbare Absturzlage mit sehr starker Beschleunigung. Ich stellte das Triebwerk sofort ab, glaubte einige Sekunden lang, das Ende sei da, spürte dann aber plötzlich wieder Steuerdruck und konnte nun die Me verhältnismäßig leicht aus dem Sturzflug herausnehmen. Sonst geschah nichts. Die sogenannten Mach-Erscheinungen, die ich als erster Pilot erlebte, waren nichts anderes, als das erste Anklopfen an die Schallmauer mit einem Flugzeug, das noch nicht für den Durchbruch durch diese Mauer konstruiert war. Nach meiner Landung ergab die genaue Auswertung der Messungen eine Geschwindigkeit von 1004 km/h. Damit war zum erstenmal diese lang ersehnte 1000 km/h-Grenze überschritten, und es war am 2. Oktober 1941 geschehen.« (Das in den ersten Angaben genannte Datum vom 10. Mai 1941 hat sich als irrtümlich angegeben erwiesen. D. A.)

Alexander Lippisch sagt zu diesem großartigen Erfolg:

»Die Höchstgeschwindigkeit der Me 163 mit Heini Dittmar wurde von sechs Askania Film-Theodoliten gemessen, die Messungen waren also einwandfrei. Daß Heini die Beschleunigung von elf g (= elffache Anziehungskraft der Erde!) überstand, die bei diesem plötzlichen Abkippen entstand, ist fast ein Wunder. Das Abkippen war durch Verdichtungsstöße am Flügel, wohl mehr an den Flügelenden, verursacht worden, die das Flugzeug vollständig kopflastig machten. Das war nun also die Grenzgeschwindigkeit der Me 163 A, und das war eigentlich ganz verständlich, denn der Flügel war damals noch verhältnismäßig stark geschränkt und hatte Profile, die für diesen hohen Geschwindigkeitsbereich durchaus nicht geeignet waren. Die Me 163 A hatte ja doch denselben Flügel wie die DFS 39. Wir hatten lediglich die außenliegenden Seitenleitwerke weggenommen, nachdem sich in Göttingen und bei Freiflugversuchen herausgestellt hatte, daß ein zentrales Seitenleitwerk die Flugeigenschaften wesentlich verbessern würde. Der Flügel selbst, der noch von meinem Entwurf der Fieseler Wespe (DELTA IV) stammte, war eigentlich sehr unmodern. Ich hätte viel lieber einen besseren Flügel gebaut und erprobt, aber dafür war keinerlei Möglichkeit vorhanden, denn wir mußten uns immer an das Gegebene halten, weil unsere Auftraggeber Angst hatten, daß wir mit neuen Versuchen keinen Erfolg haben könnten. Einerseits ist das natürlich ein Standpunkt, der einen vor Überraschungen bewahrt. Aber würde man heute mit strahlgetriebenen Doppeldeckern fliegen, hätte man ihn konsequent beibehalten.

Man muß schon Risiken in Kauf nehmen, sonst bleibt die Entwicklung einfach stehen.«

Soweit Alexander Lippisch.

Natürlich wurde sofort das Resultat von Heini Dittmars Flug zu Udet nach Berlin durchgegeben, worauf dieser zu gleicher Stunde Lippisch nach Berlin beorderte. Im Ministerium hatte der Erfolg der Me 163 A wie eine Bombe eingeschlagen. Die A, wie sie kurz genannt wurde, sollte sofort umgebaut und bewaffnet werden, und die Enttäuschung war groß, als Lippisch erklärte, daß das unmöglich ginge. Die A könne mit diesem Triebwerk höchstens 6000 Meter hoch steigen, käme also an die meist viel höher fliegenden Feindmaschinen gar nicht heran. Außerdem machte er klar, daß in solchen Höhen der Treibstoffbedarf des kalten Triebwerkes so hoch sei, daß gar nicht daran zu denken wäre, eine auch nur halbwegs vernünftige Flugzeit zu erreichen.

Natürlich machten sie im Ministerium lange Gesichter, denn ein Jagdflugzeug mit einer Einsatzgeschwindigket von auch nur 700 oder 800 km/h hätte mit einigermaßen vernünftiger Flugdauer und damit Reichweite die absolute Lufthoheit, wenigstens wieder über deutschem Gebiet, bedeutet.

So wurde der Einbau eines sogenannten heißen Triebwerkes beschlossen, bei dem außer der Zersetzung des Wasserstoffes noch Brennstoff eingespritzt werden sollte. Walter hatte bereits Startraketen mit 1500 kp Schub gebaut.

Ich wurde oft gefragt, warum man »kaltes« und »heißes« Triebwerk sage. Nun, das sogenannte »kalte« Triebwerk, mit dem die Me 163 A geflogen wurde, entwickelte eine Abgastemperatur von etwa 800 Grad Celsius. Das »heiße« Triebwerk der Me 163 B eine solche von etwa 2000 Grad Celsius.

Es wäre wiederum ein Buch für sich, die Geschichte dieser ja erstmaligen Entwicklung von Raketentriebwerken. In diesem Buch ist mehrfach von der hohen Explosivkraft der Treibstoffe die Rede, und auch der Laie kann sich einen Begriff machen, was es zu jener Zeit bedeutete, diese hochbrisanten Flüssigkeiten in einem Triebwerk, für das es keinen Vorgänger und so gut wie keine Erfahrungen gab, kontrolliert zur Entzündung zu bringen. Hellmuth Walter aus Kiel hat sich um die Entwicklung dieser Triebwerke Verdienste erworben, die bis zum heutigen Tage noch keine wirklich angemessene Würdigung gefunden haben.

Es war natürlich nicht zu vermeiden, daß wir Piloten damals oft Stein und Bein auf unsere Triebwerke geschimpft haben, wenn sie Dämpfe entwickelten, die uns im gnädigsten Falle die Augen tränen ließen. Denkt man heute aber darüber nach, daß das heiße Walter-Triebwerk für die Me 163 B nach einer nur knapp zweieinhalbjährigen Entwicklungs- und Bauzeit zum Einsatz kam, während heute eine solche Entwicklung bei allen bekannten Voraussetzungen acht bis zehn Jahre dauert, dann sind die Leistungen von Walter und seinen Männern gar nicht hoch genug einzuschätzen.

Als man nach Heini Dittmars Rekordflug in Berlin beschloß, das heiße Triebwerk für eine neue Zelle zu bauen, sollte dieses Triebwerk selbstredend bereits vorgestern fertig sein. Vielleicht hat Hellmuth Walter auch im guten Glauben, es schaffen zu können, zu kurze Termine genannt, denn er wollte bereits im Frühjahr 1942 das heiße Triebwerk fertig haben. Wie dem auch sei, man kann in dieser letzten Phase der Vorbereitungen zum Einsatz der Me 163 B nur noch die Feststellung treffen, daß Zellen- wie Triebwerkbauer schier Unmenschliches geleistet haben.

Um die Zelle der Me 163 B zu konstruieren und zu bauen, kamen, nach Neugründung einer eigenen Abteilung, fünfzig Ingenieure in das Konstruktionsbüro. Am 1. Dezember 1941 wurde an den ersten Zeichnungen begonnen, und im April 1942 wurde die erste fertige Zelle bei Messerschmitt in Augsburg aus der Halle gezogen. Das war eine Rekordzeit, die nicht zuletzt dem damaligen Chef der Konstruktionsabteilung, Rudi Rentel, zu verdanken war.

Das Einfliegen der Zelle B ergab keine nennenswerten Beanstandungen und ihre Flugleistungen standen denen der A, ebenso wie die Flugeigenschaften, kaum nach. Sie war nur schwerer und in der Luft nicht ganz so spielerisch wendig. Aber das brauchte sie auch nicht zu sein.

Die Piloten Deutschmann und Tönnes erledigten die Nachfliegerei in Rechlin. Es war der gleiche Deutschmann, der sich bei einem Unfall mit der DELTA I beide Knöchel gebrochen und einen Fuß verloren hatte. Auch diese beiden Piloten beurteilten die 163 B sehr gut und ihre Flugeigenschaften für einwandfrei. So wartete man nun auf das Triebwerk, das nicht kam und nicht kam, obwohl sie auch bei Walter buchstäblich Tag und Nacht arbeiteten. Es dauerte noch ganze eineinhalb Jahre, bis es soweit war, daß die Me 163 B mit dem heißen Walter-Triebwerk ausgerüstet und eingeflogen werden konnte, um dann erst dem Erprobungskommando 16 in Bad Zwischenahn überstellt zu werden.

Auch in der Ausrüstung der B gab es noch manche Sorgen. Lippisch hatte für die einsatzbereite Maschine ein Abfluggewicht von 3300 kg vorgesehen. Er hatte bewußt für diesen Abfangjäger – und nichts anderes wollte und konnte die Me 163 B sein –, auf alles unnötige Zubehör verzichtet, um diesem Vogel, der ja im Höchstfall mit laufendem Triebwerk nur 5 bis 6 Minuten fliegen konnte, eine möglichst hohe Leistung und möglichst lange Gleitflugzeiten zu erhalten.

Durch immer wieder vom RLM geforderte zusätzliche Einbauten stieg das Abfluggewicht schließlich bis auf 4300 kg. Das war sicher nicht tragisch oder gar entscheidend, aber es verringerte natürlich die Kampfleistung.

Heini Dittmar hatte inzwischen für seinen Rekordflug mit der Me 163 A die höchste Auszeichnung, die im Motorflug zu vergeben war, bekommen: Den Lilienthalpreis für Luftfahrtforschung. Er hatte ihn nicht nur mit der abschließenden Rekordleistung, sondern mit Hunderten von Flügen verdient, bei denen er für die Forschung flog und oft nur um Haaresbreite dem Tode entging.

Als er später die wegen des heißen Triebwerkes viel gefährlicheren Flüge mit der 163 B begann, sorgte er in einem Gespräch mit Ernst Udet dafür, daß sein Segelflugkamerad Rudolf Opitz zusätzlich für das Einfliegen der 163 B abgestellt wurde. Dittmar wußte nicht, wie es keiner wissen konnte, ob er das Fliegen mit der Me 163 B überleben würde, und er wollte vermeiden, daß durch einen eventuellen zweiten Unglücksfall die Entwicklung nicht nocheinmal in die Lage käme wie nach Groenhoffs Tod, nachdem zunächst keiner da war, der sofort einspringen konnte. Rudolf Opitz wurde von der Truppe zu Messerschmitt und später in das Erprobungskommando 16 versetzt und hat ebenfalls großen Anteil an den weiteren Entwicklungs- und Erprobungsflügen. Dazu ließ man in der Folgezeit einige bekannte Segelflieger die Me 163 B ohne und später mit Triebwerk fliegen, und Wolfgang Späte übernahm dann als hochdekorierter Jagdflieger das Erprobungskommando 16 in Bad Zwischenahn.

Man kann heute ohne Übertreibung sagen, daß die Me 163 B damals unter Umständen eingesetzt werden mußte, die eigentlich noch denen einer noch nicht einmal letzten Entwicklungsphase entsprachen. Flüge bis in Höhen von vierzehneinhalb Kilometern ohne Druckkabine, Temperaturen von minus fünfzig und vierzig Grad ohne Kabinenheizung, keine Möglichkeit, sich per Schleudersitz zu empfehlen, wenn es brenzlig wurde, eine sehr zweifelhafte Flugsicherung und Flugführung in einem Flugzeug, das nach jedem Flug motorlos landen, das heißt ziellanden mußte, das waren die Begleiterscheinungen, denen sich heute bestenfalls ein hochbezahlter Testpilot vielleicht freiwillig unterwerfen würde. Heini Dittmar brach sich bei einer harten Landung Ende 1942 den fünften Brustwirbel und fiel ab diesem Datum für die weitere Einfliegerei aus. Er hatte also nicht umsonst vorgesorgt, als er Rudolf Opitz zu sich holte, der nun zusammen mit Wolfgang Späte die weiteren Flugversuche durchführte, bis im Herbst 1943 das Erprobungskommando 16 in Bad Zwischenahn die eigentliche Luftwaffenerprobung übernahm. Dort beginnt die Geschichte dieses Buches.

Weitere Dokumentationen als ungekürzte Sonderausgaben

Toliver / Constable
Das waren die deutschen Jagdflieger-Asse 1939–1945
Die amerikanischen Autoren von »Holt Hartmann vom Himmel« gehen hier den teilweise phänomenalen Abschußzahlen deutscher Jagdflieger nach. Denn unter diesen gab es 105 Piloten, die über 100 Luftsiege errangen.
417 Seiten, 60 Abb., gebunden, als Sonderausgabe
nur 29,– Best.-Nr. 10193

Georg Brütting
Das waren die deutschen Stuka-Asse 1939–1945
Ohne die Stuka-Geschwader wären die deutschen Blitzoperationen nicht denkbar gewesen. Über ein Dutzend Piloten flog mehr als 1000 Einsätze. Das berühmte Sturzkampfflugzeug, »Stuka« genannt, war einmalig.
286 Seiten, 105 Abb., gebunden, als Sonderausgabe
nur 22,– Best.-Nr. 10433

Georg Brütting
Das waren die deutschen Kampfflieger-Asse 1939–45
Kampfflieger waren selten von der Glorie umgeben, wie sie Jagdfliegern fast automatisch zugefallen ist. Dabei wurden ihnen ebenso hohe Belastungen abgefordert. Es gab Männer, die bis zu 600 Einsätze hinter sich hatten.
310 Seiten, 81 Abb., geb., als Sonderausgabe
nur 29,– Best.-Nr. 10345

Edward H. Sims
Jagdflieger – Die großen Gegner von einst
1939–1945: Luftwaffe, RAF und USAAF im kritischen Vergleich. Der amerikanische Autor, einst selbst Jagdflieger, zeichnet in einem kritischen Vergleich über die Luftschlachten des 2. Weltkrieges mit neuen, berichtigten Zahlen und faszinierenden Schilderungen die denkwürdigsten Erlebnisse berühmter Jagdflieger aus drei Nationen nach.
320 Seiten, 49 Abb., gebunden, als Sonderausgabe
nur 29,– Best.-Nr. 10115

P.W. Stahl
Kampfflieger zwischen Eismeer und Sahara
In meinem Fall: Ju 88.
Der Bogen spannt sich vom Fallschirmabsprung über weltferner Tundra, über Gefahren durch Feind und Natur, bis zu jener Versammlung vor Göring, der von 30 Kampffliegern erwartete, was selbst die gesamte Jagdwaffe nicht leisten konnte. Dieses Tagebuch ist Erlebnisbericht und Dokumentation.
350 Seiten, 81 Abb., gebunden, als Sonderausgabe
nur 26,– Best.-Nr. 10253

Mano Ziegler
Turbinenjäger Me 262
Die Geschichte des ersten einsatzfähigen Düsenjägers der Welt.
Als eine der sogenannten »Wunderwaffen« wurde die Me 262 zur Legende. In diesem Buch zählen nur die geschichtlichen Tatsachen, die interessant genug sind. Der General der Jagdflieger, Adolf Galland, sagte nach seinem ersten Flug mit der Me 262: »Es ist, als ob ein Engel schiebt!«
228 Seiten, 54 Abb., geb., als Sonderausgabe
nur 26,– Best.-Nr. 10542

Änderungen vorbehalten

Der Verlag für Zeitgeschichte
Postfach 10 37 43 · 7000 Stuttgart 10

Motor buch Verlag